普通高等教育创新型人才培养规划教材

现代控制理论基础与应用

郭 亮 代冀阳 胡梅玲 编著

北京航空航天大学出版社

内容简介

本教材的内容阐述循序渐进，富有启发性；论证与实例配合紧密，可读性好。全书以状态空间法为基础阐述了现代控制理论的基本原理及其分析和综合方法。全书共7章，内容包括控制系统的状态空间描述、线性系统的运动分析、控制系统的能控性和能观性、李雅普诺夫稳定性分析、线性系统的状态综合及倒立摆应用实例。同时，本教材还适当介绍了相关内容的MATLAB仿真求解方法，以加深对相关知识的理解。最后，还以经典控制模型倒立摆系统为例，介绍了现代控制理论在实际控制系统中的应用方法和过程。

本教材适用于自动化、电气工程、系统工程等本科专业，同时也可供控制领域工程师及相关专业技术人员参考。

本书配有课件，可发邮件至 goodtextbook@126.com 或拨打电话 010－82317037 申请索取。

图书在版编目(CIP)数据

现代控制理论基础与应用 / 郭亮，代冀阳，胡梅玲编著. — 北京 ：北京航空航天大学出版社，2020.11

ISBN 978－7－5124－3384－7

Ⅰ. ①现… Ⅱ. ①郭… ②代… ③胡… Ⅲ. ①现代控制理论—高等学校—教材 Ⅳ. ①O231

中国版本图书馆 CIP 数据核字(2020)第 209816 号

现代控制理论基础与应用

郭 亮 代冀阳 胡梅玲 编著

策划编辑 董 瑞 责任编辑 董 瑞

*

北京航空航天大学出版社出版发行

北京市海淀区学院路37号(邮编100191) http://www.buaapress.com.cn

发行部电话：(010)82317024 传真：(010)82328026

读者信箱：goodtextbook@126.com 邮购电话：(010)82316936

北京建宏印刷有限公司印装 各地书店经销

*

开本：710×1 000 1/16 印张：14.75 字数：314千字

2021年1月第1版 2022年8月第2次印刷 印数：1 001～2 000册

ISBN 978－7－5124－3384－7 定价：39.80元

前　言

现代控制理论(Modern Control Theory)是自动化、电气工程自动化等专业的一门重要的专业基础课,它以经典控制理论为基础,以现代数学为主要工具。20 世纪 50 年代末,由于生产迅速向大型化、连续化的方向发展,过程日益复杂,原有的简单控制系统已经不能满足要求,自动控制理论和应用技术面临着工业生产实际要求的严峻挑战,现代控制理论应运而生。20 世纪七八十年代,现代控制理论得到了快速发展,并在某些尖端技术领域取得了惊人的成就。如今,现代控制理论的思想和方法已经广泛地应用于工农业生产、国防、航空航天、交通运输、管理、生物等领域,在计算机技术高度发展的今天,现代控制理论及其应用越来越被人们所重视。现代控制理论所包含的学科内容十分广泛,主要的方面有:线性系统理论、非线性系统理论、最优控制理论、随机控制理论和适应控制理论。在本科教育中,现代控制理论的学时一般为 32～40 学时,而研究生教育阶段会涉及线性系统理论、最优控制理论等课程的教学,因此本书所编写的都是现代控制理论中的基础知识及其应用实例,在编排上按照建模、分析、设计、控制的顺序进行,完整诠释了利用现代控制理论基础知识对系统进行分析和控制的过程。该书不仅适用于自动化、电气工程、系统工程等本科专业,同时也可供控制领域的工程师及相关专业技术人员参考。

MATLAB 是由美国 MathWorks 公司发布的主要面对科学计算、可视化以及交互式程序设计的 MATLAB 计算环境。控制理论、计算方法与计算机技术的结合是当代控制系统发展的重要内容。因此在 MATLAB 软件平台上,以现代控制理论为基础,对控制系统进行分析和设计是学生乃至控制工程师必须熟练掌握的重要知识和技能。

本书是编者们对教学、实验和科研工作的总结,并借鉴国内外控制领域专家、学者研究成果的基础上编写而成的,在内容编排上具有如下特点:

1. 重点突出,循序渐进。现代控制理论以经典控制理论为基础,但研究对象和研究方法都有别于经典控制理论,本书先讨论了经典控制理论与现代控制理论的联系与区别,后着重从线性定常系统、离散系统、时变系统进行控制系统的分析和设计。

2. 内容与学生需求相结合。编者们都是工作在教学一线的教师,具有多年控制理论教学和科研经验,懂得学生所需,避免了一味教授理论知识而没有把理论与工程实际结合,导致学生课程结束,还不知道现代控制理论的应用场合及如何应用的情况。本教材在第 7 章中给出了应用实例,以便学生学习理论知识的同时掌握如何应用现代控制理论去解决工程实际问题。

3. 理论与实践相结合。在学习现代控制理论知识的基础上,利用 MATLAB 软件对系统进行分析和设计,加深理解和掌握,达到学以致用的目的。

4. 所有的例题、习题都经过精心选择。书中所有的用 MATLAB 描述的程序都经过严格的上机调试,保证所写程序的可用性。

5. 院校之间交流合作的成果。本教材由三个院校的教师交流合作编写而成,取长补短,分享心得,保证了该书的实用性和取材新颖性。

本书由南昌航空大学郭亮、代冀阳和江西软件职业技术大学胡梅玲共同编著完成。同时感谢参考文献所列资料为本书的编写提供的素材,本书的出版得到了南昌航空大学教材建设基金资助,谨此一并表示感谢。

由于作者水平有限,如书中存在错误和不妥之处,恳请广大读者批评指正。

编 者

2020 年 8 月

目　　录

第0章　绪　论

0.1　自动控制理论的发展与现状

自动控制系统是无人直接参与而借助控制装置使被控对象的被控量等于给定量或按设定规律自动运行的系统。自动控制理论是基于数学、物理学等基础科学，研究自动控制系统建模、分析、综合的技术科学。其研究的主要问题是控制过程的精度，即如何分析、协调系统被控量在控制过程中跟踪给定量的性能，即“稳”“快”“准”这三项相互牵制的性能。

尽管最早的自动控制可追溯到公元前，但自动控制的大量应用却始于第一次工业革命时期。1788 年，瓦特(J. Watt)使用的自动调节进气阀门开度以控制蒸汽机转速的离心式(飞球式)调速器是闭环自动控制装置在工程实践中应用的第一项重大成果。以此为背景，物理学家麦克斯韦(J. C. Maxwell)于 1868 年在“论调节器”这篇论文中首次对反馈控制系统的稳定性进行了系统分析，指出系统稳定性取决于系统微分方程对应的特征方程的根具有负实部，该论文是控制理论早期发展的奠基之作。随后，自动控制理论开始形成并随着控制工程实践的需要不断发展。纵观自动控制理论的发展历程，根据研究方法和思路的不同，一般可分为如下 3 个阶段。

0.1.1　控制理论发展初期及经典控制理论阶段

1868 年麦克斯韦从理论上揭示了反馈系统的稳定性与系统微分方程对应的特征方程的特征根在复平面上分布位置的关系；1877 年劳斯(E. J. Routh)，1895 年赫尔维茨(A. Hurwitz)分别研究了系统的稳定性与特征方程系数的关系，并分别独立给出了高阶线性系统稳定性的代数判据，这就是至今仍得到应用的劳斯判据和赫尔维茨判据。1892 年，针对非线性和时变系统稳定性问题，李雅普诺夫(A. M. Lyapunov)提出用可模拟系统能量的假想标量函数(李雅普诺夫函数)的正定性及其导数的负定性直接判别系统稳定性的判据，建立了动力学系统稳定性的一般理论。

1927 年，为了减小电子管放大器的非线性引起的信号失真，布莱克(H. S. Black)提出了反馈放大器，“反馈”这一自动控制的基本原理和基本方法开始建立；但提高反馈系统的开环增益以减小误差(失真)与系统稳定性要求降低开环增益是矛盾的，这就涉及反馈系统的稳定性问题，当动态特征很复杂时，难以用基于时域的劳斯-赫尔维茨判据解决。1932 年，奈奎斯特(H. Nyquist)提出负反馈系稳定性频(率)域判据，标志着经典控制理论的形成，其揭示了系统开环幅相频率特性 $G(j\omega)$ 和闭环系统稳定性的本质联系。1943 年,哈尔(A. C. Hall)基于传递函数这一描述系统动态特性的复数域数学模型,将通信工程的频率响应法和机械工程的时域方法统一为经典控制理论的复数域方法。传递函数可通过在零初始条件下对线性常微分方程进行拉普拉斯(Laplace)变换得到,不仅回避了求解高阶微分方程的困难,而且可直接应用传递函数研究系统结构和参数对性能指标的影响。1945 年,伯德(H. W. Bode)出版了《网络分析和反放大器设计》一书,提出了使频率响应法更适合工程应用的 Bode 图法。Bode 图绘制简便且有良好的工程分析精度,不仅可分析判断闭环系统动、静态性能,而且可确切获取闭环系统稳定性和稳定裕度的信息。1948 年,伊凡思(W. R. Evans)提出了复数域分析和设计负反馈系统的方法——根轨迹法,即直接由开环零、极点在复平面的分布求闭环特征根随某一参数变化的轨迹。至此,以传递函数为动态数学模型、频率响应法和根轨迹法两种频域方法为核心,主要研究单输入单输出(SISO)线性定常(LTI)反馈系统的经典控制理论基本成熟。

1944 年,美国陆军发明的自动化防空火炮系统是经典控制理论应用于工程实践的成功范例之一。数学家维纳(N. Wiener)从中提炼出“信息”“系统”“控制”3 个要素,于 1948 出版了自动化科学的奠基著作《控制论——动物和机器中的控制与通信》。该书与 1945 年贝塔朗非的《关于一般系统论》、1948 年香农(C. Shannon)的《通信的数学理论》简称为“三论”(控制论、系统论、信息论),共同构筑了自动化与信息科学技术的理论基础。

0.1.2 现代控制理论阶段

20 世纪 60 年代,随着电子计算机技术的进步,航空航天技术和综合自动化发展的需要,推动了以状态空间描述为基础、最优控制为核心,主要在时域研究多输入多输出(MIMO)系统的现代控制理论的诞生。

1957 年,苏联成功发射了人类历史上第一颗人造地球卫星;1968 年,美国“阿波罗”宇宙飞船登上月球,揭开了人类征服太空的序幕。航天器控制系统是多输入多输出的系统,而且要求设计某种性能指标下的最优控制系统,用经典控制理论基于传递函数的频域方法难以解决。卡尔曼(R. E. Kalman)、贝尔曼(R. Bellman)和庞特里亚金(L. S. Pontryagin)等倡导从变换后的频域,用状态空间表达式(一阶微分或差分方程组)建立 MIMO 线性/非线性、定常/时变系统的动态数学模型,并提出与经典控制理论频域法不同的状态反馈和最优控制方法,即现代控制理论,其包括 20 世纪 50 年代贝尔曼提出的寻求最优控制的动态规划法和庞特里亚金提出的极小值原理,20 世纪 60 年代卡尔曼分析系统引入的状态空间分析法及提出的多变量最优控制和最优滤波理论、能控性和能观性概念。1958 年,由于控制科学中研究非线性系统大范围稳定性问题的推动,基于状态变量法的李雅普诺夫稳定性理论在控制理论的文献中开始被引用,并掀起了相当持久的李雅普诺夫热。应该指出,数字计算机技术的飞速发展,为多变量复杂系统的时域分析提供了物质基础。事实上,现代控制理论的状态空间方法以计算机作为系统建模、分析、设计、控制的工具。

最优控制依赖确定的数学模型,但环境和被控对象参数不可避免的变化将导致系统的模型发生变化,因此,在线辨识系统数学模型,并按当前模型修改最优控制律的自适应控制及系统辨识理论也是现代控制理论的研究范畴。20世纪70年代以来,自适应控制理论进展显著,奥斯特隆姆(K. J. Astrom)和朗道(Landau)等为此做出了贡献。1970年,罗森布罗克(H. H. Rosenbrock)等提出多变量频域控制理论,将传统域方法发展为现代频域方法。为了使控制算法对系统模型的变化具有更强的适应性,产生了预测控制和鲁棒控制等方法。这些新方法都是现代控制理论在控制工程实践需要的推动下向深度和广度发展的成果。

0.1.3 大系统理论和智能控制理论阶段

20世纪70年代以来,一方面现代工业综合自动化要求对多个相互关联的子系统组成的大系统进行整体控制;另一方面,控制理论应用领域已从传统的军事、工业扩展到社会经济、能源环境、生物医学等大型系统,因此被控对象难以被精确描述,控制任务复杂,使基于数学模型、控制任务要求较单一的现代控制理论面临困难,由此产生了大系统理论和智能控制理论。

"大系统"是规模庞大、结构复杂、变量众多、功能综合、目标多样的过程控制与信息处理相结合的综合自动化系统。正在发展之中的大系统理论是动态的系统工程理论。其综合了现代控制理论、图论、数学规划和决策等方面的成果,采用控制和信息的观点,研究大系统的建模和模型简化、结构方案、稳定性和镇定、总体设计中的分解方法和协调等。

智能控制是针对控制系统(被控对象、环境、目标、任务)的不确定性和复杂性产生的不依赖于或不完全依赖于控制对象的数学模型,以知识、经验为基础,模仿人类智能的非传统控制方法。智能控制、空间技术和原子能技术并列称为20世纪三大科技成就的人工智能技术的发展,促进了自动控制理论向智能控制方向发展。1971年,傅京孙(K. S. Fu)将智能控制(Intelligent Control)概括为自动控制(Automatic Control)和人工智能(Artificial Intelligent)的交集,体现了智能控制系统多元跨学科的基本结构特征。随着智能控制技术研究的深入及其走向工程化、实用化,在二元交集论基础上产生了三元、四元、多元等智能控制结构,智能控制的理论体系正在不断的发展和完善之中。1991年,奥斯特隆姆(K. J. Astrom)提出"模糊逻辑控制、神经网络控制、专家控制三种典型的智能控制方法",较全面地阐明了智能控制的几个重要分支。除此之外,学习控制(包括迭代学习控制和遗传学习控制)、仿人控制、混沌控制等则是智能控制的新兴研究方向。

应该指出,智能控制并非代替而只是扩展了传统控制,应正确处理智能控制对传统控制继承与发展的关系。事实上,智能控制策略与传统控制策略相结合的复合控制模式及几种智能控制策略相结合的集成智能控制是控制策略的发展方向。进入

21 世纪，控制理论在面临严峻挑战的同时，也面临着又一个创新发展的良好机遇。

0.2 现代控制理论的研究范围

现代控制理论是应用状态空间法对多输入多输出、线性或非线性、定常或时变系统的状态进行分析与综合的理论。其采用状态空间表达式作为系统的动态模型，以能控性、能观测性揭示系统外部特性（输入、输出）与内部特性（状态）之间的关系；采用状态反馈、极点配置的方法对系统进行综合，以实现系统性能指标最优控制。现代控制理论的研究范畴主要有如下几个方面。

0.2.1 系统辨识

基于动态系统在状态空间的数学模型进行分析和控制是现代控制理论的特点之一。因此，系统辨识和建模是现代控制理论重要研究范畴之一。当系统较复杂时，解析法建模不再适用，而需要采用实验研究的方法（系统辨识方法）。其中，参数估计是系统辨识中最重要和发展最快的研究领域，已出现很多参数估计的计算方法，如基于脉冲响应的脉冲响应法、相关函数法、局部识法；基于最小二乘法的加权最小二乘法、递推最小二乘法、广义最小二乘法等；基于似然函数的极大似然法等。

0.2.2 线性系统理论

线性系统理论是现代控制理论中应用最广泛的独立分支，也是现代控制理论的基础。其采用状态空间法对线性动态系统进行定量分析（确定在不同输入控制作用下系统状态的动态响应）和定性分析（稳定性、能控性、能观测性分析），并采用状态反馈配置闭环极点的方法控制并改善系统状态的动态响应。因此，线性系统理论主要包括动态系统的状态空间描述、状态方程的求解、能控性、能观测性和李雅普诺夫稳定性分析、状态反馈及状态观测器设计等内容。

在状态空间法的基础上，派生了基于几何方法的线性系统几何理论、基于抽象代数的线性系统代数理论及基于经典频率法的线性系统多变量频域理论等新分支。

0.2.3 最优控制

最优控制是现代控制理论的核心。最优控制问题就是在多种约束条件下寻找使系统某个性能指标泛函取极值的控制规律，故其数学本质是求某泛函的条件极值问题，即变分学问题。针对经典变分法只适用于求解无约束或容许控制属于开集的最优控制问题的局限，20 世纪 50 年代庞特里亚金提出“极小值原理”，发展了经典变分原理，以处理容许控制属于闭集的最优控制问题。与此同时，贝尔曼为解决多级决策问题，提出“动态规划”。“极小值原理”和“动态规划”是研究最优控制问题最重要的两种方法。随着控制理论的发展，最优控制也有很大发展，如分布参数的最优控制、随机最优控制、大系统的最优控制等。

0.2.4　最优滤波(最佳估计)

最优控制规律是被控系统内部状态向量的函数，但由于被控系统和测量装置存在随机干扰和测量装置的限制，一般难以精确地测量出系统全部状态的信息。故基于已建立的系统数学模型，从夹杂着随机噪声的系统输入/输出的量测数据中，采用统计方法，针对一定统计规则（如最小方差估计、极大似然估计、最小二乘估计等）求出系统状态的最优估计（最优滤波）是闭环系统最优控制工程实现的前提。基于最小方差准则的维纳滤波和卡尔曼滤波是得到广泛应用的两种最优线性滤波方法。

0.2.5　自适应控制

系统的不确定性（如被控对象参数未知或工作状况改变和环境变化引起系统参数改变）是对基于数学模型的传统控制的挑战，自适应控制正是为解决环境和被控对象参数有较大变化时系统仍能自动保持在接近某种意义下最优运行状态这一问题提出的。“自适应控制”基于在线辨识系统数学模型，将系统当前性能与最优性能比较，实时调整控制器的结构、参数，即修改最优控制规律，以保证系统适应环境和被控对象参数变化，保持最优性能。模型参考自适应控制系统和自校正控制系统是自适应控制系统的两种基本形式。

0.3　经典与现代控制理论的比较

0.3.1　经典与现代控制理论的区别

1. 形成和发展时间

经典控制理论在20世纪三四十年代初步形成；现代控制理论在20世纪50年代形成，20世纪60年代末到80年代迅速发展。

2. 在数学模型方面不同

经典控制理论主要采用常微分方程、传递函数和动态结构图，仅描述了系统的输入和输出之间的关系，不能描述系统内部结构和处于系统内部的变化，且忽略了初始条件。不能对系统内部状态的信息进行全面的描述，属于不完全描述。现代控制理论的数学模型通常用状态空间表达式来描述，这种描述又称为系统的“内部描述”，能够充分揭示系统的全部运动状态，所以也叫完全描述。

3. 系统方法不同

经典控制理论的研究对象是单输入、单输出的自动控制系统，特别是线性定常系统。经典控制理论的特点是以输入输出特性(主要是传递函数)为系统数学模型,以积分变换为工具,以频域方法(包括频率特性法及根轨迹法)为基础,研究控制系统的动态特性。

现代控制理论中,对控制系统的分析和设计主要是通过对系统的状态变量的描述来进行的,基本的方法是时间域方法。现代控制理论比经典控制理论所能处理的控制问题要广泛得多,包括线性系统和非线性系统,定常系统和时变系统,单变量系统和多变量系统。

0.3.2 经典控制理论与现代控制理论的关系

(1) 经典控制理论与现代控制理论两者并不是截然相对的,现代控制理论的形成和发展并不是对经典控制理论的否认,两者是相辅相成、互为补充的。现代控制理论是对经典控制理论的继承和发展,现代控制理论解决了经典控制理论在某些领域无法解决的问题。

(2) 两者的长处和不足分别为:

① 现代控制理论对数学模型要求较高,需要更多的数学知识,利于计算机实现,对控制设备和系统所处的环境要求更高;

② 经典控制理论对数学模型要求较低,更依赖于控制领域设计和应用的经验。

0.4 控制理论的应用

20 世纪 50 年代末发展起来的以状态空间方法为主体的现代控制理论,为过程控制带来了状态反馈、输出反馈、解耦控制等一系列多变量控制系统设计方法;与此同时,计算机技术的持续发展使计算机控制在工业生产过程中得到了广泛的应用,这一切都预示着过程控制领域的新突破。

在 1868 年至今的短短一百多年中,控制理论无论在深度和广度上都得到了令人吃惊的发展,并在控制系统设计这一工程领域发挥着巨大的作用。可以说,控制理论与控制工程对现代社会的工业化进程、科学探索(如卫星升空、远洋船探索)、国防军备的现代化(高精度导弹的精确制导)以及人们的生活(如便捷、高速的航空器)等产生了巨大的影响,成为 20 世纪发展最为亮丽的科学领域。

随着计算机技术的发展和应用,控制理论和技术在宇航、机器人控制、导弹制导及核动力等高新技术领域中的应用也愈来愈深入广泛。不仅如此,控制技术的应用范围现在已扩展到生物、医学、环境、经济管理和其他许多社会生活领域中,成为现代社会生活中不可缺少的一部分。随着时代进步和人们生活水平的提高,在人类探知未来、认识和改造自然、建设高度文明和发达社会的活动中,自动控制理论和技术必将进一步发挥更加重要的作用。自动控制技术的应用不仅使生产过程实现了自动化,极大地提高了劳动生产率,而且减轻了人的劳动强度。自动控制使工作具有高度的准确性，大大地提高了武器的命中率和战斗力，例如火炮自动跟踪系统必须采用计算机控制才能打下高速高空飞行的飞机。某些人们不能直接参与工作的场合就更离不开自动控制技术了，例如原子能的生产、火炮或导弹的制导等。

0.5 未来的发展方向——智能控制

智能控制是在无人干预的情况下自主地驱动智能机器实现控制目标的自动控制技术。对许多复杂的系统，难以建立有效的数学模型和用常规的控制理论去进行定量计算和分析，而必须采用定量方法与定性方法相结合的控制方式，设计的重心不放在数学公式的表达、计算和处理方面，而是放在对任务和现实模型的描述、符号和环境的识别以及知识库和推理机的开发上。随着人工智能和计算机技术的发展，已经有可能把自动控制和人工智能以及系统科学中一些有关学科分支（如系统工程、系统学、运筹学、信息论）结合起来，建立一种适用于复杂系统的控制理论和技术。智能控制正是在这种条件下产生的。它是自动控制技术的最新发展阶段，也是用计算机模拟人类智能进行控制的研究领域。智能控制是以控制理论、计算机科学、人工智能、运筹学等学科为基础，扩展了相关的理论和技术，其中应用较多的有模糊逻辑、神经网络、专家系统、遗传算法等理论和自适应控制、自组织控制、自学习控制等技术。

智能控制作为一门新的学科分支，已经被广泛应用于工业、农业、服务业、军事、航空等各个领域。近年来，随着人工智能技术和其他信息处理技术，尤其是信息论、系统论和控制论的发展，智能控制在机理和应用实践方面取得了突破性的进展。遗传算法与模糊逻辑、神经网络相互融合，通过模拟人类的思维方式和结构来设计用于解决复杂的各种非线性问题的控制策略，已在各种实际工程项目中得到应用，取得了良好的效果。

许多工业连续生产线上，例如：化工、冶炼、材料加工、轧钢等，由于反应机理复杂，关联耦合严重，环境干扰不确定，要求与约束多样等原因，对其系统运行情况和过程的信息了解较少，自动化集成控制应用存在一定的难度，需要运用智能控制模式。生产过程的智能控制主要包括两个方面：局部级和全局级。局部级的智能控制是将智能引入工艺过程的某一单元进行控制器的设计，例如专家控制器、智能PID控制器、神经元网络控制器等。全局级的智能控制，主要针对整个生产的自动化，包括整个操作工艺的控制，过程的故障诊断，规划过程操作处理异常等。

针对局部智能控制设计，目前研究的热点是智能PID控制器的设计。PID控制至今仍是工业控制中最广泛的控制规律，但常规的PID控制已不能满足现在复杂的工业生产，所以就有必要将人工智能技术与传统的PID控制规律结合为智能PID控制。通过智能技术的加盟，智能PID控制器相比传统的PID控制器，在参数的整定和在线自适应调整方面有其显著的优越性，并可用于控制一些非线性的复杂对象。

在专家控制、神经网络控制、模糊控制中，专家控制系统把专家操作经验和计算机强大的计算机能力结合起来，具有启发式推理的能力，能对时变、非线性、易受干扰的复杂控制对象取得较好的控制效果，主要应用于系统设计、仿真建模、参数整定、故障检测及过程监控。但现有专家控制系统无法表达符号以外的知识，存在知识获取困难和知识库无法自动更新的缺憾。模糊控制具备处理人类模糊语言信息的能力，可模拟人类进行判断和决策，但不具备自学能力，且规则自适应性差，稳态精度有限。

神经网络控制具有并行处理和高度自组织、自学习、自适应能力，但它不能描述和处理模糊信息，运行过程不具有推理的透明性。智能控制一般不具有解析性，没有通用的稳定性判定方法，还有很多方面有待进一步完善。

针对复杂的被控系统，单一的控制方法很难取得最优的控制效果，将智能控制和常规控制结合起来，取长补短，充分发挥各自优势，吸收新的人工智能和计算智能方法，从全局上提高控制系统智能化水平的综合智能化控制成为控制理论研究和应用的热点。

0.6 MATLAB 软件

MATLAB 的全称为 Matrix Laboratory(矩阵实验室)，是美国 MathWorks 公司的产品，是一种将复数数组(阵列)作为计算基本处理单位的高级科学分析与计算软件。自 1984 年 MathWorks 公司推出内核采用 C 语言编写的 MATLAB 软件以来，经过多年的发展，MATLAB 已成为融“语言化”的数值和符号双重计算能力、强大的数据图形显示功能、图形化控制仿真程序设计功能(Simulink)、全方位帮助系统于一体的交互式软件系统，而且其良好的可扩展性吸引了各个领域的专家学者推出不断扩大的附属不同学科的 MATLAB 工具箱，使之成为国际上最为流行的计算软件。

在控制类科学中，MATLAB 以其实用方便、直观和强大的功能成为科学研究者首选的计算机语言。它是一种十分有效的工具，能轻松地解决系统仿真和控制系统计算机辅助设计领域内教学和研究中遇到的问题；可将使用者从繁琐的底层编程中解放出来。近十年来，随着 MATLAB 语言和 Simulink 仿真环境在系统仿真、自动控制领域中的应用日益广泛，许多学者都把自己擅长的 CAD 方法用 MATLAB 加以实现，出现了大量的 MATLAB 配套工具箱，如控制系统控制箱(Control System Toolbox)、系统辨识工具箱(System Identification Toolbox)、鲁棒工具箱(Robust Control Toolbox)、最优化工具箱(Optimization Control Toolbox)、信号处理工具箱(Signal Processing Toolbox)等。另外还特别开发了功能强大的控制系统仿真环境 Simulink，它用形象的图形环境为控制系统的分析设计提供了很好的实验工具。目前，许多高校都特别重视 MATLAB 的应用，并将其作为分析、计算、设计、仿真研究的基本工具。

第1章 控制系统状态空间描述

经典控制理论主要以传递函数为数学工具进行单输入单输出线性定常系统的分析和设计,对于比较复杂的情况(如多输入多输出)和非线性系统则无法进行分析研究。因而经典控制方法分析研究的对象局限性较强、使用范围较窄。而且经典控制理论主要研究系统输入和输出响应之间关系,对于系统内部各变量的变化过程及其对系统的影响则未做分析。随着工业生产的发展,现代工业生产中的控制对象一般都是多输入多输出、多变量、变参数和非线性的复杂系统,需要寻求更适合的系统研究和分析方法,现代控制理论中的状态空间法正是在此需求上发展而来的。

现代控制理论主要以状态空间法为研究工具,研究系统的输入/输出外部特性,并且通过状态变量建立系统内部状态变量与外部输入变量和输出变量之间的关系,研究内部状态对系统的影响以及系统内部和外部状态变量之间的相互联系。状态空间方法不仅能更为全面地描述和研究系统,还有可能找出系统以前未被认识的许多重要特性。其研究对象可以是线性系统、非线性系统,可以是时变系统、定常系统,也可以是连续系统、离散系统,应用范围非常广泛。应用实例方面,以在航空、航天、航海等军事工业领域中系统控制和制导上的应用最为成功。

1.1 状态空间模型

状态空间法的引入促成了现代控制理论的建立和发展,它是现代控制理论研究中的重中之重。本节首先介绍一些状态空间法的基本概念。

1.1.1 状态空间的相关概念

1. 状态变量

能完全表征系统运动状态的最小个数的一组变量称为状态变量,数学描述为 $x_1(t),x_2(t),\cdots,x_n(t)$。完全表征是指给定了这个变量组在初始时刻 $t=t_0$ 的值和时刻 $t\geqslant t_0$ 系统的输入函数,那么系统在时刻 $t\geqslant t_0$ 的行为就可以完全确定。

系统状态变量的选取是非唯一的,但个数是唯一的,通常选取相互独立的储能元件的输出物理量作为状态变量,因此系统的状态变量的个数就等于系统独立储能元件的个数,也等于系统微分方程的阶次。

2. 状态矢量

以状态变量为元组成的向量称为状态矢量。数学描述为

$$\boldsymbol{x}(t)=\begin{bmatrix}x_1(t)\\x_2(t)\\\vdots\\x_n(t)\end{bmatrix}\quad \text{或} \quad \boldsymbol{x}^{\mathrm{T}}(t)=[x_1(t),x_2(t),\cdots,x_n(t)]$$

3. 状态空间

状态空间是以状态变量 $x_1(t),x_2(t),\cdots,x_n(t)$ 为坐标轴所构成的一个多维空间。由 n 个状态向量为坐标轴构成的 n 维空间即称为 n 维状态空间，状态空间集合了状态向量的所有可能值。

4. 状态轨迹

在特定时刻 t，状态向量可用状态空间的一个点来表示，随着时间的推移，$x(t)$ 将在状态空间描绘出一条轨迹线，该轨迹称为状态轨迹。

5. 状态方程

由系统的状态变量与输入变量之间的关系构成的一阶微分方程组称为系统的状态方程。

6. 输出方程

输出方程是在指定系统输出的情况下，输出量与状态变量、输入量之间的函数关系式。

7. 状态空间表达式

状态方程和输出方程综合起来，在状态空间中建立的对一个系统动态行为的完整描述（数学模型），称为系统的状态空间表达式。

1.1.2 状态空间一般表达式

在现代控制理论中，状态空间模型所能描述的系统可以是单输入单输出的，也可以是多输入多输出的。状态空间表达式是一种采用状态描述系统动态行为（动态特性）的时域描述的数学模型，它包含状态方程和输出方程。一般情况下，本书所讨论的系统为具有记忆、能够存储信息的动力学系统，其系统示意图如图 1.1 所示。

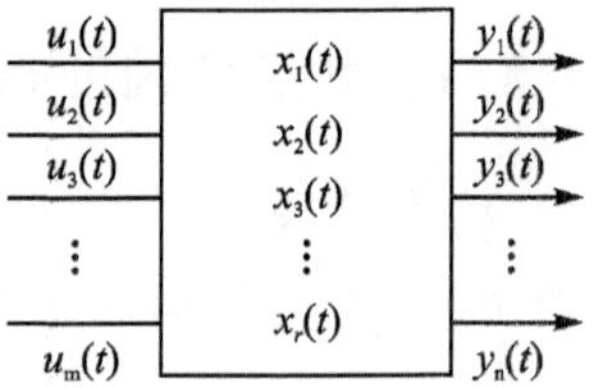

图 1.1　动力学系统示意图

其中，$u_1(t),u_2(t),\cdots,u_m(t)$ 为系统的 m 个外部输入变量，$y_1(t),y_2(t),\cdots,y_n(t)$ 为其 n 个外部输出变量，$x_1(t),x_2(t),\cdots,x_r(t)$ 为系统内部的 r 个状态变量。

对于多输入多输出系统，状态方程的一般表达形式为

$$\left.\begin{aligned}\dot{x}_1(t)&=f_1[x_1(t),x_2(t),\cdots,x_r(t);u_1(t),u_2(t),\cdots,u_m(t);t]\\\dot{x}_2(t)&=f_2[x_1(t),x_2(t),\cdots,x_r(t);u_1(t),u_2(t),\cdots,u_m(t);t]\\&\vdots\qquad\qquad\vdots\\\dot{x}_r(t)&=f_r[x_1(t),x_2(t),\cdots,x_r(t);u_1(t),u_2(t),\cdots,u_m(t);t]\end{aligned}\right\}\tag{1.1}$$

相应的向量方程式为 $\dot{\boldsymbol{x}}(t)=\boldsymbol{f}[\boldsymbol{x}(t),\boldsymbol{u}(t),t]$。其中,$\boldsymbol{x}(t)=[x_1(t)\quad x_2(t)\quad\cdots\quad x_r(t)]^{\mathrm{T}}$ 为 $r\times1$ 维的状态向量,$\boldsymbol{u}(t)=[u_1(t)\quad u_2(t)\quad\cdots\quad u_m(t)]^{\mathrm{T}}$ 为 $m\times1$ 维的输入向量。

对于线性定常系统,状态空间模型的表达式可简化为

$$\left.\begin{aligned}\dot{\boldsymbol{x}}(t)&=\boldsymbol{A}\boldsymbol{x}(t)+\boldsymbol{B}\boldsymbol{u}(t)\\\boldsymbol{y}(t)&=\boldsymbol{C}\boldsymbol{x}(t)+\boldsymbol{D}\boldsymbol{u}(t)\end{aligned}\right\}\tag{1.2}$$

其中,$\boldsymbol{A}$ 为系统矩阵,表示系统内部各状态变量之间的关联情况;$\boldsymbol{B}$ 为输入矩阵,表示输入对各状态变量的影响情况;$\boldsymbol{C}$ 为输出矩阵,表示输出与各状态变量的组成关系;$\boldsymbol{D}$ 为直通矩阵,反映输入/输出之间的直接关系。

对于线性时变系统,其系数矩阵不再是常数矩阵,矩阵元素是随着时间变化而变化的,其表达式为

$$\left.\begin{aligned}\dot{\boldsymbol{x}}(t)&=\boldsymbol{A}(t)\boldsymbol{x}(t)+\boldsymbol{B}(t)\boldsymbol{u}(t)\\\boldsymbol{y}(t)&=\boldsymbol{C}(t)\boldsymbol{x}(t)+\boldsymbol{D}(t)\boldsymbol{u}(t)\end{aligned}\right\}\tag{1.3}$$

下面以最简单的 RLC 电路为例,说明线性定常系统状态空间模型中各参数的对应情况,其中 $U(t)$ 为输入变量,$U_C(t)$ 为输出变量。

例 1.1　RLC 电路的状态空间模型电路如图 1.2 所示。

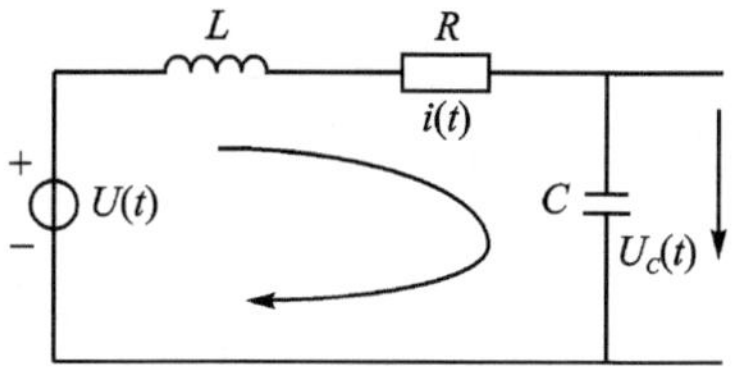

图 1.2　RLC 电路

由电路知识可以列写出系统的数学方程式为

$$\left.\begin{aligned}U(t)&=L\,\frac{\mathrm{d}i(t)}{\mathrm{d}t}+Ri(t)+U_C(t)\\i(t)&=C\,\frac{\mathrm{d}U_C(t)}{\mathrm{d}t}\end{aligned}\right\}\tag{1.4}$$

整理成矩阵形式为

$$\begin{bmatrix}\dfrac{i\mathrm{d}(t)}{\mathrm{d}t}\\\dfrac{\mathrm{d}U_C(t)}{\mathrm{d}t}\end{bmatrix}=\begin{bmatrix}-\dfrac{R}{L}&-\dfrac{1}{L}\\\dfrac{1}{C}&0\end{bmatrix}\begin{bmatrix}i(t)\\U_C(t)\end{bmatrix}+\begin{bmatrix}\dfrac{1}{L}\\0\end{bmatrix}U(t)\tag{1.5}$$

此时选取状态向量为 $\boldsymbol{x}(t)=\begin{bmatrix}x_1(t)\\x_2(t)\end{bmatrix}=\begin{bmatrix}i(t)\\U_C(t)\end{bmatrix}$,则式(1.5)可表示为

$$\begin{bmatrix}\dot{x}_1(t)\\ \dot{x}_2(t)\end{bmatrix}=\begin{bmatrix}-\dfrac{R}{L} & -\dfrac{1}{L}\\ \dfrac{1}{C} & 0\end{bmatrix}\begin{bmatrix}x_1(t)\\ x_2(t)\end{bmatrix}+\begin{bmatrix}\dfrac{1}{L}\\ 0\end{bmatrix}U(t) \tag{1.6}$$

系统输出方程可表示为

$$\boldsymbol{y}(t)=[0\quad 1]\begin{bmatrix}x_1(t)\\ x_2(t)\end{bmatrix} \tag{1.7}$$

式(1.6)为 RLC 网络的状态方程。式(1.6)和式(1.7)合起来称为 RLC 网络的状态空间模型,也称为系统的状态空间描述。

状态变量的选取是非唯一的,本例中也可选取状态向量 $\boldsymbol{x}(t)=\begin{bmatrix}x_1(t)\\ x_2(t)\end{bmatrix}=\begin{bmatrix}i(t)\\ \int i(t)\mathrm{d}t\end{bmatrix}$,则式(1.4)可化为

$$\dot{x}_1(t)=-\frac{R}{L}x_1(t)-\frac{1}{LC}x_2(t)+\frac{1}{L}u(t) \tag{1.8}$$

矩阵形式为

$$\begin{bmatrix}\dot{x}_1(t)\\ \dot{x}_2(t)\end{bmatrix}=\begin{bmatrix}-\dfrac{R}{L} & -\dfrac{1}{LC}\\ 1 & 0\end{bmatrix}\begin{bmatrix}x_1(t)\\ x_2(t)\end{bmatrix}+\begin{bmatrix}\dfrac{1}{L}\\ 0\end{bmatrix}U(t) \tag{1.9}$$

输出方程为

$$\boldsymbol{y}(t)=\begin{bmatrix}0 & \dfrac{1}{C}\end{bmatrix}\begin{bmatrix}x_1(t)\\ x_2(t)\end{bmatrix} \tag{1.10}$$

此时

$$\boldsymbol{A}=\begin{bmatrix}-\dfrac{R}{L} & -\dfrac{1}{LC}\\ 1 & 0\end{bmatrix},\quad \boldsymbol{B}=\begin{bmatrix}\dfrac{1}{L}\\ 0\end{bmatrix},\quad \boldsymbol{C}=\begin{bmatrix}0 & \dfrac{1}{C}\end{bmatrix},\quad \boldsymbol{D}=0$$

虽然状态空间法能揭示系统内部运动特征,但是由上述推导可知状态变量的选择并不是唯一的,变量不同所建立的数学模型也不相同。为了便于分析,工程上一般选取能够直接被测量到或被观察到的物理量为状态变量。

由状态方程的一般表达式和例 1.1 的具体表达式均可知,在某一时刻如果状态向量中所有状态变量的值都确定,则该系统的状态便被唯一确定。因此状态向量随时间的变化在状态空间中形成一条运动轨迹。当运用状态空间法来综合控制系统时,控制问题就变为选择一个合适的输入向量,从而使状态轨迹满足指定性能需要的问题。

1.1.3 状态空间表达式的模拟结构图

在状态空间分析中,模拟结构图是用来反映系统各状态变量之间的信息传递关系,对建立系统的状态空间表达式很有帮助。

模拟结构图的绘制步骤如下:积分器的数目应等于状态变量个数,将它们画在适当的位置,每个积分器的输出表示相应的某个状态变量,根据所给的状态方程和输出方程画出相应的加法器和比例器,最后用箭头将这些元件连接起来。

一阶微分方程组

$$\dot{\boldsymbol{x}}(t)=\boldsymbol{A}\boldsymbol{x}(t)+\boldsymbol{B}u(t)$$
$$y=\boldsymbol{C}\boldsymbol{x}(t)+\boldsymbol{D}u(t)$$

的模拟结构图如图1.3所示。

再以三阶微分方程为例,即

$$\dddot{x}+a_2\ddot{x}+a_1\dot{x}+a_0x=bu$$

对上式进行整理,把最高阶导数留在左边,得到

$$\dddot{x}=-a_2\ddot{x}-a_1\dot{x}-a_0x+bu$$

其模拟结构图如图1.4所示。

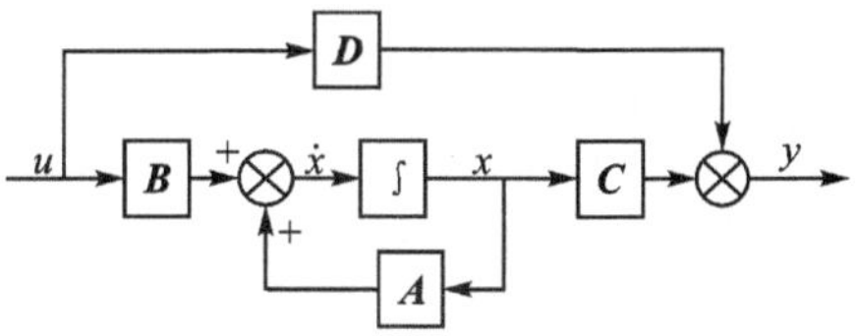

图1.3 一阶微分方程组的模拟结构图

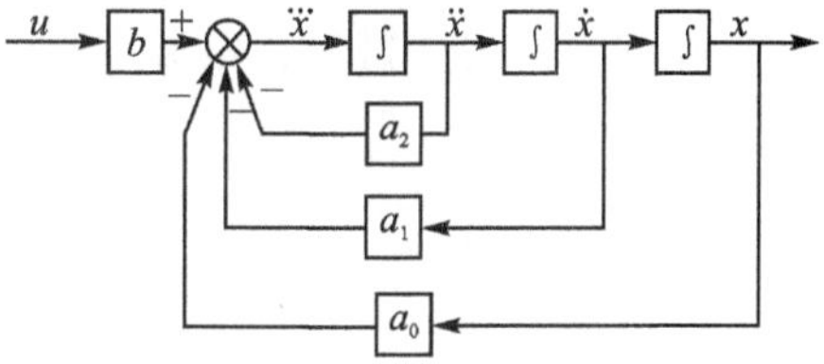

图1.4 三阶微分方程的模拟结构图

1.2 状态空间表达式的建立

对于控制系统状态空间表达式的求取,一般情况下,需要根据系统的物理或化学原理来建立描述其动力学行为的数学模型,根据数学模型再转化为相应的状态空间表达式。常用的数学模型通常有微分方程、动态结构图和传递函数等形式。

1.2.1 由系统机理建立状态空间表达式

机理分析法是数学建模常用的方法之一。它通过对系统内部机理的分析研究从而找出系统的发展变化规律。常见的控制系统一般都属于物理系统,满足一定的物理定律,根据定律可以建立相应的状态方程。若指定输出也能快捷地列写出输出方程。例1.1中的电路分析即采用的这种方法。下面通过对机械和电气系统分析的例子来进一步说明采用该方法建立状态空间表达式的过程。

例 1.2 机械系统如图 1.5 所示，图中所示是一个由弹簧、质量物体和阻尼器所组成的机械系统。其中 k 为弹性系数，m 为物体的质量，f 为阻尼系数。

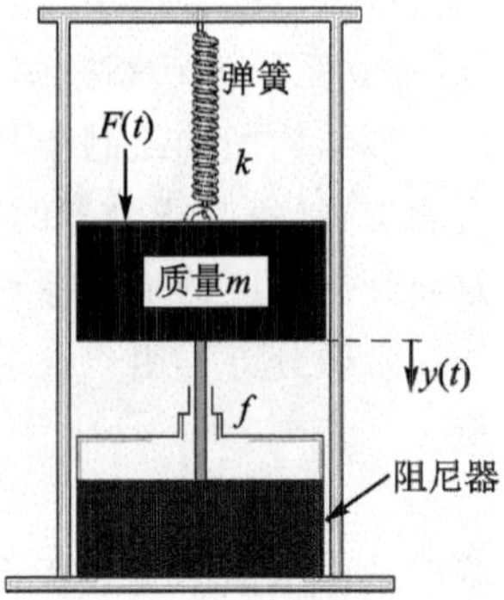

图 1.5 机械系统模型图

解：(1) 确定输入量和输出量。$F(t)$ 为输入量，$y(t)$ 为输出量。

(2) 建立初始微分方程组。根据牛顿第二定律 $F=ma$ 可得

$$F(t)-F_B(t)-F_K(t)=ma \tag{1.11}$$

其中，$F_B(t)=f\dfrac{\mathrm{d}y(t)}{\mathrm{d}t}$ 为阻尼器所产生的阻力，$F_K(t)=ky(t)$ 为弹簧所产生的拉力，$a=\dfrac{\mathrm{d}^2y(t)}{\mathrm{d}t^2}$。

整理后得

$$m\frac{\mathrm{d}^2y(t)}{\mathrm{d}t^2}+f\frac{\mathrm{d}y(t)}{\mathrm{d}t}+ky(t)=F(t) \tag{1.12}$$

(3) 取质量块的位移为状态变量，即 $x_1=y(t)$，$x_2=\dot{x}_1$。

由式(1.12)得

$$m\dot{x}_2+fx_2+kx_1=u$$

转化为矩阵形式可得状态方程为

$$\begin{bmatrix}\dot{x}_1\\ \dot{x}_2\end{bmatrix}=\begin{bmatrix}0 & 1\\ -\dfrac{k}{m} & -\dfrac{f}{m}\end{bmatrix}\begin{bmatrix}x_1\\ x_2\end{bmatrix}+\begin{bmatrix}0\\ \dfrac{1}{m}\end{bmatrix}u \tag{1.13}$$

输出方程为

$$\boldsymbol{y}=\begin{bmatrix}1 & 0\end{bmatrix}\begin{bmatrix}x_1\\ x_2\end{bmatrix} \tag{1.14}$$

式(1.13)和式(1.14)即为系统的状态空间表达式。

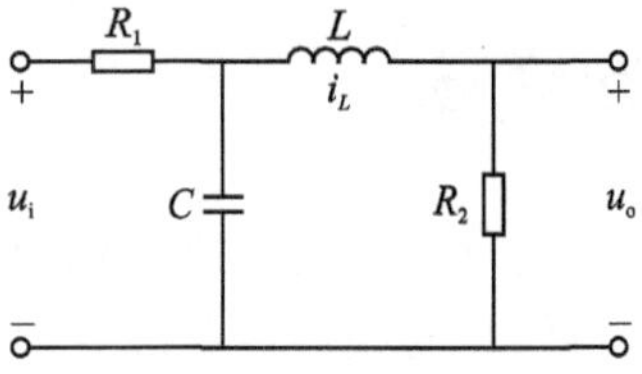

图 1.6 电路图

例 1.3 图 1.6 所示的电路图，若输出指定为 u_o，试求此电路的状态空间表达式。

解：(1) 确定输入量和输出量。u_i 为输入量，u_o 为输出量。

(2) 建立初始微分方程组。根据 KCL、KVL 得

$$\left.\begin{aligned}&L\frac{\mathrm{d}i_L}{\mathrm{d}t}=u_C-i_LR_2\\ &R_1\left(C\frac{\mathrm{d}u_C}{\mathrm{d}t}+i_L\right)=u_i-u_C\end{aligned}\right\} \tag{1.15}$$

(3) 选取状态变量。取电感电流和电容电压为状态变量，即 $x_1=i_L$，$x_2=u_C$，则式(1.15)可化成矩阵形式，即

$$\begin{bmatrix} \dot{x}_1 \\ \dot{x}_2 \end{bmatrix} = \begin{bmatrix} -\frac{R_2}{L} & \frac{1}{L} \\ -\frac{1}{C} & -\frac{1}{R_1 C} \end{bmatrix} \begin{bmatrix} x_1 \\ x_2 \end{bmatrix} + \begin{bmatrix} 0 \\ \frac{1}{R_1 C} \end{bmatrix} u_i \tag{1.16}$$

输出方程为

$$\boldsymbol{y} = [R_2 \quad 0] \begin{bmatrix} x_1 \\ x_2 \end{bmatrix} \tag{1.17}$$

式(1.16)和式(1.17)即为系统的状态空间表达式。

1.2.2　由动态结构图求取系统状态空间表达式

动态结构图是一种比较直观形象的数学模型，由经典控制理论可知，动态结构图可以分解为典型环节的组合。典型环节可以分解为由积分器(用内含积分符号的方框表示)、加法器和比例器组成的结构图，该结构称为模拟结构图。

由经典控制理论可求得例 1.1 中系统的动态结构图如图 1.7 所示。

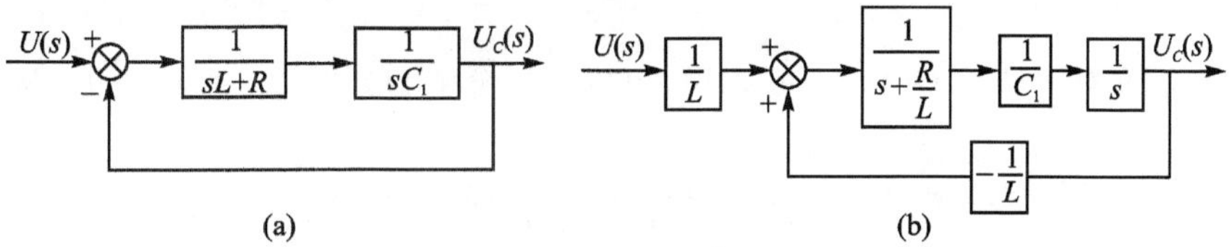

图 1.7　例 1.1 的动态结构图

图 1.7(a)为由传递函数求得的动态结构图，图(b)为其分解形式。图(b)继续分解得到的模拟结构图如图 1.8 所示。

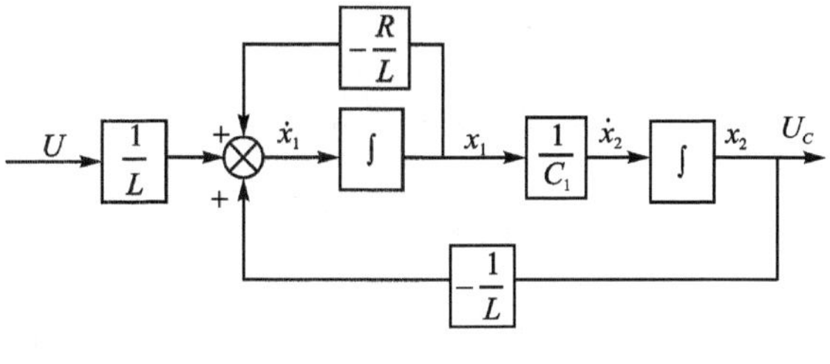

图 1.8　系统的模拟结构图

取积分器的输出为各状态变量，写出信号关系可得方程组

$$\begin{cases} \dot{x}_1 = -\frac{R}{L}x_1 - \frac{1}{L}x_2 + \frac{1}{L}u \\ \dot{x}_2 = \frac{1}{C_1}x_1 \\ y = x_2 \end{cases}$$

整理后即可得系统的状态空间表达式如下：

$$\dot{x}=\begin{bmatrix}-\frac{R}{L} & -\frac{1}{L}\\ \frac{1}{C_1} & 0\end{bmatrix}x+\begin{bmatrix}\frac{1}{L}\\ 0\end{bmatrix}y$$

$$\boldsymbol{y}=[0\quad 1]x$$

由例 1.1 的求解结果和状态向量图观察结果对比可知，状态方程可以根据状态变量图中积分器前后变量的状态直接列写代数方程获得。由此可得出动态结构图求取状态空间表达式的直观方法：先把动态结构图分解成各个典型环节的组合；再把各个典型环节解构为积分器、加法器和比例器的组合，并把积分器的输出端选定为状态变量；然后根据整个系统的模拟结构图直接列写出系统的状态空间表达式。

下面通过实际例子说明该种方法的具体应用。

例 1.4 图 1.9 所示为一个控制系统的动态结构图，试写出该系统的状态空间表达式。

解：(1) 对于环节 $G_1(s)=\dfrac{K}{s}$ 来说，可以直接分解为如图 1.10 所示的结构图。

(2) 对于环节 $G_2(s)=\dfrac{1}{s+b}$，$\dfrac{Y_2(s)}{U_2(s)}=\dfrac{1}{s+b}$，即 $\dot{y}_2+by_2=u_2$，$\dot{y}_2=-by_2+u_2$，可分解为如图 1.11 所示的结构图。

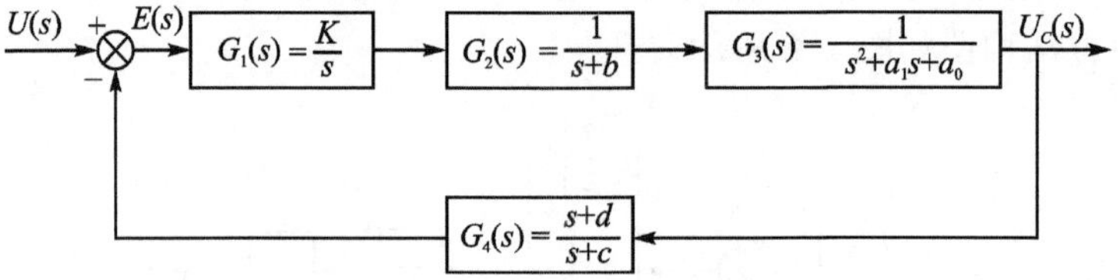

图 1.9 控制系统动态结构图

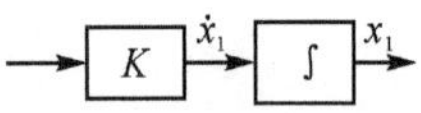

图 1.10 $G_1(s)$ 环节的模拟结构图

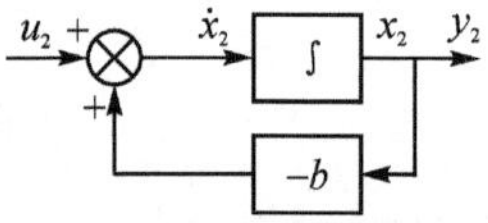

图 1.11 $G_2(s)$ 环节的模拟结构图

(3) 对于环节 $G_3(s)=\dfrac{1}{s^2+a_1s+a_0}=\dfrac{1}{a_0}\cdot\dfrac{a_0\dfrac{1}{s}\dfrac{1}{s+a_1}}{1+a_0\dfrac{1}{s}\dfrac{1}{s+a_1}}$，可以分解为如

图 1.12 所示的结构图。

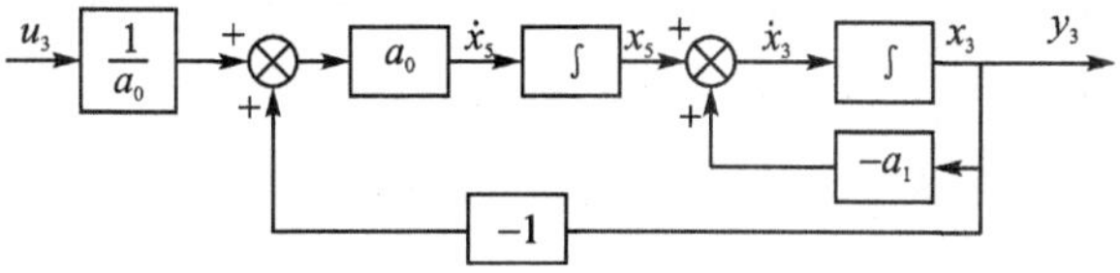

图 1.12　$G_3(s)$环节的模拟结构图

(4) 对于环节 $G_4(s)=\frac{s+d}{s+c}=1+\frac{d-c}{s+c}$来说，由于$\frac{Y(s)}{U(s)}=\frac{d-c}{s+c}$，即 $\dot{y}=-cy+(d-c)u$，则 $G_4(s)$可分解为如图 1.13 所示的结构图。

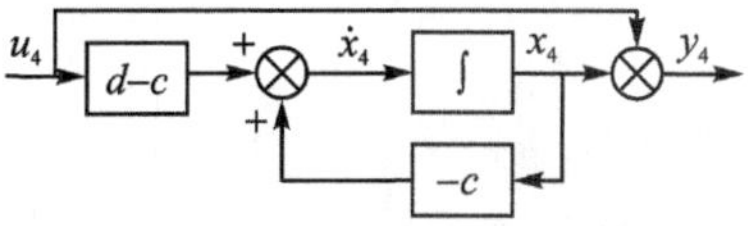

图 1.13　$G_4(s)$环节的模拟结构图

(5) 综上所述，系统的状态变量结构图如图 1.14 所示。

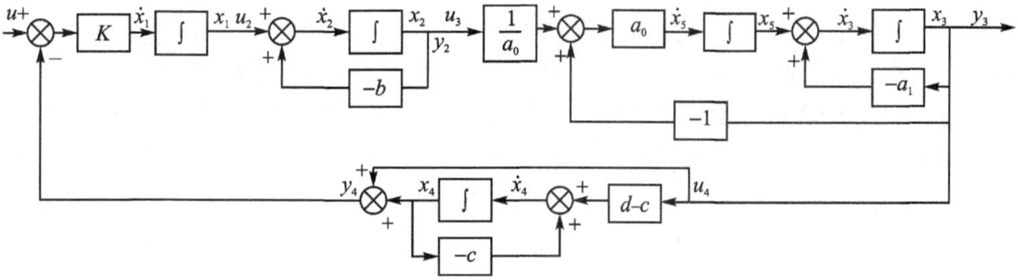

图 1.14　系统的模拟结构图

由图 1.14 观察可得

$$\left.\begin{aligned}
\dot{x}_1&=K[u-(x_3+x_4)]\\
\dot{x}_2&=x_1+(-bx_2)\\
\dot{x}_3&=-a_1x_3+x_5\\
\dot{x}_4&=(d-c)x_3+(-cx_4)\\
\dot{x}_5&=a_0\left(x_2\frac{1}{a_0}-x_3\right)
\end{aligned}\right\}\tag{1.18}$$

由此可以很方便地写出系统状态空间表达式。

状态方程

$$\begin{bmatrix}\dot{x}_1\\ \dot{x}_2\\ \dot{x}_3\\ \dot{x}_4\\ \dot{x}_5\end{bmatrix}=\begin{bmatrix}0 & 0 & -K & -K & 0\\ 1 & -b & 0 & 0 & 0\\ 0 & 0 & -a_1 & 0 & 1\\ 0 & 0 & d-c & -c & 0\\ 0 & 1 & -a_0 & 0 & 0\end{bmatrix}\begin{bmatrix}x_1\\ x_2\\ x_3\\ x_4\\ x_5\end{bmatrix}+\begin{bmatrix}K\\ 0\\ 0\\ 0\\ 0\end{bmatrix}u \tag{1.19}$$

输出方程

$$\boldsymbol{y}=\begin{bmatrix}0 & 0 & 1 & 0 & 0\end{bmatrix}\begin{bmatrix}x_1\\ x_2\\ x_3\\ x_4\\ x_5\end{bmatrix} \tag{1.20}$$

式(1.19)和式(1.20)即为所求的状态空间表达式。

1.2.3 由微分方程求取状态空间表达式

如果已知系统的高阶常微分方程模型,可以利用纯数学变换的方法来获取该系统的状态空间表达式。常微分方程描述的是系统输入/输出的关系而不涉及系统内部具体结构,对于同一个微分方程,系统内部结构特性可以有多种类型,因此在确定系统内部状态变量的时候就有非常多的选择。为了保证系统能在所选控制量的作用下可以从任意初始状态运动到希望的终止状态且系统状态值可测,一般以能形成标准形式的状态空间表达式为目标选取状态变量。各种标准形式的含义将在后继章节介绍,这里只指出各形式的数学表达特征。

在经典控制理论中,控制系统的高阶常微分方程的一般表达式为

$$y^{(n)}+a_{n-1}y^{(n-1)}+a_{n-2}y^{(n-2)}+\cdots+a_1\dot{y}+a_0y=b_mu^{(m)}+b_{m-1}u^{(m-1)}+\cdots+b_1\dot{u}+b_0u \tag{1.21}$$

式(1.21)中 $m\leqslant n$,为不失一般性,以 $m=n$ 时的情况来推导。若 $m<n$,则有 $b_{m+1}=b_{m+2}=\cdots=b_{n-1}=b_n=0$。

选择状态变量为$[x_1\quad x_2\quad\cdots\quad x_n]^{\mathrm{T}}$,$\beta_0,\beta_1,\cdots,\beta_n$ 为待定系数,x_{n+1} 为推导用的中间变量,则有

$$\left.\begin{aligned}
&x_1=y-\beta_0u\\
&x_2=y^{(1)}-\beta_0u^{(1)}-\beta_1u\\
&x_3=y^{(2)}-\beta_0u^{(2)}-\beta_1u^{(1)}-\beta_2u\\
&\vdots\\
&x_n=y^{(n-1)}-\beta_0u^{(n-1)}-\beta_1u^{(n-2)}-\cdots-\beta_{n-2}u^{(1)}-\beta_{n-1}u\\
&x_{n+1}=y^{n}-\beta_0u^{(n)}-\beta_1u^{(n-1)}-\cdots-\beta_{n-1}u^{(1)}-\beta_nu
\end{aligned}\right\} \tag{1.22}$$

式(1.22)中的各方程两端按顺序乘以 $a_0, a_1, \cdots, a_{n-1}, 1$，并移项得

$$\left.\begin{aligned}
&a_0 y = a_0 x_1 + a_0 \beta_0 u \\
&a_1 y^{(1)} = a_1 x_2 + a_1 \beta_0 u^{(1)} + a_1 \beta_1 u \\
&a_2 y^{(2)} = a_2 x_3 + a_2 \beta_0 u^{(2)} + a_2 \beta_1 u^{(1)} + a_2 \beta_2 u \\
&\quad\vdots \\
&a_{n-1} y^{(n-1)} = a_{n-1} x_n + a_{n-1}\beta_0 u^{(n-1)} + a_{n-1}\beta_1 u^{(n-2)} + \cdots + a_{n-1}\beta_{n-2} u^{(1)} + a_{n-1}\beta_{n-1} u \\
&y^n = x_{n+1} + \beta_0 u^{(n)} + \beta_1 u^{(n-1)} + \cdots + \beta_{n-1} u^{(1)} + \beta_n u
\end{aligned}\right\} \tag{1.23}$$

式(1.23)各式相加得

$$\begin{aligned}
&y^{(n)} + a_{n-1} y^{(n-1)} + a_{n-2} y^{(n-2)} + \cdots + a_1 \dot{y} + a_0 y = [a_0 x_1 + a_1 x_2 + a_2 x_3 + \cdots + \\
&a_{n-1} x_n + x_{n+1}] + \beta_0 u^{(n)} + (a_{n-1}\beta_0 + \beta_1) u^{(n-1)} + (a_{n-1}\beta_1 + a_{n-2}\beta_0 + \beta_2) u^{(n-2)} + \cdots + \\
&(a_{n-1}\beta_{n-2} + \cdots + a_2\beta_1 + a_2\beta_0 + \beta_{n-1}) \dot{u} + (a_{n-1}\beta_{n-1} + \cdots + a_1\beta_1 + a_0\beta_0 + \beta_n) u
\end{aligned} \tag{1.24}$$

令 $a_0 x_1 + a_1 x_2 + a_2 x_3 + \cdots + a_{n-1} x_n + x_{n+1} = 0$，比较式(1.24)和式(1.21)可得

$$\left.\begin{aligned}
&\beta_0 = b_n \\
&\beta_1 = b_{n-1} - a_{n-1}\beta_0 \\
&\quad\vdots \\
&\beta_n = b_0 - a_{n-1}\beta_{n-1} - a_{n-2}\beta_{n-2} - \cdots - a_1\beta_1 - a_0\beta_0
\end{aligned}\right\} \tag{1.25}$$

对式(1.22)内各分式分别求导得

$$\left.\begin{aligned}
&\dot{x}_1 = \dot{y} - \beta_0 \dot{u} = x_2 + \beta_1 u \\
&\dot{x}_2 = \ddot{y} - \beta_0 \ddot{u} - \beta_1 \dot{u} = x_3 + \beta_2 u \\
&\dot{x}_3 = \dddot{y} - \beta_0 \dddot{u} - \beta_1 \ddot{u} - \beta_2 \dot{u} = x_4 + \beta_3 u \\
&\vdots \\
&\dot{x}_{n-1} = y^{(n-1)} - \beta_0 u^{(n-1)} - \beta_1 u^{(n-2)} - \cdots - \beta_{n-2} u^{(2)} - \beta_{n-1} u^{(1)} = x_n + \beta_{n-1} u \\
&\dot{x}_n = x_{n+1} + \beta_n u = -a_0 x_1 - a_1 x_2 - a_2 x_3 - \cdots - a_{n-1} x_n + \beta_n u
\end{aligned}\right\} \tag{1.26}$$

因为 $x_1 = y - \beta_0 u$，所以有

$$y = x_1 + \beta_0 u \tag{1.27}$$

式(1.26)和式(1.27)即为所求的状态空间表达式，转换为矩阵形式的状态方程和输出方程分别为

$$\begin{bmatrix} \dot{x}_1 \\ \dot{x}_2 \\ \dot{x}_3 \\ \vdots \\ \dot{x}_{n-1} \\ \dot{x}_n \end{bmatrix} = \begin{bmatrix} 0 & 1 & 0 & 0 & \cdots & 0 \\ 0 & 0 & 1 & 0 & \cdots & 0 \\ 0 & 0 & 0 & 1 & \cdots & 0 \\ \vdots & \vdots & \vdots & \vdots & \ddots & \vdots \\ 0 & 0 & 0 & 0 & \cdots & 1 \\ -a_0 & -a_1 & -a_2 & -a_3 & \cdots & -a_{n-1} \end{bmatrix} \begin{bmatrix} x_1 \\ x_2 \\ x_3 \\ \vdots \\ x_{n-1} \\ x_n \end{bmatrix} + \begin{bmatrix} \beta_1 \\ \beta_2 \\ \beta_3 \\ \vdots \\ \beta_{n-1} \\ \beta_n \end{bmatrix} u \tag{1.28}$$

$$\boldsymbol{y}=\begin{bmatrix}1 & 0 & 0 & \cdots & 0 & 0\end{bmatrix}\begin{bmatrix}x_1\\x_2\\x_3\\\vdots\\x_{n-1}\\x_n\end{bmatrix}+\beta_0 u \tag{1.29}$$

形如式(1.28)和式(1.29)的状态空间表达式属于能控标准型的状态空间表达式。标准型表达式的具体含义将在后续章节中阐述。

式(1.21)是控制系统的一般方程式，在某些情况下可能没有这么复杂，比如在方程中不含输入函数 u 的导数项，此时方程为

$$y^{(n)}+a_{n-1}y^{(n-1)}+a_{n-2}y^{(n-2)}+\cdots+a_1\dot{y}+a_0 y=b_0 u \tag{1.30}$$

这种情况下可选状态变量 $\boldsymbol{x}=\begin{bmatrix}y & \dot{y} & \ddot{y} & \cdots & y^{(n-1)}\end{bmatrix}^{\mathrm{T}}$，类似于一般方程式的求解，先对状态变量求导，然后将式(1.30)代入可得

$$\left.\begin{aligned}
&\dot{x}_1=\dot{y}=x_2\\
&\dot{x}_2=\ddot{y}=x_3\\
&\dot{x}_3=\dddot{y}=x_4\\
&\vdots\\
&\dot{x}_{n-1}=y^{(n-1)}=x_n\\
&\dot{x}_n=y^{n}=-a_0x_1-a_1x_2-a_2x_3-\cdots-a_{n-1}x_n+b_0u
\end{aligned}\right\} \tag{1.31}$$

由此可得状态空间表达式为

$$\begin{bmatrix}\dot{x}_1\\\dot{x}_2\\\dot{x}_3\\\vdots\\\dot{x}_{n-1}\\\dot{x}_n\end{bmatrix}=\begin{bmatrix}0 & 1 & 0 & 0 & \cdots & 0\\0 & 0 & 1 & 0 & \cdots & 0\\0 & 0 & 0 & 1 & \cdots & 0\\\vdots & \vdots & \vdots & \vdots & \ddots & \vdots\\0 & 0 & 0 & 0 & \cdots & 1\\-a_0 & -a_1 & -a_2 & -a_3 & \cdots & -a_{n-1}\end{bmatrix}\begin{bmatrix}x_1\\x_2\\x_3\\\vdots\\x_{n-1}\\x_n\end{bmatrix}+\begin{bmatrix}0\\0\\0\\\vdots\\0\\b_0\end{bmatrix}u \tag{1.32}$$

$$\boldsymbol{y}=\begin{bmatrix}1 & 0 & 0 & \cdots & 0 & 0\end{bmatrix}\begin{bmatrix}x_1\\x_2\\x_3\\\vdots\\x_{n-1}\\x_n\end{bmatrix} \tag{1.33}$$

例 1.5 设某系统的常微分方程为 $y^{(4)}+6y^{(3)}+4y^{(2)}+10\dot{y}+56y=20\dot{u}+48u$，求系统的状态空间表达式。

解：方程的系数为 $a_3=6,a_2=4,a_1=10,a_0=56,b_4=b_3=b_2=0,b_1=20,b_0=48$。由式(1.25)可求得

$$\begin{cases}\beta_0=b_4=0\\ \beta_1=b_3-a_3\beta_0=0\\ \beta_2=b_2-a_3\beta_1-a_2\beta_0=0\\ \beta_3=b_1-a_3\beta_2-a_2\beta_1-a_1\beta_0=20\\ \beta_4=b_0-a_3\beta_3-a_2\beta_2-a_1\beta_1-a_0\beta_0=48-6\times 20=-72\end{cases}$$

由式(1.22)状态变量取

$$\begin{cases}x_1=y-\beta_0 u=y\\ x_2=y^{(1)}-\beta_0 u^{(1)}-\beta_1 u=\dot{y}\\ x_3=y^{(2)}-\beta_0 u^{(2)}-\beta_1 u^{(1)}-\beta_2 u=y^{(2)}\\ x_4=y^{(3)}-\beta_0 u^{(3)}-\beta_1 u^{(2)}-\beta_2 u^{(1)}-\beta_3 u=y^{(3)}-20u\end{cases}$$

由式(1.28)和式(1.29)可得系统的状态空间表示式为

$$\begin{bmatrix}\dot{x}_1\\ \dot{x}_2\\ \dot{x}_3\\ \dot{x}_4\end{bmatrix}=\begin{bmatrix}0&1&0&0\\0&0&1&0\\0&0&0&1\\-56&-10&-4&-6\end{bmatrix}\begin{bmatrix}x_1\\x_2\\x_3\\x_4\end{bmatrix}+\begin{bmatrix}0\\0\\20\\-72\end{bmatrix}u \tag{1.34}$$

$$\boldsymbol{y}=\begin{bmatrix}1&0&0&0\end{bmatrix}\begin{bmatrix}x_1\\x_2\\x_3\\x_4\end{bmatrix} \tag{1.35}$$

式(1.34)和式(1.35)即为所求。

另外，微分方程也可由拉普拉斯变换转换成传递函数而求取系统的状态空间表达式。

1.2.4　由传递函数求取状态空间表达式

如果已知系统的传递函数，也可由传递函数求出系统的状态空间表达式。由经典控制理论可知，系统的传递函数表达式为

$$G(s)=\frac{b_m s^m+b_{m-1}s^{m-1}+\cdots+b_1 s+b_0}{s^n+a_{n-1}s^{n-1}+\cdots+a_1 s+a_0} \tag{1.36}$$

式(1.36)中 $m\leqslant n$，若 $m=n$，则式(1.36)可化为如下形式：

$$G(s)=b_m+\frac{c_{n-1}s^{n-1}+\cdots+c_1 s+c_0}{s^n+a_{n-1}s^{n-1}+\cdots+a_1 s+a_0} \tag{1.37}$$

b_m 只和输出方程的直通矩阵有关，因此下面章节主要讨论 $m<n$ 时的情况。

1. 部分分式分解法

(1) 对于没有重极点的传递函数，可以根据拉普拉斯变换方法中的待定系数法

将传递函数分解为

$$G(s)=\frac{Y(s)}{U(s)}=\frac{k_1}{s-s_1}+\frac{k_2}{s-s_2}+\cdots+\frac{k_n}{s-s_n} \tag{1.38}$$

其中,$s_1,s_2,\cdots,s_n$ 为单极点,$k_1,k_2,\cdots,k_n$ 为常数,式(1.38)可写为

$$Y(s)=\frac{k_1}{s-s_1}U(s)+\frac{k_2}{s-s_2}U(s)+\cdots+\frac{k_n}{s-s_n}U(s) \tag{1.39}$$

若选取状态变量如下:

$$\left.\begin{aligned} x_1(s)&=\frac{1}{s-s_1}U(s)\\ x_2(s)&=\frac{1}{s-s_2}U(s)\\ &\vdots\\ x_n(s)&=\frac{1}{s-s_n}U(s)\end{aligned}\right\} \tag{1.40}$$

对式(1.40)进行拉氏反变换得

$$\left.\begin{aligned} \dot{x}_1(t)&=s_1x_1(t)+u(t)\\ \dot{x}_2(t)&=s_2x_2(t)+u(t)\\ &\vdots\\ \dot{x}_n(t)&=s_nx_n(t)+u(t)\end{aligned}\right\} \tag{1.41}$$

由式(1.39)和式(1.40)得

$$Y(s)=k_1x_1(s)+k_2x_2(s)+\cdots+k_nx_n(s) \tag{1.42}$$

即

$$y(t)=k_1x_1(t)+k_2x_2(t)+\cdots+k_nx_n(t) \tag{1.43}$$

式(1.41)和式 (1.43)写为矩阵形式即为所求的状态空间表达式

$$\begin{bmatrix}\dot{x}_1\\ \dot{x}_2\\ \vdots\\ \dot{x}_n\end{bmatrix}=\begin{bmatrix}s_1&0&0&0\\ 0&s_2&0&0\\ \vdots&\vdots&\vdots&\vdots\\ 0&0&0&s_n\end{bmatrix}\begin{bmatrix}x_1\\ x_2\\ \vdots\\ x_n\end{bmatrix}+\begin{bmatrix}1\\ 1\\ \vdots\\ 1\end{bmatrix}u \tag{1.44}$$

$$\boldsymbol{y}=\begin{bmatrix}k_1&k_2&\cdots&k_n\end{bmatrix}\begin{bmatrix}x_1\\ x_2\\ \vdots\\ x_n\end{bmatrix} \tag{1.45}$$

具有式(1.44)和式(1.45)形式的状态空间表达式称为对角线标准型状态空间表达式,它是对角线标准型的一种。

以上所介绍的部分分式分解法的实现过程也可以通过系统的模拟结构图进行推导,所对应的系统模拟结构图如图 1.15 所示。

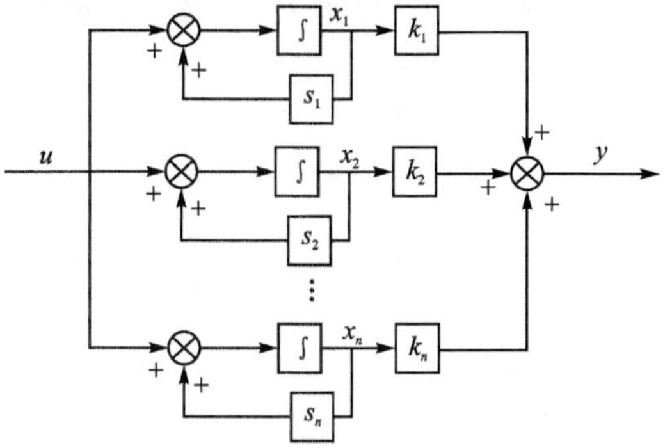

图 1.15　分解法实现模拟结构图

实现过程取各个积分器的输出端为相应状态变量,输入端为状态变量的导数,然后根据模拟结构图中各个量之间的运算关系写出状态方程和输出方程,并写成矩阵的形式,也可得到最后的状态空间表达式,即式(1.44)和式(1.45)。

(2) 上述情况为传递函数没有重根的情况,若有重根,需要另行处理。重根分为单重根和多重根的情况。传递函数的极点为一个单重根时,传递函数可分解为

$$Y(s)=\frac{k_{11}}{(s-s_1)^n}U(s)+\frac{k_{12}}{(s-s_1)^{n-1}}U(s)+\cdots+\frac{k_{1n}}{s-s_1}U(s) \tag{1.46}$$

选取状态变量为

$$x_i(s)=\frac{1}{(s-s_1)^{n+1-i}}U(s),\qquad i=1,2,\cdots,n \tag{1.47}$$

类似于上述无重极点传递函数的转换方法,可得

$$\left.\begin{aligned}\dot{x}_1(t)&=s_1x_1(t)+x_2(t)\\ \dot{x}_2(t)&=s_1x_2(t)+x_3(t)\\ &\vdots\\ \dot{x}_n(t)&=s_1x_n(t)+u(t)\end{aligned}\right\} \tag{1.48}$$

$$y(t)=k_{11}x_1(t)+k_{12}x_2(t)+\cdots+k_{1n}x_n(t) \tag{1.49}$$

则当传递函数有单重根时,系统的状态空间表达式为

$$\left.\begin{aligned}\begin{bmatrix}\dot{x}_1\\ \dot{x}_2\\ \vdots\\ \dot{x}_n\end{bmatrix}&=\begin{bmatrix}s_1&1&0&0\\0&s_1&1&0\\ \vdots&\vdots&\vdots&\vdots\\0&0&0&s_1\end{bmatrix}\begin{bmatrix}x_1\\x_2\\ \vdots\\x_n\end{bmatrix}+\begin{bmatrix}0\\0\\ \vdots\\1\end{bmatrix}u\\ \boldsymbol{y}&=\begin{bmatrix}k_{11}&k_{12}&\cdots&k_{1n}\end{bmatrix}\begin{bmatrix}x_1\\x_2\\ \vdots\\x_n\end{bmatrix}\end{aligned}\right\} \tag{1.50}$$

式(1.50)中的系统矩阵为约旦(Jordan)阵,通常称形如式(1.50)的状态空间表达式为约旦标准型,它也是标准型的一种。

(3) 传递函数有多个重极点的情况如下：设系统有 l 个单极点 $s_i(i=1,2,\cdots,l)$,l_1 个重极点 s_{m1},l_2 个重极点 s_{m2},…,l_m 个重极点 s_{mm},则传递函数可分解为

$$\begin{aligned}Y(s)=&\sum_{i=1}^{l}\frac{k_i}{(s-s_i)}+\frac{k_{11}}{(s-s_{m1})^{l_1}}U(s)+\frac{k_{12}}{(s-s_{m1})^{l_1-1}}U(s)+\cdots+\frac{k_{1l_1}}{s-s_{m1}}U(s)+\\&\frac{k_{21}}{(s-s_{m2})^{l_2}}U(s)+\frac{k_{22}}{(s-s_{m2})^{l_2-1}}U(s)+\cdots+\frac{k_{2l_2}}{s-s_{m2}}U(s)+\cdots+\\&\frac{k_{p1}}{(s-s_{mm})^{l_m}}U(s)+\frac{k_{p2}}{(s-s_{mm})^{l_m-1}}U(s)+\cdots+\frac{k_{pl_m}}{s-s_{mm}}U(s)\end{aligned}\tag{1.51}$$

选取状态变量为

$$\boldsymbol{x}=\begin{bmatrix}x_1 & \cdots & x_l & x_{l+1} & \cdots & x_{l+l_1} & \cdots & x_{n-l_m+1} & \cdots & x_n\end{bmatrix}^{\mathrm{T}}$$

可得多重根时系统的状态空间表达式为

$$\begin{bmatrix}\dot{x}_1\\ \vdots\\ \dot{x}_l\\ \dot{x}_{l+1}\\ \vdots\\ \dot{x}_{l+l_1}\\ \vdots\\ \dot{x}_{n-l_m+1}\\ \vdots\\ \dot{x}_n\end{bmatrix}=\left[\begin{array}{ccc|ccc|c|ccc}s_1 &&&&&&&&&\\ &\ddots&&&&&&&&\\ &&s_l&&&&&&&\\ \hline &&&s_{m1}&1&&&&&\\ &&&&\ddots&1&&&&\\ &&&&&s_{m1}&&&&\\ \hline &&&&&&\ddots&&&\\ \hline &&&&&&&s_{mm}&1&\\ &&&&&&&&\ddots&1\\ &&&&&&&&&s_{mm}\end{array}\right]\begin{bmatrix}x_1\\ \vdots\\ x_l\\ x_{l+1}\\ \vdots\\ x_{l+l_1}\\ \vdots\\ x_{n-l_m+1}\\ \vdots\\ x_n\end{bmatrix}+\begin{bmatrix}1\\ \vdots\\ 1\\ 0\\ \vdots\\ 1\\ \vdots\\ 0\\ \vdots\\ 1\end{bmatrix}\boldsymbol{u}\tag{1.52}$$

$$\boldsymbol{y}=\begin{bmatrix}k_1 & \cdots & k_l & k_{11} & \cdots & k_{1l_1} & \cdots & k_{p1} & \cdots & k_{pl_m}\end{bmatrix}\begin{bmatrix}x_1\\ \vdots\\ x_l\\ x_{l+1}\\ \vdots\\ x_{l+l_1}\\ \vdots\\ x_{n-l_m+1}\\ \vdots\\ x_n\end{bmatrix}\tag{1.53}$$

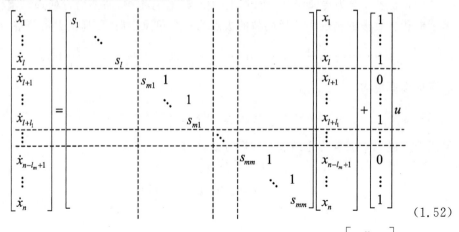

2. 直接法

对于传递函数中无相同零极点的情况，可由传递函数的系数直接写出状态空间的标准形式。若系统的传递函数为

$$G(s)=\frac{c_{n-1}s^{n-1}+\cdots+c_1s+c_0}{s^n+a_{n-1}s^{n-1}+\cdots+a_1s+a_0} \tag{1.54}$$

则可直接写成如下两种标准形式。

(1) 能控标准型

$$\left.\begin{aligned}
\begin{bmatrix}\dot{x}_1\\ \dot{x}_2\\ \dot{x}_3\\ \vdots\\ \dot{x}_{n-1}\\ \dot{x}_n\end{bmatrix}&=\begin{bmatrix}0&1&0&0&\cdots&0\\ 0&0&1&0&\cdots&0\\ 0&0&0&1&\cdots&0\\ \vdots&\vdots&\vdots&\vdots&\vdots&\vdots\\ 0&0&0&0&\cdots&1\\ -a_0&-a_1&-a_2&-a_3&\cdots&-a_{n-1}\end{bmatrix}\begin{bmatrix}x_1\\ x_2\\ x_3\\ \vdots\\ x_{n-1}\\ x_n\end{bmatrix}+\begin{bmatrix}0\\ 0\\ 0\\ \vdots\\ 0\\ 1\end{bmatrix}u\\
\boldsymbol{y}&=\begin{bmatrix}c_0&c_1&c_2&\cdots&c_{n-2}&c_{n-1}\end{bmatrix}\begin{bmatrix}x_1\\ x_2\\ x_3\\ \vdots\\ x_{n-1}\\ x_n\end{bmatrix}
\end{aligned}\right\} \tag{1.55}$$

(2) 能观标准型

$$\left.\begin{aligned}
\begin{bmatrix}\dot{x}_1\\ \dot{x}_2\\ \dot{x}_3\\ \vdots\\ \dot{x}_{n-1}\\ \dot{x}_n\end{bmatrix}&=\begin{bmatrix}0&0&0&\cdots&0&-a_0\\ 1&0&0&\cdots&0&-a_1\\ 0&1&0&\cdots&0&-a_2\\ \vdots&\vdots&\vdots&\vdots&\vdots&\vdots\\ 0&0&0&\cdots&0&-a_n\\ 0&0&0&\cdots&1&-a_{n-1}\end{bmatrix}\begin{bmatrix}x_1\\ x_2\\ x_3\\ \vdots\\ x_{n-1}\\ x_n\end{bmatrix}+\begin{bmatrix}c_0\\ c_1\\ c_2\\ \vdots\\ c_{n-2}\\ c_{n-1}\end{bmatrix}u\\
\boldsymbol{y}&=\begin{bmatrix}0&0&0&\cdots&0&1\end{bmatrix}\begin{bmatrix}x_1\\ x_2\\ x_3\\ \vdots\\ x_{n-1}\\ x_n\end{bmatrix}
\end{aligned}\right\} \tag{1.56}$$

其中如式(1.55)的标准型称为能控标准型，如式(1.56)的标准型称为能观标准

型。两种标准型的状态向量选取及推导过程如下。

① 对于式(1.54)分子和分母同除以引入的中间变量 $V(s)$ 得

$$G(s)=\frac{N(s)}{D(s)}=\frac{\dfrac{Y(s)}{V(s)}}{\dfrac{U(s)}{V(s)}}=\frac{c_{n-1}s^{n-1}+\cdots+c_1 s+c_0}{s^n+a_{n-1}s^{n-1}+\cdots+a_1 s+a_0} \tag{1.57}$$

因此有

$$\left.\begin{aligned}U(s)&=s^n V(s)+a_{n-1}s^{n-1}V(s)+\cdots+a_1 sV(s)+a_0 V(s)\\ Y(s)&=c_{n-1}s^{n-1}V(s)+\cdots+c_1 sV(s)+c_0 V(s)\end{aligned}\right\} \tag{1.58}$$

设 $V(t)$ 及其 $n-1$ 阶以下导数的初值为零,则对式(1.58)进行反拉氏变换得

$$\left.\begin{aligned}u(t)&=v^{(n)}(t)+a_{n-1}v^{(n-1)}(t)+\cdots+a_1\dot{v}(t)+a_0 v(t)\\ y(t)&=c_{n-1}v^{(n-1)}(t)+\cdots+c_1\dot{v}(t)+c_0 v(t)\end{aligned}\right\} \tag{1.59}$$

选取状态变量为

$$\boldsymbol{x}_i=\begin{bmatrix}v & \dot{v} & v^{(2)} & \cdots & v^{(n-2)} & v^{(n-1)}\end{bmatrix}^{\mathrm{T}},\qquad i=1,2,\cdots,n \tag{1.60}$$

$v(t)=\mathrm{L}^{-1}\left[\dfrac{U(s)}{D(s)}\right]=\mathrm{L}^{-1}\left[\dfrac{Y(s)}{N(s)}\right]$。结合式(1.59)和式(1.60)可得

$$\left.\begin{aligned}\dot{x}_1&=\dot{v}=x_2\\ \dot{x}_2&=\ddot{v}=x_3\\ &\vdots\\ \dot{x}_{n-1}&=v^{(n-1)}=x_n\\ \dot{x}_n&=v^{(n)}=u-a_{n-1}v^{(n-1)}-\cdots-a_1\dot{v}-a_0 v\\ y&=c_{n-1}x_n+c_{n-2}x_{n-1}+\cdots+c_1 x_2+c_0 x_1\end{aligned}\right\} \tag{1.61}$$

把式(1.61)写为矩阵形式,即为能控标准型的状态空间表达式(1.55)。

② 对于式(1.54),分子和分母同除以 s^n 得

$$G(s)=\frac{Y(s)}{U(s)}=\frac{c_{n-1}s^{-1}+\cdots+c_1 s^{-(n-1)}+c_0 s^{-n}}{1+a_{n-1}s^{-1}+\cdots+a_1 s^{-(n-1)}+a_0 s^{-n}} \tag{1.62}$$

由式(1.62)展开并移项得

$$\begin{aligned}Y(s)=&\frac{1}{s}[c_{n-1}U(s)-a_{n-1}Y(s)]+\frac{1}{s^2}[c_{n-2}U(s)-a_{n-2}Y(s)]+\cdots+\\ &\frac{1}{s^{n-1}}[c_1 U(s)-a_1 Y(s)]+\frac{1}{s^n}[c_0 U(s)-a_0 Y(s)]=\\ &\frac{1}{s}\Big\{[c_{n-1}U(s)-a_{n-1}Y(s)]+\frac{1}{s}\ [[c_{n-2}U(s)-a_{n-2}Y(s)]+\cdots+\\ &\frac{1}{s}\langle[c_1 U(s)-a_1 Y(s)]+\frac{1}{s}[c_0 U(s)-a_0 Y(s)]]\rangle\Big\}\end{aligned} \tag{1.63}$$

选取状态变量如下:

$$x_1(s)=\frac{1}{s}[c_0U(s)-a_0Y(s)]$$

$$x_2(s)=\frac{1}{s}\langle[c_1U(s)-a_1Y(s)]+\frac{1}{s}[c_0U(s)-a_0Y(s)]\rangle=$$

$$\frac{1}{s}[c_1U(s)-a_1Y(s)+x_1(s)]$$

$$\vdots$$

$$x_{n-1}(s)=\frac{1}{s}\Big[[c_{n-2}U(s)-a_{n-2}Y(s)]+\cdots+$$

$$\frac{1}{s}\langle[c_1U(s)-a_1Y(s)]+\frac{1}{s}[c_0U(s)-a_0Y(s)]\rangle\Big]=$$

$$\frac{1}{s}\ [[c_{n-2}U(s)-a_{n-2}Y(s)]+x_{n-2}(s)]$$

$$x_n(s)=\frac{1}{s}\Big\{[c_{n-1}U(s)-a_{n-1}Y(s)]+\frac{1}{s}\Big[[c_{n-2}U(s)-a_{n-2}Y(s)]+\cdots+$$

$$\frac{1}{s}\Big\langle[c_1U(s)-a_1Y(s)]+\frac{1}{s}[c_0U(s)-a_0Y(s)]\Big\rangle\Big]\Big\}=Y(s)$$

把 $x_n(s)=Y(s)$ 代入状态变量 $x_2(s),\cdots,x_n(s)$，且各等式两边乘以 s 后再进行拉氏反变换，则可得

$$\left.\begin{aligned}
\dot{x}_1&=-a_0x_n+c_0u\\
\dot{x}_2&=x_1-a_1x_n+c_1u\\
&\vdots\\
\dot{x}_{n-1}&=x_{n-2}-a_{n-2}x_n+c_{n-2}u\\
\dot{x}_n&=x_{n-1}+a_{n-1}x_n+c_{n-1}u\\
y&=x_n
\end{aligned}\right\}\tag{1.64}$$

写为向量方程的矩阵形式，即为式(1.56)的能观标准型状态空间表达式。

例 1.6　系统的传递函数为 $G(s)=\dfrac{3s^2+12s+11}{s^3+6s^2+11s+6}$，试求系统的状态空间表达式。

解：传递函数可分解为

$$G(s)=\frac{3s^2+12s+11}{s^3+6s^2+11s+6}=\frac{1}{s+1}+\frac{1}{s+2}+\frac{1}{s+3}$$

对照式(1.44)和式(1.45)可得状态空间表达式为

$$\begin{bmatrix}\dot{x}_1\\ \dot{x}_2\\ \dot{x}_3\end{bmatrix}=\begin{bmatrix}-1&0&0\\0&-2&0\\0&0&-3\end{bmatrix}\begin{bmatrix}x_1\\x_2\\x_3\end{bmatrix}+\begin{bmatrix}1\\1\\1\end{bmatrix}u$$

$$\boldsymbol{y}=\begin{bmatrix}1 & 1 & 1\end{bmatrix}\begin{bmatrix}x_1\\x_2\\x_3\end{bmatrix}$$

例 1.7 系统的传递函数为 $G(s)=\dfrac{3s^2+16s^2+28s+17}{(s+1)^2(s+2)(s+3)}$，试求系统的状态空间表达式。

解： 传递函数可分解为

$$G(s)=\frac{3s^3+16s^2+28s+17}{(s+1)^2(s+2)(s+3)}=\frac{1}{(s+1)^2}+\frac{1}{s+2}+\frac{1}{s+3}+\frac{1}{s+1}$$

对照式(1.52)和式(1.53)可得状态空间表达式为

$$\begin{bmatrix}\dot{x}_1\\\dot{x}_2\\\dot{x}_3\\\dot{x}_4\end{bmatrix}=\begin{bmatrix}-2 & 0 & 0 & 0\\0 & -3 & 0 & 0\\0 & 0 & -1 & 1\\0 & 0 & 0 & -1\end{bmatrix}\begin{bmatrix}x_1\\x_2\\x_3\\x_4\end{bmatrix}+\begin{bmatrix}1\\1\\0\\1\end{bmatrix}u$$

$$\boldsymbol{y}=\begin{bmatrix}1 & 1 & 1 & 1\end{bmatrix}\begin{bmatrix}x_1\\x_2\\x_3\\x_4\end{bmatrix}$$

例 1.8 系统的传递函数为 $G(s)=\dfrac{3s^3+5s^2+12s+41}{s^3+7s^2+9s+16}$，试求系统的能控标准型和能观标准型状态空间表达式。

解： 传递函数可分解为

$$G(s)=\frac{3s^3+5s^2+12s+41}{s^3+7s^2+9s+16}=3+\frac{-16s^2-15s-7}{s^3+7s^2+9s+16}$$

对于分部传递函数 $\dfrac{-16s^2-15s-7}{s^3+7s^2+9s+16}$，对照式(1.55)和式(1.56)可得

$$a_0=16,\quad a_1=9,\quad a_2=7$$

$$c_0=-7,\quad c_1=-15,\quad c_2=-16$$

能控标准型状态空间表达式为

$$\begin{bmatrix}\dot{x}_1\\\dot{x}_2\\\dot{x}_3\end{bmatrix}=\begin{bmatrix}0 & 1 & 0\\0 & 0 & 1\\-16 & -9 & -7\end{bmatrix}\begin{bmatrix}x_1\\x_2\\x_3\end{bmatrix}+\begin{bmatrix}0\\0\\1\end{bmatrix}u$$

$$\boldsymbol{y}=\begin{bmatrix}-7 & -15 & -16\end{bmatrix}\begin{bmatrix}x_1\\x_2\\x_3\end{bmatrix}+3u$$

能观标准型状态空间表达式为

$$\begin{bmatrix}\dot{x}_1\\ \dot{x}_2\\ \dot{x}_3\end{bmatrix}=\begin{bmatrix}0 & 0 & -16\\ 1 & 0 & -9\\ 0 & 1 & -7\end{bmatrix}\begin{bmatrix}x_1\\ x_2\\ x_3\end{bmatrix}+\begin{bmatrix}-7\\ -15\\ -16\end{bmatrix}u$$

$$\boldsymbol{y}=\begin{bmatrix}0 & 0 & 1\end{bmatrix}\begin{bmatrix}x_1\\ x_2\\ x_3\end{bmatrix}+3u$$

1.3　系统状态空间的线性变换

对于一个给定的线性定常系统，可以选取多种状态变量，相应地有多种状态空间表达式来描述同一系统，也就是说系统可以有多种结构形式。所选取的状态矢量之间实际上是一种矢量的线性变换（或称坐标变换）。

1.3.1　系统状态空间表达式的非唯一性

设线性定常系统的状态空间表达式为

$$\begin{aligned}\dot{\boldsymbol{x}}&=\boldsymbol{Ax}+\boldsymbol{B}u\\ y&=\boldsymbol{Cx}+\boldsymbol{D}u\end{aligned},\quad \boldsymbol{x}(0)=x_0 \tag{1.65}$$

取线性非奇异变换，令

$$\boldsymbol{x}=\boldsymbol{Tz}\,(\text{即 } \boldsymbol{z}=\boldsymbol{T}^{-1}\boldsymbol{x})$$

$\boldsymbol{T}$ 为线性变换矩阵，代入式(1.65)得

$$\left.\begin{aligned}\dot{\boldsymbol{z}}&=\boldsymbol{T}^{-1}\boldsymbol{ATz}+\boldsymbol{T}^{-1}\boldsymbol{B}u=\bar{\boldsymbol{A}}\boldsymbol{z}+\bar{\boldsymbol{B}}u\\ y&=\boldsymbol{CTz}+\boldsymbol{D}u=\bar{\boldsymbol{C}}z+\bar{\boldsymbol{D}}u\\ \boldsymbol{z}(0)&=\boldsymbol{T}^{-1}\boldsymbol{x}(0)=\boldsymbol{T}^{-1}x_0\end{aligned}\right\} \tag{1.66}$$

显然，由于 $\boldsymbol{T}$ 为任意非奇异矩阵，所以状态空间表达式为非唯一。通过变换可以看出，一组状态变量是另一组的线性组合，且这种组合具有唯一的对应关系，两组均能完全描述同一系统。状态向量的这种变换称为状态的线性变换或等价变换。

例 1.9　设系统状态空间表达式为

$$\dot{\boldsymbol{x}}=\begin{bmatrix}0 & 1\\ -2 & -3\end{bmatrix}\boldsymbol{x}+\begin{bmatrix}1\\ 2\end{bmatrix}u,\quad y=\begin{bmatrix}3 & 0\end{bmatrix}\boldsymbol{x}$$

取线性变换阵

$$\boldsymbol{T}=\begin{bmatrix}1 & 1\\ 1 & -1\end{bmatrix}$$

则

$$\boldsymbol{T}^{-1}=\frac{1}{2}\begin{bmatrix}1 & 1\\ 1 & -1\end{bmatrix}$$

设新状态变量为

$$\begin{bmatrix} z_1 \\ z_2 \end{bmatrix} = \boldsymbol{T}^{-1}\boldsymbol{x} = \begin{bmatrix} \frac{1}{2} & \frac{1}{2} \\ \frac{1}{2} & -\frac{1}{2} \end{bmatrix} \begin{bmatrix} x_1 \\ x_2 \end{bmatrix} = \begin{bmatrix} \frac{1}{2}x_1 + \frac{1}{2}x_2 \\ \frac{1}{2}x_1 - \frac{1}{2}x_2 \end{bmatrix}$$

则在新状态变量下,系统状态空间描述为

$$\dot{\boldsymbol{z}} = \boldsymbol{T}^{-1}\boldsymbol{A}\boldsymbol{T}\boldsymbol{z} + \boldsymbol{T}^{-1}\boldsymbol{B}u =$$

$$\begin{bmatrix} \frac{1}{2} & \frac{1}{2} \\ \frac{1}{2} & -\frac{1}{2} \end{bmatrix} \begin{bmatrix} 0 & 1 \\ -2 & -3 \end{bmatrix} \begin{bmatrix} 1 & 1 \\ 1 & -1 \end{bmatrix} \boldsymbol{z} + \begin{bmatrix} \frac{1}{2} & \frac{1}{2} \\ \frac{1}{2} & -\frac{1}{2} \end{bmatrix} \begin{bmatrix} 1 \\ 2 \end{bmatrix} u = \begin{bmatrix} -2 & 0 \\ 3 & -1 \end{bmatrix} \boldsymbol{z} + \begin{bmatrix} \frac{3}{2} \\ -\frac{1}{2} \end{bmatrix} u$$

$$y = \boldsymbol{C}\boldsymbol{T}\boldsymbol{z} = \begin{bmatrix} 3 & 0 \end{bmatrix} \begin{bmatrix} 1 & 1 \\ 1 & -1 \end{bmatrix} \boldsymbol{z} = \begin{bmatrix} 3 & 3 \end{bmatrix} \boldsymbol{z}$$

1.3.2 特征值不变性与系统的不变量

1. 系统特征值

系统

$$\dot{\boldsymbol{x}} = \boldsymbol{A}\boldsymbol{x} + \boldsymbol{B}u$$
$$y = \boldsymbol{C}\boldsymbol{x} + \boldsymbol{D}u$$

系统特征值就是系统矩阵 $\boldsymbol{A}$ 的特征值,即特征方程 $|\lambda \boldsymbol{I} - \boldsymbol{A}| = 0$ 的根。

2. 特征值的不变性和系统的不变量

系统经非奇异变换后,其特征值是不变的。

证明: 系统经非奇异变换后,得

$$\dot{\boldsymbol{z}} = \boldsymbol{T}^{-1}\boldsymbol{A}\boldsymbol{T}\boldsymbol{z} + \boldsymbol{T}^{-1}\boldsymbol{B}u$$
$$y = \boldsymbol{C}\boldsymbol{T}\boldsymbol{z} + \boldsymbol{D}u$$

其特征方程为

$$|\lambda \boldsymbol{I} - \boldsymbol{T}^{-1}\boldsymbol{A}\boldsymbol{T}| = |\lambda \boldsymbol{T}^{-1}\boldsymbol{T} - \boldsymbol{T}^{-1}\boldsymbol{A}\boldsymbol{T}| = |\boldsymbol{T}^{-1}\lambda \boldsymbol{T} - \boldsymbol{T}^{-1}\boldsymbol{A}\boldsymbol{T}| = |\boldsymbol{T}^{-1}(\lambda \boldsymbol{I} - \boldsymbol{A})\boldsymbol{T}| =$$
$$|\boldsymbol{T}^{-1}|\,|\lambda \boldsymbol{I} - \boldsymbol{A}|\,|\boldsymbol{T}| = |\boldsymbol{T}^{-1}\boldsymbol{T}|\,|\lambda \boldsymbol{I} - \boldsymbol{A}| = |\lambda \boldsymbol{I} - \boldsymbol{A}|$$

所以,特征值是不变的。因为

$$|\lambda \boldsymbol{I} - \boldsymbol{A}| = \lambda^n + a_{n-1}\lambda^{n-1} + \cdots + a_1\lambda + a_0 = 0$$

所以,$a_0, a_1, \cdots, a_{n-2}, a_{n-1}$ 是不变的,因此特征多项式的系数为系统的不变量。

3. 特征矢量

一个 n 维矢量 $\boldsymbol{P}_i$,经过以 $\boldsymbol{A}$ 作为变换矩阵的变换,得到一个新的矢量 $\widetilde{\boldsymbol{P}}_i$,即

$$\widetilde{\boldsymbol{P}}_i = \boldsymbol{A}\boldsymbol{P}_i, \qquad i = 1, 2, \cdots, n$$

如果此 $\widetilde{\boldsymbol{P}}_i = \lambda_i \boldsymbol{P}_i$,即矢量 $\boldsymbol{P}_i$ 经 $\boldsymbol{A}$ 变换后,方向不变,仅长度变化 λ_i 倍,则称 $\boldsymbol{P}_i$

为 $\boldsymbol{A}$ 的对应于 λ_i 的特征向量，此时有 $\boldsymbol{A}\boldsymbol{p}_i=\lambda_i\boldsymbol{P}_i$。

例 1.10　求 $\boldsymbol{A}=\begin{bmatrix}0 & 1 & -1\\ -6 & -11 & 6\\ -6 & -11 & 5\end{bmatrix}$ 的特征矢量。

解： $\boldsymbol{A}$ 的特征方程为

$$|\lambda\boldsymbol{I}-\boldsymbol{A}|=\begin{vmatrix}\lambda & -1 & 1\\ 6 & \lambda+11 & -6\\ 6 & 11 & \lambda-5\end{vmatrix}=\lambda^3+6\lambda^2+11\lambda+6=$$

$$(\lambda+1)(\lambda+2)(\lambda+3)=0$$

解得

$$\lambda_1=-1,\qquad \lambda_2=-2,\qquad \lambda_3=-3$$

设对应于 $\lambda_1=-1$ 的特征矢量为 $\boldsymbol{p}_1$，则 $\boldsymbol{A}\boldsymbol{p}_1=\lambda_1\boldsymbol{p}_1$，有

$$\begin{bmatrix}0 & 1 & -1\\ -6 & -11 & 6\\ -6 & -11 & 5\end{bmatrix}\begin{bmatrix}p_{11}\\ p_{21}\\ p_{31}\end{bmatrix}=\begin{bmatrix}-p_{11}\\ -p_{21}\\ -p_{31}\end{bmatrix}$$

即

$$\begin{aligned}&p_{21}-p_{31}=-p_{11}\\ &-6p_{11}-11p_{21}+6p_{31}=-p_{21}\\ &-6p_{11}-11p_{21}+5p_{31}=-p_{31}\end{aligned}$$

可得

$$p_{21}=0,\qquad p_{11}=p_{31}$$

令 $p_{11}=p_{31}=1$，因此

$$\boldsymbol{p}_1=\begin{bmatrix}1\\ 0\\ 1\end{bmatrix}$$

同理可求出对应于 $\lambda_2=-2$，$\boldsymbol{p}_2=\begin{bmatrix}1\\ 2\\ 4\end{bmatrix}$；对应于 $\lambda_3=-3$，$\boldsymbol{p}_3=\begin{bmatrix}1\\ 6\\ 9\end{bmatrix}$。

1.3.3　状态空间表达式变换为约旦标准型

将状态空间一般表达式转换为约旦标准型就是将系统

$$\left.\begin{aligned}\dot{\boldsymbol{x}}&=\boldsymbol{A}\boldsymbol{x}+\boldsymbol{B}u\\ y&=\boldsymbol{C}\boldsymbol{x}+\boldsymbol{D}u\end{aligned}\right\}\tag{1.67}$$

转换成

$$\left.\begin{aligned}\dot{\boldsymbol{z}}&=\boldsymbol{T}^{-1}\boldsymbol{A}\boldsymbol{T}\boldsymbol{z}+\boldsymbol{T}^{-1}\boldsymbol{B}u=\boldsymbol{J}\boldsymbol{z}+\boldsymbol{T}^{-1}\boldsymbol{B}u\\ y&=\boldsymbol{C}\boldsymbol{T}\boldsymbol{z}+\boldsymbol{D}u\end{aligned}\right\}\tag{1.68}$$

根据系统矩阵 $\boldsymbol{A}$，求其特征值，可以直接写出系统的约旦标准矩阵 $\boldsymbol{J}$。当特征值

无重根时，有

$$J=\Lambda=\begin{bmatrix}\lambda_1 & 0 & \cdots & 0\\ 0 & \lambda_2 & \cdots & 0\\ \vdots & \vdots & \ddots & \vdots\\ 0 & 0 & \cdots & \lambda_n\end{bmatrix}$$

当特征值有 $q(1<q<n)$ 个 λ_1 重根时，有

$$J=\left[\begin{array}{cccc|ccc}\lambda_1 & 1 & \cdots & 0 & & & \\ 0 & \lambda_1 & \cdots & 0 & & 0 & \\ \vdots & \vdots & \ddots & 1 & & & \\ 0 & 0 & \cdots & \lambda_1 & & & \\ & & & & \lambda_{q+1} & \cdots & 0\\ & 0 & & & \vdots & \ddots & \vdots\\ & & & & 0 & \cdots & \lambda_n\end{array}\right]$$

以下介绍几种求 $\boldsymbol{T}$ 的方法。

1. A 矩阵为任意形式

(1) A 矩阵的特征根无重根时

对线性定常系统，若系统的特征值两两互异，则必存在非奇异变换，将状态方程化为对角线标准型。实际上，取 $\boldsymbol{T}$ 是由系统特征值所对应的特征矢量构成

$$\boldsymbol{T}=[\boldsymbol{P}_1\quad \boldsymbol{P}_2\quad \cdots\quad \boldsymbol{P}_n]\in \mathbf{R}^{n\times n} \tag{1.69}$$

由于 $\boldsymbol{AP}_i=\lambda_i\boldsymbol{P}_i$，式(1.69)两边同时左乘系统矩阵 $\boldsymbol{A}$ 再做变换有

$$\boldsymbol{AT}=[\boldsymbol{AP}_1\quad \boldsymbol{AP}_2\quad \cdots\quad \boldsymbol{AP}_n]=[\lambda_1\boldsymbol{P}_1\quad \lambda_2\boldsymbol{P}_2\quad \cdots\quad \lambda_n\boldsymbol{P}_n]=$$

$$[\boldsymbol{P}_1\quad \boldsymbol{P}_2\quad \cdots\quad \boldsymbol{P}_n]\begin{bmatrix}\lambda_1 & 0 & \cdots & 0\\ 0 & \lambda_2 & \cdots & 0\\ \vdots & \vdots & \ddots & \vdots\\ 0 & 0 & \cdots & \lambda_n\end{bmatrix}$$

从而可知系统矩阵

$$\boldsymbol{T}^{-1}\boldsymbol{AT}=\boldsymbol{J}=\begin{bmatrix}\lambda_1 & 0 & \cdots & 0\\ 0 & \lambda_2 & \cdots & 0\\ \vdots & \vdots & \ddots & \vdots\\ 0 & 0 & \cdots & \lambda_n\end{bmatrix}$$

为对角线标准型。

例 1.11 试将下列系统变换为约旦标准型：

$$\dot{x}=\begin{bmatrix}0 & 1 & -1\\ -6 & -11 & 6\\ -6 & -11 & 5\end{bmatrix}x+\begin{bmatrix}0\\0\\1\end{bmatrix}u$$

$$y = \begin{bmatrix} 1 & 0 & 0 \end{bmatrix} x$$

解：系统的特征值为

$$|\lambda \boldsymbol{I} - \boldsymbol{A}| = \begin{vmatrix} \lambda & -1 & 1 \\ 6 & \lambda + 11 & -6 \\ 6 & 11 & \lambda - 5 \end{vmatrix} = \lambda^3 + 6\lambda^2 + 11\lambda + 6 =$$

$$(\lambda + 1)(\lambda + 2)(\lambda + 3) = 0$$

得　$\lambda_1 = -1$，　$\lambda_2 = -2$，　$\lambda_3 = -3$

由例 1.11 已求出对应于 $\lambda_1 = -1$ 的特征矢量为

$$\boldsymbol{p}_1 = \begin{bmatrix} 1 \\ 0 \\ 1 \end{bmatrix}$$

对应于 $\lambda_2 = -2$ 的特征矢量为

$$\boldsymbol{p}_2 = \begin{bmatrix} 1 \\ 2 \\ 4 \end{bmatrix}$$

对应于 $\lambda_3 = -3$ 的特征矢量为

$$\boldsymbol{p}_3 = \begin{bmatrix} 1 \\ 6 \\ 9 \end{bmatrix}$$

构造变换矩阵 $\boldsymbol{T}$ 为

$$\boldsymbol{T} = \begin{bmatrix} \boldsymbol{p}_1 & \boldsymbol{p}_2 & \boldsymbol{p}_3 \end{bmatrix} = \begin{bmatrix} 1 & 1 & 1 \\ 0 & 2 & 6 \\ 1 & 4 & 9 \end{bmatrix}$$

$$\boldsymbol{T}^{-1} = \begin{bmatrix} 1 & 1 & 1 \\ 0 & 2 & 6 \\ 1 & 4 & 9 \end{bmatrix}^{-1} = \begin{bmatrix} 3 & \frac{5}{2} & -2 \\ -3 & -4 & 3 \\ 1 & \frac{3}{2} & -1 \end{bmatrix}$$

变换后

$$\boldsymbol{J} = \boldsymbol{\Lambda} = \boldsymbol{T}^{-1}\boldsymbol{A}\boldsymbol{T} = \begin{bmatrix} \lambda_1 & 0 & 0 \\ 0 & \lambda_2 & 0 \\ 0 & 0 & \lambda_3 \end{bmatrix} = \begin{bmatrix} -1 & 0 & 0 \\ 0 & -2 & 0 \\ 0 & 0 & -3 \end{bmatrix}$$

$$\boldsymbol{T}^{-1}\boldsymbol{B} = \begin{bmatrix} 3 & \frac{5}{2} & -2 \\ -3 & -4 & 3 \\ 1 & \frac{3}{2} & -1 \end{bmatrix} \begin{bmatrix} 0 \\ 0 \\ 1 \end{bmatrix} = \begin{bmatrix} -2 \\ 3 \\ -1 \end{bmatrix}$$

$$CT=\begin{bmatrix}1 & 0 & 0\end{bmatrix}\begin{bmatrix}1 & 1 & 1\\0 & 2 & 6\\1 & 4 & 9\end{bmatrix}=\begin{bmatrix}1 & 1 & 1\end{bmatrix}$$

变换后的状态空间表达式为

$$\begin{bmatrix}\dot{z}_1\\\dot{z}_2\\\dot{z}_3\end{bmatrix}=\begin{bmatrix}-1 & 0 & 0\\0 & -2 & 0\\0 & 0 & -3\end{bmatrix}\begin{bmatrix}z_1\\z_2\\z_3\end{bmatrix}+\begin{bmatrix}-2\\3\\-1\end{bmatrix}u$$

$$y=\begin{bmatrix}1 & 1 & 1\end{bmatrix}\begin{bmatrix}z_1\\z_2\\z_3\end{bmatrix}$$

(2) $\boldsymbol{A}$ 矩阵的特征根有重根时

假如系统有 q 个 λ_1 的重根，其余 $\lambda_{q+1},\lambda_{q+2},\cdots,\lambda_n$ 为 $(n-q)$ 个互异根，则 $\boldsymbol{T}$ 的构造为

$$\boldsymbol{T}=\begin{bmatrix}\boldsymbol{p}_1 & \boldsymbol{p}_2 & \cdots & \boldsymbol{p}_q & \boldsymbol{p}_{q+1} & \cdots & \boldsymbol{p}_n\end{bmatrix} \tag{1.70}$$

其中，对应于 q 个重根 λ_1 的各向量 $\boldsymbol{p}_1,\boldsymbol{p}_2,\cdots,\boldsymbol{p}_q$ 算法如下：

$$\left.\begin{aligned}\boldsymbol{A}\boldsymbol{p}_1-\lambda_1\boldsymbol{p}_1&=0\\\boldsymbol{A}\boldsymbol{p}_2-\lambda_1\boldsymbol{p}_2&=\boldsymbol{p}_1\\&\vdots\\\boldsymbol{A}\boldsymbol{p}_q-\lambda_1\boldsymbol{p}_q&=\boldsymbol{p}_{q-1}\end{aligned}\right\} \tag{1.71}$$

式中，$\boldsymbol{p}_1$ 为 λ_1 对应的特征矢量，$\boldsymbol{p}_2,\boldsymbol{p}_3,\cdots,\boldsymbol{p}_q$ 为广义特征矢量。

对应于 $n-q$ 个互异根 $\lambda_{q+1},\lambda_{q+2},\cdots,\lambda_n$ 的特征矢量 $\boldsymbol{p}_{q+1},\boldsymbol{p}_{q+2},\cdots,\boldsymbol{p}_n$ 算法为

$$\boldsymbol{A}\boldsymbol{P}_i=\lambda_i\boldsymbol{P}_i,\qquad i=q+1,q+2,\cdots,n$$

2. $\boldsymbol{A}$ 矩阵为标准型

$$\boldsymbol{A}=\begin{bmatrix}0 & 1 & 0 & \cdots & 0\\0 & 0 & 1 & \cdots & 0\\\vdots & \vdots & \vdots & \ddots & \vdots\\0 & 0 & 0 & \cdots & 1\\-a_0 & -a_1 & -a_2 & \cdots & -a_{n-1}\end{bmatrix}$$

(1) $\boldsymbol{A}$ 矩阵的特征值无重根时，变换矩阵 $\boldsymbol{T}$ 为范德蒙德(Vandermonde)矩阵，则

$$\boldsymbol{T}=\begin{bmatrix}1 & 1 & 1 & \cdots & 1\\\lambda_1 & \lambda_2 & \lambda_3 & \cdots & \lambda_n\\\lambda_1^2 & \lambda_2^2 & \lambda_3^2 & \cdots & \lambda_n^2\\\vdots & \vdots & \vdots & \vdots & \vdots\\\lambda_1^{n-1} & \lambda_2^{n-1} & \lambda_3^{n-1} & \cdots & \lambda_n^{n-1}\end{bmatrix} \tag{1.72}$$

(2) **A** 矩阵的特征值有重根时,设 λ_1 为三重根,则

$$T=\begin{bmatrix}1 & 0 & 0 & 1 & \cdots & 1\\ \lambda_1 & 1 & 0 & \lambda_4 & \cdots & \lambda_n\\ \lambda_1^2 & 2\lambda_1 & 1 & \lambda_4^2 & \cdots & \lambda_n^2\\ \vdots & \vdots & \vdots & \vdots & \vdots & \vdots\\ \lambda_1^{n-1} & \dfrac{\mathrm{d}}{\mathrm{d}\lambda_1}(\lambda_1^{n-1}) & \dfrac{1}{2}\dfrac{\mathrm{d}^2}{\mathrm{d}\lambda_1^2}(\lambda_1^{n-1}) & \lambda_4^{n-1} & \cdots & \lambda_n^{n-1}\end{bmatrix} \tag{1.73}$$

(3) 有共轭复根时,设四阶系统其中有一对共轭复根,$\lambda_{1,2}=\sigma\pm j\omega$,$\lambda_3\neq\lambda_4$,则

$$T=\begin{bmatrix}1 & 0 & 1 & 1\\ \sigma & \omega & \lambda_3 & \lambda_4\\ \sigma^2-\omega^2 & 2\sigma\omega & \lambda_3^2 & \lambda_4^2\\ \sigma^3-3\sigma\omega^2 & 3\sigma^2\omega-\omega^3 & \lambda_3^3 & \lambda_3^3\end{bmatrix} \tag{1.74}$$

此时,

$$T^{-1}AT=\begin{bmatrix}\sigma & \omega & 0 & 0\\ -\omega & \sigma & 0 & 0\\ 0 & 0 & \lambda_3 & 0\\ 0 & 0 & 0 & \lambda_4\end{bmatrix} \tag{1.75}$$

1.4　系统传递函数阵

1.4.1　由状态空间表达式求传递函数(阵)

系统状态空间表达式和系统传递函数(阵)都是控制系统经常使用的两种数学模型。状态空间表达式不但体现了系统输入/输出的关系,而且还清楚地表达了系统内部状态变量的关系。相比较,传递函数只体现了系统输入与输出的关系。已知从传递函数到状态空间表达式是个系统实现的问题,这是一个比较复杂的并且是非唯一的过程。但从状态空间表达式到传递函数(阵)却是一个唯一的、比较简单的过程。

已知系统的状态空间表达式为

$$\dot{x}=Ax+Bu$$
$$y=Cx+Du$$

对上式进行拉氏变换,并假定初始条件为零,则

$$\left.\begin{aligned}sX(s)&=AX(s)+BU(s)\\ Y(s)&=CX(s)+DU(s)\end{aligned}\right\} \tag{1.76}$$

经过变换,可得 $U-X$ 之间的传递函数(阵)为

$$W_{ux}(s)=\frac{X(s)}{U(s)}=[sI-A]^{-1}B \tag{1.77}$$

$U-Y$ 之间的传递函数(阵)为

$$W(s)=\frac{Y(s)}{U(s)}=C[sI-A]^{-1}B+D \tag{1.78}$$

$W(s)$为 $m\times r$ 维传递函数矩阵,即

$$W(s)=\begin{bmatrix} W_{11}(s) & W_{12}(s) & \cdots & W_{1r}(s) \\ W_{21}(s) & W_{22}(s) & \cdots & W_{2r}(s) \\ \vdots & \vdots & \vdots & \vdots \\ W_{m1}(s) & W_{m2}(s) & \cdots & W_{mr}(s) \end{bmatrix}_{m\times r}$$

其中的元素 $W_{ij}(s)=\frac{Y_i(s)}{U_j(s)}$ $(i=1,2,\cdots,m;j=1,2,\cdots,r)$表征第 j 个输入对第 i 个输出的传递关系。当 $m=r=1$ 时,系统描述的就是一个单输入单输出系统。

例 1.12 (多输入多输出)已知系统的状态空间表达式为

$$\dot{x}=Ax+Bu$$
$$y=Cx+Du$$

其中

$$A=\begin{bmatrix} -1 & 0 \\ 0 & -2 \end{bmatrix},\quad B=\begin{bmatrix} 1 & 0 \\ 0 & 1 \end{bmatrix},\quad C=\begin{bmatrix} 1 & 0 \\ 0 & 1 \end{bmatrix},\quad D=0$$

求系统的传递函数阵。

解:

$$[sI-A]=\begin{bmatrix} s & 0 \\ 0 & s \end{bmatrix}-\begin{bmatrix} -1 & 0 \\ 0 & -2 \end{bmatrix}=\begin{bmatrix} s+1 & 0 \\ 0 & s+2 \end{bmatrix}$$

$$[sI-A]^{-1}=\frac{1}{|sI-A|}[sI-A]^{*}=\frac{1}{\begin{vmatrix} s+1 & 0 \\ 0 & s+2 \end{vmatrix}}\begin{bmatrix} s+2 & 0 \\ 0 & s+1 \end{bmatrix}=$$

$$\frac{1}{(s+1)(s+2)}\begin{bmatrix} s+2 & 0 \\ 0 & s+1 \end{bmatrix}=\begin{bmatrix} \frac{1}{s+1} & 0 \\ 0 & \frac{1}{s+2} \end{bmatrix}$$

$$W(s)=C[sI-A]^{-1}B+D=$$

$$\begin{bmatrix} 1 & 0 \\ 0 & 1 \end{bmatrix}\begin{bmatrix} \frac{1}{s+1} & 0 \\ 0 & \frac{1}{s+2} \end{bmatrix}\begin{bmatrix} 1 & 0 \\ 0 & 1 \end{bmatrix}=\begin{bmatrix} \frac{1}{s+1} & 0 \\ 0 & \frac{1}{s+2} \end{bmatrix}$$

例 1.13 (单输入单输出)已知系统的状态空间表达式同例 1.12,其中

$$A=\begin{bmatrix} -1 & 0 \\ 0 & -2 \end{bmatrix},\quad B=\begin{bmatrix} 1 \\ 1 \end{bmatrix},\quad C=[1\quad 1],\quad D=0$$

求传递函数矩阵。

解：

$$\boldsymbol{W}(s)=\boldsymbol{C}[s\boldsymbol{I}-\boldsymbol{A}]^{-1}\boldsymbol{B}+\boldsymbol{D}=\begin{bmatrix}1 & 1\end{bmatrix}\left[\begin{bmatrix}s & 0\\0 & s\end{bmatrix}-\begin{bmatrix}-1 & 0\\0 & -2\end{bmatrix}\right]^{-1}\begin{bmatrix}1\\1\end{bmatrix}=$$

$$\begin{bmatrix}1 & 1\end{bmatrix}\begin{bmatrix}\dfrac{1}{s+1} & 0\\0 & \dfrac{1}{s+2}\end{bmatrix}\begin{bmatrix}1\\1\end{bmatrix}=\frac{2s+3}{(s+1)(s+2)}$$

1.4.2　传递函数(阵)的不变性

对于同一个系统，尽管其状态空间表达式可以做各种非奇异变换而不是唯一的，但它的传递函数矩阵是不变的。

令 $\boldsymbol{x}=\boldsymbol{T}\boldsymbol{z}$（即 $\boldsymbol{z}=\boldsymbol{T}^{-1}\boldsymbol{x}$）（$\boldsymbol{T}$ 为非奇异矩阵），原状态空间表达式转换成

$$\dot{\boldsymbol{z}}=\boldsymbol{T}^{-1}\boldsymbol{A}\boldsymbol{T}\boldsymbol{z}+\boldsymbol{T}^{-1}\boldsymbol{B}u$$
$$y=\boldsymbol{C}\boldsymbol{T}\boldsymbol{z}+\boldsymbol{D}u$$

则对应的传递函数矩阵为

$$\begin{aligned}\widetilde{\boldsymbol{W}}(s)&=\boldsymbol{C}\boldsymbol{T}(s\boldsymbol{I}-\boldsymbol{T}^{-1}\boldsymbol{A}\boldsymbol{T})^{-1}\boldsymbol{T}^{-1}\boldsymbol{B}+\boldsymbol{D}=\\&\boldsymbol{C}\boldsymbol{T}[(s\boldsymbol{T}^{-1}\boldsymbol{T}-\boldsymbol{T}^{-1}\boldsymbol{A}\boldsymbol{T})^{-1}\boldsymbol{T}^{-1}]\boldsymbol{B}+\boldsymbol{D}=\\&\boldsymbol{C}[\boldsymbol{T}(s\boldsymbol{I}-\boldsymbol{T}^{-1}\boldsymbol{A}\boldsymbol{T})\boldsymbol{T}^{-1}]^{-1}\boldsymbol{B}+\boldsymbol{D}=\\&\boldsymbol{C}(s\boldsymbol{I}-\boldsymbol{A})^{-1}\boldsymbol{B}+\boldsymbol{D}=\boldsymbol{W}(s)\end{aligned}$$

即同一系统其传递函数矩阵是唯一的。

1.5　离散系统状态空间描述

离散系统的状态空间描述可以借鉴连续系统的状态空间分析法，具体分析方法和步骤也与连续系统类似。

离散系统用一阶向量差分方程作为状态方程，它描述了当前时刻的状态变量与前一时刻的状态变量及输入变量直接的关系。输出方程则描述了当前时刻的输出量与前一时刻的状态变量及输入变量直接的关系。若 $(k+1)T$ 为当前时刻（$k=0,1,2,\cdots$，T 为采样周期），kT 为前一时刻，则离散系统状态空间的一般表达式为

$$\left.\begin{aligned}\boldsymbol{x}(k+1)&=\boldsymbol{G}\boldsymbol{x}(k)+\boldsymbol{H}\boldsymbol{u}(k)\\\boldsymbol{y}(k)&=\boldsymbol{C}\boldsymbol{x}(k)+\boldsymbol{D}\boldsymbol{u}(k)\end{aligned}\right\}\tag{1.79}$$

其中，$\boldsymbol{x}(k)$ 为状态向量，$\boldsymbol{u}(k)$ 为输入向量，$\boldsymbol{y}(k)$ 为输出向量。因为表达式为一般形式，所以状态向量、输入向量和输出向量都是多维的。$\boldsymbol{G}$，$\boldsymbol{H}$，$\boldsymbol{C}$，$\boldsymbol{D}$ 分别为相应维数的系统矩阵、输入矩阵、输出矩阵和直通矩阵。

1.5.1 由差分方程建立状态空间表达式

线性定常离散系统的差分方程一般表达式为

$$\begin{aligned}&y(k+n)+a_{n-1}y(k+n-1)+\cdots+a_1y(k+1)+a_0y(k)=\\&\quad b_mu(k+m)+b_{m-1}u(k+m-1)+\cdots+b_0u(k)\end{aligned}\tag{1.80}$$

状态变量取为

$$\left.\begin{aligned}x_1(k)&=y(k)-\beta_0u(k)\\x_2(k)&=x_1(k+1)-\beta_1u(k)\\&\vdots\\x_n(k)&=x_{n-1}(k+1)-\beta_{n-1}u(k)\end{aligned}\right\}\tag{1.81}$$

类似连续系统，式(1.80)中 $m\leqslant n$，为不失一般性，以 $m=n$ 时的情况来推导。若 $m<n$，则有 $b_{m+1}=b_{m+2}=\cdots=b_{n-1}=0$。可求得系数为

$$\left.\begin{aligned}\beta_0&=b_n\\\beta_1&=b_{n-1}-a_{n-1}\beta_0\\&\vdots\\\beta_n&=b_0-a_{n-1}\beta_{n-1}-a_{n-2}\beta_{n-2}-\cdots-a_1\beta_1-a_0\beta_0\end{aligned}\right\}\tag{1.82}$$

则离散系统的状态空间描述为

$$\left.\begin{aligned}\begin{bmatrix}x_1(k+1)\\x_2(k+1)\\x_3(k+1)\\\vdots\\x_{n-1}(k+1)\\x_n(k+1)\end{bmatrix}&=\begin{bmatrix}0&1&0&0&\cdots&0\\0&0&1&0&\cdots&0\\0&0&0&1&\cdots&0\\\vdots&\vdots&\vdots&\vdots&\cdots&\vdots\\0&0&0&0&\cdots&1\\-a_0&-a_1&-a_2&-a_3&\cdots&-a_{n-1}\end{bmatrix}\begin{bmatrix}x_1(k)\\x_2(k)\\x_3(k)\\\vdots\\x_{n-1}(k)\\x_n(k)\end{bmatrix}+\begin{bmatrix}\beta_1\\\beta_2\\\beta_3\\\vdots\\\beta_{n-1}\\\beta_n\end{bmatrix}u(k)\\\boldsymbol{y}&=\begin{bmatrix}1&0&0&\cdots&0&0\end{bmatrix}\begin{bmatrix}x_1(k)\\x_2(k)\\x_3(k)\\\vdots\\x_{n-1}(k)\\x_n(k)\end{bmatrix}+\beta_0u(k)\end{aligned}\right\}\tag{1.83}$$

式(1.80)是离散系统的一般方程式，在实际中可能会有比较简单的形式，比如在方程中不含输入函数 u 的差分项，此时方程为

$$y(k+n)+a_{n-1}y(k+n-1)+\cdots+a_1y(k+1)+a_0y(k)=b_0u(k)\tag{1.84}$$

状态变量取为

$$\left.\begin{aligned}x_1(k)&=y(k)\\x_2(k)&=y(k+1)\\&\vdots\\x_n(k)&=y(k+n-1)\end{aligned}\right\}\tag{1.85}$$

化为一阶差分方程为

$$\left.\begin{aligned}&x_1(k+1)=y(k+1)=x_2(k)\\&x_2(k+1)=y(k+2)=x_3(k)\\&\vdots\\&x_{n-1}(k+1)=y(k+n-1)=x_n(k)\\&x_n(k+1)=y(k+n)=-a_0x_1(k)-a_1x_2(k)-\cdots-a_{n-1}x_n(k)+b_0u(k)\\&y(k+1)=x_1(k)\end{aligned}\right\}\tag{1.86}$$

整理得状态空间表达式为

$$\left.\begin{aligned}&\begin{bmatrix}x_1(k+1)\\x_2(k+1)\\x_3(k+1)\\\vdots\\x_{n-1}(k+1)\\x_n(k+1)\end{bmatrix}=\begin{bmatrix}0&1&0&0&\cdots&0\\0&0&1&0&\cdots&0\\0&0&0&1&\cdots&0\\\vdots&\vdots&\vdots&\vdots&\cdots&\vdots\\0&0&0&0&\cdots&1\\-a_0&-a_1&-a_2&-a_3&\cdots&-a_{n-1}\end{bmatrix}\begin{bmatrix}x_1(k)\\x_2(k)\\x_3(k)\\\vdots\\x_{n-1}(k)\\x_n(k)\end{bmatrix}+\begin{bmatrix}0\\0\\0\\\vdots\\0\\b_0\end{bmatrix}u(k)\\&\boldsymbol{y}=\begin{bmatrix}1&0&0&\cdots&0&0\end{bmatrix}\begin{bmatrix}x_1(k)\\x_2(k)\\x_3(k)\\\vdots\\x_{n-1}(k)\\x_n(k)\end{bmatrix}\end{aligned}\right\}\tag{1.87}$$

例 1.14 线性定常离散系统的差分方程为

$$y(k+3)+3y(k+2)+5y(k+1)+y(k)=$$
$$u(k+3)+2u(k+2)+u(k+3)+u(k)$$

求其状态空间表达式。

解： $a_2=3, a_1=5, a_0=1, b_3=1, b_2=2, b_1=1, b_0=1$，由式(1.82)可求得系数为

$$\begin{cases}\beta_0=b_3=1\\\beta_1=b_2-a_2\beta_0=2-3=-1\\\beta_2=b_1-a_2\beta_1-a_1\beta_0=-1\\\beta_3=b_0-a_2\beta_2-a_1\beta_1-a_0\beta_0=8\end{cases}$$

状态空间表达式为

$$\begin{bmatrix} x_1(k+1) \\ x_2(k+1) \\ x_3(k+1) \end{bmatrix} = \begin{bmatrix} 0 & 1 & 0 \\ 0 & 0 & 1 \\ -1 & -5 & -3 \end{bmatrix} \begin{bmatrix} x_1(k) \\ x_2(k) \\ x_3(k) \end{bmatrix} + \begin{bmatrix} -1 \\ -1 \\ 8 \end{bmatrix} u(k)$$

$$\boldsymbol{y} = \begin{bmatrix} 1 & 0 & 0 \end{bmatrix} \begin{bmatrix} x_1(k) \\ x_2(k) \\ x_3(k) \end{bmatrix} + u(k)$$

1.5.2 由脉冲传递函数建立状态空间表达式

若已知离散系统的脉冲传递函数,也可由脉冲传递函数求出离散系统的状态空间表达式。由经典控制理论可知,系统的脉冲传递函数表达式为

$$G(z) = \frac{b_m z^m + b_{m-1} z^{m-1} + \cdots + b_1 z + b_0}{z^n + a_{n-1} z^{n-1} + \cdots + a_1 z + a_0} \tag{1.88}$$

式中,$m \leqslant n$,若 $m = n$,则式(1.88)可化为如下形式:

$$G(z) = b_m + \frac{c_{n-1} z^{n-1} + \cdots + c_1 z + c_0}{z^n + a_{n-1} z^{n-1} + \cdots + a_1 z + a_0} \tag{1.89}$$

b_m 只和输出方程的直通矩阵有关,所以这里也只讨论 $m < n$ 的情况。

1. 脉冲传递函数无重极点

脉冲传递函数可以分解为

$$G(z) = \frac{Y(s)}{U(s)} = \frac{k_1}{z - z_1} + \frac{k_2}{z - z_2} + \cdots + \frac{k_n}{z - z_n} \tag{1.90}$$

取状态变量

$$\boldsymbol{x}_i(z) = [(z - z_1)^{-1} \quad (z - z_2)^{-1} \quad (z - z_3)^{-1} \quad \cdots \quad (z - z_{n-1})^{-1} \quad (z - z_n)^{-1}]^{\mathrm{T}}, \quad i = 1, 2, \cdots, n \tag{1.91}$$

则相应的状态空间表达式为

$$\left.\begin{aligned} \begin{bmatrix} x_1(k+1) \\ x_2(k+1) \\ x_3(k+1) \\ \vdots \\ x_{n-1}(k+1) \\ x_n(k+1) \end{bmatrix} &= \begin{bmatrix} z_1 & 0 & 0 & 0 & \cdots & 0 \\ 0 & z_2 & 0 & 0 & \cdots & 0 \\ 0 & 0 & z_3 & 0 & \cdots & 0 \\ \vdots & \vdots & \vdots & \vdots & \cdots & \vdots \\ 0 & 0 & 0 & 0 & \cdots & 0 \\ 0 & 0 & 0 & 0 & \cdots & z_n \end{bmatrix} \begin{bmatrix} x_1(k) \\ x_2(k) \\ x_3(k) \\ \vdots \\ x_{n-1}(k) \\ x_n(k) \end{bmatrix} + \begin{bmatrix} 1 \\ 1 \\ 1 \\ \vdots \\ 1 \\ 1 \end{bmatrix} u(k) \\ \boldsymbol{y} &= \begin{bmatrix} k_1 & k_2 & k_3 & \cdots & k_{n-1} & k_n \end{bmatrix} \begin{bmatrix} x_1(k) \\ x_2(k) \\ x_3(k) \\ \vdots \\ x_{n-1}(k) \\ x_n(k) \end{bmatrix} \end{aligned}\right\} \tag{1.92}$$

2. 传递函数极点为重极点

脉冲传递函数可以分解为

$$G(z)=\frac{Y(s)}{U(s)}=\frac{k_{11}}{(z-z_1)^n}+\frac{k_{12}}{(z-z_1)^{n-1}}+\cdots+\frac{k_{1n}}{z-z_n} \tag{1.93}$$

取状态变量

$$\boldsymbol{x}_i(z)=\left[(z-z_1)^{-n}\quad (z-z_1)^{n-1}\quad (z-z_1)^{n-2}\quad \cdots\quad (z-z_1)^{-2}\quad (z-z_1)^{-1}\right]^{\mathrm{T}},\quad i=1,2,\cdots,n \tag{1.94}$$

则相应的状态空间表达式为

$$\left.\begin{aligned}
&\begin{bmatrix} x_1(k+1)\\ x_2(k+1)\\ x_3(k+1)\\ \vdots\\ x_{n-1}(k+1)\\ x_n(k+1)\end{bmatrix}=\begin{bmatrix} z_1 & 1 & 0 & 0 & \cdots & 0\\ 0 & z_1 & 1 & 0 & \cdots & 0\\ 0 & 0 & z_1 & 1 & \cdots & 0\\ \vdots & \vdots & \vdots & \vdots & \cdots & \vdots\\ 0 & 0 & 0 & 0 & \cdots & 1\\ 0 & 0 & 0 & 0 & \cdots & z_1\end{bmatrix}\begin{bmatrix} x_1(k)\\ x_2(k)\\ x_3(k)\\ \vdots\\ x_{n-1}(k)\\ x_n(k)\end{bmatrix}+\begin{bmatrix}0\\0\\0\\ \vdots\\0\\1\end{bmatrix}u(k)\\
&\boldsymbol{y}=\begin{bmatrix}k_{11} & k_{12} & k_{13} & \cdots & k_{1n-1} & k_{1n}\end{bmatrix}\begin{bmatrix} x_1(k)\\ x_2(k)\\ x_3(k)\\ \vdots\\ x_{n-1}(k)\\ x_n(k)\end{bmatrix}
\end{aligned}\right\} \tag{1.95}$$

3. 对于传递函数有多个重极点的情况

设系统有 l 个单极点 $z_i(i=1,2,\cdots,l)$，l_1 个重极点 z_{m1}，l_2 个重极点 z_{m2}，$\cdots$，l_m 个重极点 z_{mm}，则传递函数可分解为

$$\begin{aligned}
G(z)=&\sum_{i=1}^{l}\frac{k_i}{(z-z_i)}+\frac{k_{11}}{(z-z_{m1})^{l_1}}+\frac{k_{12}}{(z-z_{m1})^{l_1-1}}+\cdots+\frac{k_{1l_1}}{z-z_{m1}}\\
&+\frac{k_{21}}{(z-z_{m2})^{l_2}}+\frac{k_{22}}{(z-z_{m2})^{l_2-1}}+\cdots+\frac{k_{2l_2}}{z-z_{m2}}\\
&+\cdots+\frac{k_{p1}}{(z-z_{mm})^{l_m}}+\frac{k_{p2}}{(z-z_{mm})^{l_m-1}}+\cdots+\frac{k_{pl_m}}{z-z_{mm}}
\end{aligned} \tag{1.96}$$

选取状态变量为

$$\boldsymbol{x}_i(k)=\left[x_1(k)\quad \cdots\quad x_l(k)\quad x_{l+1}(k)\quad \cdots\quad x_{l+l_1}(k)\quad \cdots\quad x_{n-l_m+1}(k)\quad \cdots\quad x_n(k)\right]^{\mathrm{T}} \tag{1.97}$$

可得 p 重根时系统的状态空间表达式为

$$\begin{bmatrix} x_1(k+1)\\ \vdots \\ x_l(k+1) \\ x_{l+1}(k+1) \\ \vdots \\ x_{l+l_1}(k+1) \\ \vdots \\ x_{n-l_m+1}(k+1) \\ \vdots \\ x_n(k)\end{bmatrix} = \begin{bmatrix} z_1 & & & & & & & & & \\ & \ddots & & & & & & & & \\ & & z_l & & & & & & & \\ & & & z_{m1} & 1 & & & & & \\ & & & & \ddots & 1 & & & & \\ & & & & & z_{m1} & & & & \\ & & & & & & \ddots & & & \\ & & & & & & & z_{mm} & 1 & \\ & & & & & & & & \ddots & 1 \\ & & & & & & & & & z_{mm} \end{bmatrix} \begin{bmatrix} x_1(k)\\ \vdots \\ x_l(k) \\ x_{l+1}(k) \\ \vdots \\ x_{l+l_1}(k) \\ \vdots \\ x_{n-l_m+1}(k) \\ \vdots \\ x_n(k)\end{bmatrix} + \begin{bmatrix} 1 \\ \vdots \\ 1 \\ 0 \\ \vdots \\ 1 \\ \vdots \\ 0 \\ \vdots \\ 1 \end{bmatrix} u(k) \tag{1.98}$$

$$\boldsymbol{y} = \begin{bmatrix} k_1 & \cdots & k_l & k_{11} & \cdots & k_{1l_1} & \cdots & k_{p1} & \cdots & k_{pl_m} \end{bmatrix} \begin{bmatrix} x_1(k)\\ \vdots \\ x_l(k) \\ x_{l+1}(k) \\ \vdots \\ x_{l+l_1}(k) \\ \vdots \\ x_{n-l_m+1}(k) \\ \vdots \\ x_n(k)\end{bmatrix} \tag{1.99}$$

4. 直接法

对于脉冲传递函数可直接由系数写出状态空间表达式，若

$$G(z) = \frac{c_{n-1}z^{n-1} + \cdots + c_1 z + c_0}{z^n + a_{n-1}z^{n-1} + \cdots + a_1 z + a_0} \tag{1.100}$$

则

$$\left.\begin{aligned} &\begin{bmatrix} x_1(k+1) \\ x_2(k+1) \\ x_3(k+1) \\ \vdots \\ x_{n-1}(k+1) \\ x_n(k+1) \end{bmatrix} = \begin{bmatrix} 0 & 1 & 0 & 0 & \cdots & 0 \\ 0 & 0 & 1 & 0 & \cdots & 0 \\ 0 & 0 & 0 & 1 & \cdots & 0 \\ \vdots & \vdots & \vdots & \vdots & \cdots & \vdots \\ 0 & 0 & 0 & 0 & \cdots & 1 \\ -a_0 & -a_1 & -a_2 & -a_3 & \cdots & -a_{n-1} \end{bmatrix} \begin{bmatrix} x_1(k) \\ x_2(k) \\ x_3(k) \\ \vdots \\ x_{n-1}(k) \\ x_n(k) \end{bmatrix} + \begin{bmatrix} 0 \\ 0 \\ 0 \\ \vdots \\ 0 \\ 1 \end{bmatrix} u(k) \\ &\boldsymbol{y}(k) = \begin{bmatrix} c_0 & c_1 & c_2 & \cdots & c_{n-2} & c_{n-1} \end{bmatrix} \begin{bmatrix} x_1(k) \\ x_2(k) \\ x_3(k) \\ \vdots \\ x_{n-1}(k) \\ x_n(k) \end{bmatrix} \end{aligned}\right\} \tag{1.101}$$

具体推导过程不再赘述。

1.6　非线性和时变系统的状态空间描述

1.6.1　非线性系统

前面讨论的对象都是线性定常系统，线性定常系统只是理想化的模型，实际的系统一般都是非线性的。对于非线性系统，状态方程和输出方程均为非线性函数的形式，则其状态空间表达式为

$$\left.\begin{aligned}\dot{\boldsymbol{x}}(t)&=\boldsymbol{f}(x,u)\\ \boldsymbol{y}(t)&=\boldsymbol{g}(x,u)\end{aligned}\right\} \tag{1.102}$$

对于非线性时变系统，则为

$$\left.\begin{aligned}\dot{\boldsymbol{x}}(t)&=\boldsymbol{f}(x,u,t)\\ \boldsymbol{y}(t)&=\boldsymbol{g}(x,u,t)\end{aligned}\right\} \tag{1.103}$$

非线性系统状态方程的求解比较困难，为了使系统的分析和综合简单一些，可在保证精度的情况下对系统的非线性部分进行线性化，化为线性系统后再进行研究。最常用的方法是利用泰勒级数展开进行线性近似。

对于非线性表达式 $\boldsymbol{f}(x,u,t)$ 在 (x_0,u_0) 领域内进行泰勒级数展开得

$$\boldsymbol{f}(x,u,t)=\boldsymbol{f}(x_0,u_0,t)+\left.\frac{\partial \boldsymbol{f}(x,u,t)}{\partial \boldsymbol{x}}\right|_{x_0,u_0}\delta\boldsymbol{x}+\left.\frac{\partial \boldsymbol{f}(x,u,t)}{\partial \boldsymbol{u}}\right|_{x_0,u_0}\delta\boldsymbol{u}+\theta(\delta x_0,\delta u_0,t) \tag{1.104}$$

式中，$\boldsymbol{x}=x_0+\delta\boldsymbol{x}$，$\boldsymbol{u}=u_0+\delta\boldsymbol{u}$，$\theta(\delta x_0,\delta u_0,t)$ 为高阶项，若式(1.104)只取一阶项而略去高阶项时，可得线性化模型：

$$\delta\dot{\boldsymbol{x}}=\left.\frac{\partial \boldsymbol{f}(x,u,t)}{\partial \boldsymbol{x}}\right|_{x_0,u_0}\delta\boldsymbol{x}+\left.\frac{\partial \boldsymbol{f}(x,u,t)}{\partial \boldsymbol{u}}\right|_{x_0,u_0}\delta\boldsymbol{u} \tag{1.105}$$

其中 $\dfrac{\partial \boldsymbol{f}}{\partial \boldsymbol{x}}$，$\dfrac{\partial \boldsymbol{f}}{\partial \boldsymbol{u}}$ 为 $\boldsymbol{f}(x,u,t)$ 对 x，u 的偏导，定义为

$$\frac{\partial \boldsymbol{f}}{\partial \boldsymbol{x}}=\begin{bmatrix}\dfrac{\partial f_1}{\partial x_1} & \dfrac{\partial f_1}{\partial x_2} & \cdots & \dfrac{\partial f_1}{\partial x_n}\\ \dfrac{\partial f_2}{\partial x_1} & \dfrac{\partial f_2}{\partial x_2} & \cdots & \dfrac{\partial f_2}{\partial x_n}\\ \vdots & \vdots & \ddots & \vdots\\ \dfrac{\partial f_n}{\partial x_1} & \dfrac{\partial f_n}{\partial x_2} & \cdots & \dfrac{\partial f_n}{\partial x_n}\end{bmatrix},\qquad \frac{\partial \boldsymbol{f}}{\partial \boldsymbol{u}}=\begin{bmatrix}\dfrac{\partial f_1}{\partial u_1} & \dfrac{\partial f_1}{\partial u_2} & \cdots & \dfrac{\partial f_1}{\partial u_r}\\ \dfrac{\partial f_2}{\partial u_1} & \dfrac{\partial f_2}{\partial u_2} & \cdots & \dfrac{\partial f_2}{\partial u_r}\\ \vdots & \vdots & \ddots & \vdots\\ \dfrac{\partial f_n}{\partial u_1} & \dfrac{\partial f_n}{\partial u_2} & \cdots & \dfrac{\partial f_n}{\partial u_r}\end{bmatrix}$$

同理，对输出非线性方程线性化可得

$$\delta\boldsymbol{y}=\left.\frac{\partial \boldsymbol{g}(x,u,t)}{\partial \boldsymbol{x}}\right|_{x_0,u_0}\delta\boldsymbol{x}+\left.\frac{\partial \boldsymbol{g}(x,u,t)}{\partial \boldsymbol{u}}\right|_{x_0,u_0}\delta\boldsymbol{u} \tag{1.106}$$

其中$\frac{\partial \boldsymbol{g}}{\partial \boldsymbol{x}}$,$\frac{\partial \boldsymbol{g}}{\partial \boldsymbol{u}}$为$\boldsymbol{g}(x,u,t)$对$\boldsymbol{x}$,$\boldsymbol{u}$的偏导,定义为

$$\frac{\partial \boldsymbol{g}}{\partial \boldsymbol{x}}=\begin{bmatrix} \frac{\partial g_1}{\partial x_1} & \frac{\partial g_1}{\partial x_2} & \cdots & \frac{\partial g_1}{\partial x_n} \\ \frac{\partial g_2}{\partial x_1} & \frac{\partial g_2}{\partial x_2} & \cdots & \frac{\partial g_2}{\partial x_n} \\ \vdots & \vdots & \ddots & \vdots \\ \frac{\partial g_m}{\partial x_1} & \frac{\partial g_m}{\partial x_2} & \cdots & \frac{\partial g_m}{\partial x_n} \end{bmatrix},\qquad \frac{\partial \boldsymbol{g}}{\partial \boldsymbol{u}}=\begin{bmatrix} \frac{\partial g_1}{\partial u_1} & \frac{\partial g_1}{\partial u_2} & \cdots & \frac{\partial g_1}{\partial u_r} \\ \frac{\partial g_2}{\partial u_1} & \partial g_2 & \partial u_2 & \cdots \\ \vdots & \vdots & \ddots & \vdots \\ \frac{\partial g_m}{\partial u_1} & \frac{\partial g_m}{\partial u_2} & \cdots & \frac{\partial g_m}{\partial u_r} \end{bmatrix}$$

则非线性时变系统在(x_0,u_0)邻域线性化后的状态空间表达式为

$$\left.\begin{aligned} \delta\dot{\boldsymbol{x}} &= \left.\frac{\partial \boldsymbol{f}(x,u,t)}{\partial \boldsymbol{x}}\right|_{x_0,u_0}\delta\boldsymbol{x}+\left.\frac{\partial \boldsymbol{f}(x,u,t)}{\partial \boldsymbol{u}}\right|_{x_0,u_0}\delta\boldsymbol{u} \\ \delta\boldsymbol{y} &= \left.\frac{\partial \boldsymbol{g}(x,u,t)}{\partial \boldsymbol{x}}\right|_{x_0,u_0}\delta\boldsymbol{x}+\left.\frac{\partial \boldsymbol{g}(x,u,t)}{\partial \boldsymbol{u}}\right|_{x_0,u_0}\delta\boldsymbol{u} \end{aligned}\right\} \tag{1.107}$$

令$\boldsymbol{A}=\left.\frac{\partial \boldsymbol{f}}{\partial \boldsymbol{x}}\right|_{x_0,u_0}$,$\boldsymbol{B}=\left.\frac{\partial \boldsymbol{f}}{\partial \boldsymbol{u}}\right|_{x_0,u_0}$,$\boldsymbol{C}=\left.\frac{\partial \boldsymbol{g}}{\partial \boldsymbol{x}}\right|_{x_0,u_0}$,$\boldsymbol{D}=\left.\frac{\partial \boldsymbol{g}}{\partial \boldsymbol{u}}\right|_{x_0,u_0}$,$\bar{\boldsymbol{x}}=\delta\boldsymbol{x}$,$\bar{\boldsymbol{u}}=\delta\boldsymbol{u}$,$\bar{\boldsymbol{y}}=\delta\boldsymbol{y}$。

整理成一般形式为

$$\left.\begin{aligned} \dot{\bar{\boldsymbol{x}}} &= \boldsymbol{A}(t)\bar{\boldsymbol{x}}+\boldsymbol{B}(t)\bar{\boldsymbol{u}} \\ \bar{\boldsymbol{y}} &= \boldsymbol{C}(t)\bar{\boldsymbol{x}}+\boldsymbol{D}(t)\bar{\boldsymbol{u}} \end{aligned}\right\} \tag{1.108}$$

若系统为非线性定常系统,则矩阵$\boldsymbol{A}$、$\boldsymbol{B}$、$\boldsymbol{C}$、$\boldsymbol{D}$与时间无关,系统线性化后的状态空间表达式为

$$\left.\begin{aligned} \dot{\bar{\boldsymbol{x}}} &= \boldsymbol{A}\bar{\boldsymbol{x}}+\boldsymbol{B}\bar{\boldsymbol{u}} \\ \bar{\boldsymbol{y}} &= \boldsymbol{C}\bar{\boldsymbol{x}}+\boldsymbol{D}\bar{\boldsymbol{u}} \end{aligned}\right\} \tag{1.109}$$

例 1.15 已知非线性系统方程为

$$\begin{cases} \dot{x}_1 = 2x_1+x_2+x_1^2 \\ \dot{x}_2 = x_1+x_2+u \\ y = x_1+3x_2 \end{cases}$$

试求其在$x_0=0$,$u_0=0$处的线性化方程。

解: 由已知方程可知

$$f_1(x_1,x_2,u_2)=2x_1+x_2+x_1^2$$
$$f_2(x_1,x_2,u_2)=x_1+x_2+u$$
$$g_1(x_1,x_2,u_2)=x_1+3x_2$$

因此有

$$\left.\frac{\partial f_1}{\partial x_1}\right|_{x_0,u_0}=(2+2x_1)\,|_{x_0,u_0}=2,\qquad \left.\frac{\partial f_1}{\partial x_2}\right|_{x_0,u_0}=1,\qquad \left.\frac{\partial f_1}{\partial u}\right|_{x_0,u_0}=0$$

$$\left.\frac{\partial f_2}{\partial x_1}\right|_{x_0,u_0}=1,\quad \left.\frac{\partial f_2}{\partial x_2}\right|_{x_0,u_0}=1,\quad \left.\frac{\partial f_2}{\partial u}\right|_{x_0,u_0}=1,$$

$$\left.\frac{\partial g_1}{\partial x_1}\right|_{x_0,u_0}=1,\quad \left.\frac{\partial g_1}{\partial x_2}\right|_{x_0,u_0}=3$$

则有

$$\boldsymbol{A}=\left.\frac{\partial \boldsymbol{f}}{\partial \boldsymbol{x}}\right|_{x_0,u_0}=\begin{bmatrix}2 & 1\\1 & 1\end{bmatrix},\quad \boldsymbol{B}=\left.\frac{\partial \boldsymbol{f}}{\partial \boldsymbol{u}}\right|_{x_0,u_0}=\begin{bmatrix}0\\1\end{bmatrix}$$

$$\boldsymbol{C}=\left.\frac{\partial \boldsymbol{g}}{\partial \boldsymbol{x}}\right|_{x_0,u_0}=\begin{bmatrix}1 & 3\end{bmatrix},\quad \boldsymbol{D}=\left.\frac{\partial \boldsymbol{g}}{\partial \boldsymbol{u}}\right|_{x_0,u_0}=0$$

所以，该系统在 $x_0=0,u_0=0$ 处的线性化方程为

$$\dot{\bar{\boldsymbol{x}}}=\begin{bmatrix}2 & 1\\1 & 1\end{bmatrix}\bar{\boldsymbol{x}}+\begin{bmatrix}0\\1\end{bmatrix}\bar{\boldsymbol{u}}$$

$$\bar{\boldsymbol{y}}=\begin{bmatrix}1 & 3\end{bmatrix}\bar{\boldsymbol{x}}$$

1.6.2　时变系统

非线性时变系统在 1.6.1 小节已经讨论过，对于线性时变系统，系数矩阵也不再是常数矩阵，矩阵元素的部分或者全部是随着时间变化而变化的，则其状态空间表达式为

$$\left.\begin{aligned}\dot{\boldsymbol{x}}(t)&=\boldsymbol{A}(t)\boldsymbol{x}(t)+\boldsymbol{B}(t)\boldsymbol{u}(t)\\ \boldsymbol{y}(t)&=\boldsymbol{C}(t)\boldsymbol{x}(t)+\boldsymbol{D}(t)\boldsymbol{u}(t)\end{aligned}\right\}\tag{1.110}$$

式中

$$\boldsymbol{A}=\begin{bmatrix}a_{11}(t) & a_{12}(t) & \cdots & a_{1n}(t)\\ a_{21}(t) & a_{22}(t) & \cdots & a_{2n}(t)\\ \vdots & \vdots & \ddots & \vdots\\ a_{n1}(t) & a_{n2}(t) & \cdots & a_{nn}(t)\end{bmatrix},\quad \boldsymbol{B}=\begin{bmatrix}b_{11}(t) & b_{12}(t) & \cdots & b_{1r}(t)\\ b_{21}(t) & b_{22}(t) & \cdots & b_{2r}(t)\\ \vdots & \vdots & \ddots & \vdots\\ b_{n1}(t) & b_{n2}(t) & \cdots & b_{nr}(t)\end{bmatrix}$$

$$\boldsymbol{C}=\begin{bmatrix}c_{11}(t) & c_{12}(t) & \cdots & c_{1n}(t)\\ c_{21}(t) & c_{22}(t) & \cdots & c_{2n}(t)\\ \vdots & \vdots & \ddots & \vdots\\ c_{m1}(t) & c_{m2}(t) & \cdots & c_{mn}(t)\end{bmatrix},\quad \boldsymbol{D}=\begin{bmatrix}d_{11}(t) & d_{12}(t) & \cdots & d_{1r}(t)\\ d_{21}(t) & d_{22}(t) & \cdots & d_{2r}(t)\\ \vdots & \vdots & \ddots & \vdots\\ d_{m1}(t) & d_{m2}(t) & \cdots & d_{mr}(t)\end{bmatrix}$$

1.7　MATLAB 进行状态空间模型的建立

由传递函数到状态空间模型的转换函数为 tf2ss()，它可以直接将传递函数模型转换为状态空间模型。格式为

```
[A,B,C,D] = tf2ss(num,den)
```

参数说明：A、B、C、D 分别为状态空间表达式的系统矩阵、输入矩阵、输出矩阵

和直通矩阵，num 为传递函数分子式系数按 s 阶数的降幂排列，den 为传递函数分母系数按 s 阶数的降幂排列。若无特殊说明，下文中 num 和 den 的含义均如此。

例 1.16 已知控制系统的传递函数为

$$G(s)=\frac{3s^2+2s+2}{s^3+6s^2+11s+6}$$

用 MATLAB 建立其状态空间表达式。

解：

在 Command Window 中执行以下命令：

```
>> num = [3,2,2];
>> den = [1,6,11,6];
>> [A,B,C,D] = tf2ss(num,den)
```

运行结果为

```
A =
    -6   -11    -6
    1     0     0
    0     1     0
B =
    1
    0
    0
C =
    3     2     2
D =
    0
```

由于状态变量的选取是不唯一的，所以从传递函数建立状态空间模型的表达式也不是唯一的，运行结果只给了一种情况，显然这种情况不是标准型表达形式。若要形成标准型表达式，可对状态向量进行线性变换。线性变换涉及线性代数知识的具体应用，在工程数学中已经进行过系统学习，这里不再赘述，只介绍 MATLAB 实现函数。

对于传递函数 $G(s)=\dfrac{3s^2+2s+2}{s^3+6s^2+11s+6}$，其状态空间表达式求取如下：

1. 转换为能控标准型

在 Command Window 中执行的命令及结果如下：

```
>> num = [3,2,2]; den = [1,6,11,6];
>> ac = compan(den);ac = rot90(ac,2) % 求伴随矩阵 ac,并将此矩阵旋转 180 度形成新矩阵 ac
ac =
    0     1     0
    0     0     1
    -6   -11    -6

>>bc = zeros(length(ac),1);bc(length(ac),1) = 1 % 赋值,形成 bc 矩阵
```

```
bc =
    0
    0
    1
>>cc = [num zeros(1,length(ac) - length(num))] % 赋值,形成 cc 矩阵
cc =
    3    2    2
>>dc = 0,
dc =
    0
```

ac 为系统矩阵,bc 为输入矩阵,cc 为输出矩阵,dc 为直通矩阵。

2. 转换为能观标准型

在 Command Window 中执行的命令及结果如下:

```
>> num = [3,2,2]; den = [1,6,11,6];
>> ao = compan(den);ao = rot90(ao,2)' % 求伴随矩阵 ac,并将此矩阵旋转 180 度后转置
ao =
    0    0    -6
    1    0   -11
    0    1    -6
>> n = length(ao);
>>bo = [num zeros(1,length(ao) - length(num))]'
bo =
    3
    2
    2
>>co = zeros(1,n);co(1,n) = 1,do = 0
co =
    0    0    1
do =
    0
```

ao 为系统矩阵,bo 为输入矩阵,co 为输出矩阵,do 为直通矩阵。

3. 转换为对角线标准型

在 Command Window 中执行的命令及结果如下:

```
>> num = [3,2,2]; den = [1,6,11,6];
>>[z,p,k] = residue(num,den);   % 部分分式展开
>>aj = diag(p)   % 建立对角阵
aj =
 -3.0000         0         0
       0   -2.0000         0
       0         0   -1.0000
>>bj = z
bj =
    11.5000
```

```
    -10.0000
    1.5000
>>cj = ones(1,length(z))
cj =
    1    1    1
>>dj = 0
dj =
    0
```

aj 为系统矩阵，bj 为输入矩阵，cj 为输出矩阵，dj 为直通矩阵。

习 题

1.1 电路如图 1.16 所示，设输入为 u_i，输出为 u_o，试自选状态变量并列写状态空间表达式。

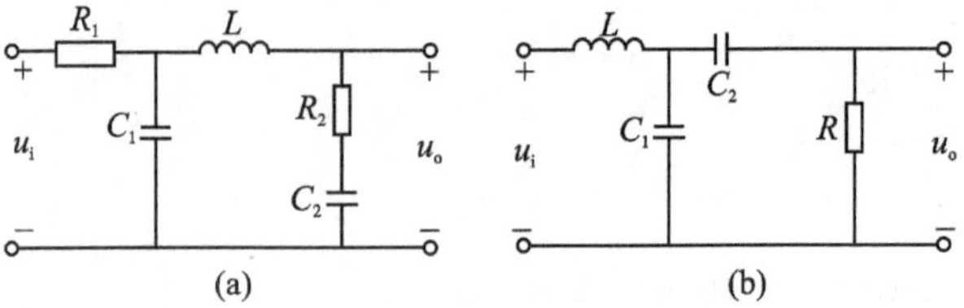

图 1.16 题 1.1 电路图

1.2 图 1.17 为他激直流电动机的原理图。其中，u_d，i_d，R_a，L_a，e_b 分别为电枢电压、电流、电阻、电感和反电势。T_e 为电磁转矩，T_L 为负载转矩，T_f 为摩擦转矩，试列写系统的状态空间表达式。

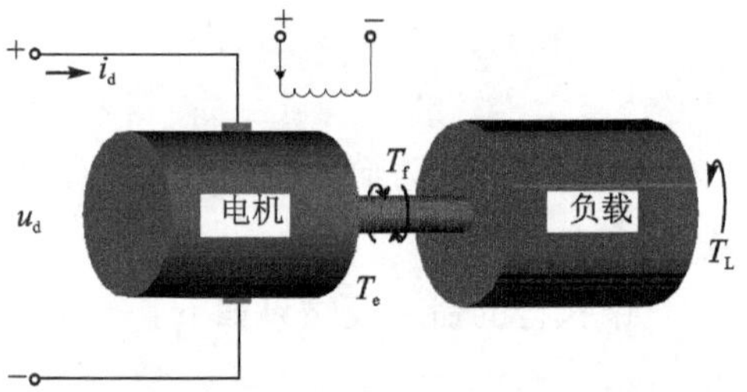

图 1.17 题 1.2 的直流电动机原理图

1.3 已知系统的微分方程或差分方程，试建立其状态空间表达式。

(1) $\dddot{y}+3\ddot{y}+3\dot{y}+5y=\dddot{u}+4\dot{u}+u$

(2) $\dddot{y}+3\ddot{y}+y=u$

(3) $y(k+3)+2y(k+2)+y(k)=u(k+3)+3u(k+2)+u(k)$

(4) $y(k+3)+3y(k+2)+5y(k+1)+y(k)=u(k)$

1.4　某控制系统的动态结构图如图 1.18 所示，试求出其动态方程。

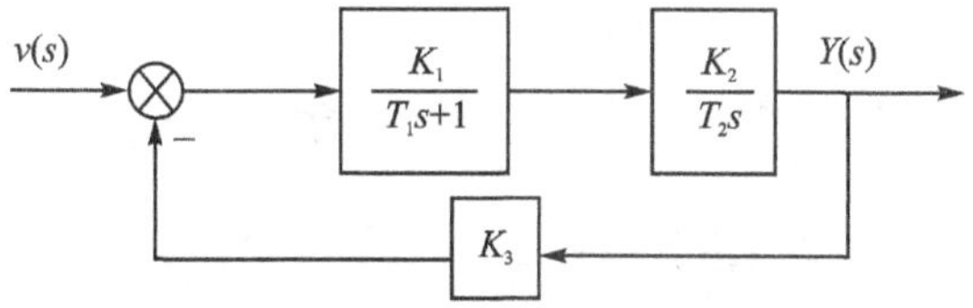

图 1.18　题 1.4 的系统动态结构图

1.5　已知系统的动态结构图如图 1.19 所示，试建立其状态空间表达式。

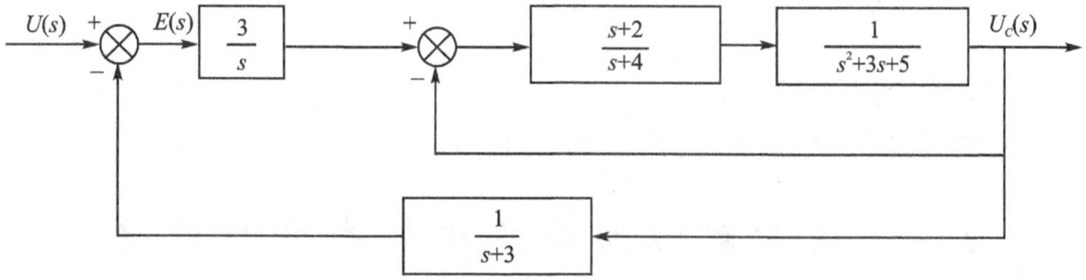

图 1.19　题 1.5 的系统动态结构图

1.6　已知系统的传递函数，试分别用部分分式法和直接法建立其状态空间表达式。

(1) $G(s)=\dfrac{s+1}{s(s+2)(s+3)}$　　(2) $G(s)=\dfrac{1}{s(s+2)^2(s+5)}$

(3) $G(s)=\dfrac{2s^3+3s^2+s+5}{s^3+s^2+s+5}$

1.7　已知离散系统的脉冲传递函数，求系统的状态空间表达式。

(1) $G(z)=\dfrac{2z^3+z^2+z+1}{z^3+3z^2+z+5}$　　(2) $G(z)=\dfrac{1}{(z+2)(z+3)(z+5)}$

(3) $G(z)=\dfrac{1}{(z+1)^2(z+2)}$

1.8　已知非线性系统方程为

$$\begin{cases}\dot{x}_1=x_1+5x_2+x_3^3+x_1^2\\ \dot{x}_2=2x_2+x_3+7u_2\\ \dot{x}_3=x_1+x_2^3+4x_3^2+u_2^2\\ y=x_1+3x_2+x_3\end{cases}$$

试求其在 $x_0=0, u_0=0$ 处的线性化方程。

1.9　已知系统的传递函数，试用 MATLAB 编程求解该系统的状态空间表达式，要求至少求出两种形式的状态空间表达式。

(1) $G(s)=\dfrac{s+5}{s^2+5s+6}$　　(2) $G(s)=\dfrac{s^3+s+1}{s^4+2s^3+s^2+s+6}$

第 2 章　线性系统状态空间表达式的解

建立了状态空间表达式以后，对线性系统进行运动分析，主要是要考察系统在给定信号激励下的输出响应，这种响应可以分为自由响应和强制响应。自由响应是在系统无外力作用下，系统仅靠初始状态进行的自由运动，也称为零输入响应。强制响应是指系统在零初始状态下，由输入作用下引起的强制运动，又称零状态响应。系统的全响应就是由初始状态和输入作用所引起的响应叠加。

2.1　线性定常系统齐次状态方程的解

系统的状态方程为

$$\dot{\boldsymbol{x}} = \boldsymbol{A}\boldsymbol{x} + \boldsymbol{B}u \tag{2.1}$$

当系统输入为零时

$$\dot{\boldsymbol{x}} = \boldsymbol{A}\boldsymbol{x} \tag{2.2}$$

此时有　$x(0) = x_0,\quad t \geqslant 0$

齐次方程的解就是由初始状态引起的自由运动，称为自由解，又称为零输入响应。下面利用矩阵指数法和反拉氏变换法求解系统的自由解。

2.1.1　矩阵指数法

设 $\dot{\boldsymbol{x}}(t) - \boldsymbol{A}\boldsymbol{x}(t) = 0$ 的解为

$$\boldsymbol{x}(t) = b_0 + b_1 t + b_2 t^2 + \cdots + b_k t^k + \cdots \tag{2.3}$$

当 $t=0$ 时，则有　$\boldsymbol{x}(0) = b_0$

将式(2.3)代入式(2.2)中，则

$$\dot{\boldsymbol{x}}(t) = b_1 + 2b_2 t + 3b_3 t^2 + \cdots + kb_k t^{k-1} + \cdots$$

又有 $\dot{\boldsymbol{x}}(t) = \boldsymbol{A}\boldsymbol{x}(t)$，对应于 t 的同次幂系数相等，则

$$b_1 = Ab_0$$

$$2b_2 = Ab_1 \Rightarrow b_2 = \frac{1}{2}Ab_1 = \frac{1}{2}A^2 b_0 = \frac{1}{2!}A^2 b_0$$

$$3b_3 = Ab_2 \Rightarrow b_3 = \frac{1}{3}Ab_2 = \frac{1}{3\times 2!}A^3 b_0 = \frac{1}{3!}A^3 b_0$$

$$\vdots$$

$$b_k = \frac{1}{k!} A^k b_0$$

所以

$$\boldsymbol{x}(t) = \left[\boldsymbol{I} + \boldsymbol{A}t + \frac{1}{2!}\boldsymbol{A}^2 t^2 + \cdots + \frac{1}{k!}\boldsymbol{A}^k t^k + \cdots\right] x(0) \tag{2.4}$$

因为

$$e^{at} = \boldsymbol{I} + at + \frac{1}{2!}a^2 t^2 + \cdots \frac{1}{k!}a^k t^k + \cdots$$

记

$$e^{\boldsymbol{A}t} = \boldsymbol{I} + \boldsymbol{A}t + \frac{1}{2!}\boldsymbol{A}^2 t^2 + \cdots + \frac{1}{k!}\boldsymbol{A}^k t^k + \cdots \tag{2.5}$$

$e^{\boldsymbol{A}t}$ 称为矩阵指数函数。则齐次状态方程(2.2)的解为

$$\boldsymbol{x}(t) = e^{\boldsymbol{A}t} x(0), \qquad t \geqslant 0 \tag{2.6}$$

当初始时刻为 t_0,用 $t-t_0$ 替代 $t-0$,则齐次方程的解为

$$\boldsymbol{x}(t) = e^{\boldsymbol{A}(t-t_0)} x(t_0), \qquad t \geqslant t_0 \tag{2.7}$$

2.1.2 反拉氏变换法

齐次状态方程 $\dot{\boldsymbol{x}}(t) = \boldsymbol{A}x(t)$

对其两边进行拉氏变换,有

$$s\boldsymbol{X}(s) - x(0) = \boldsymbol{A}\boldsymbol{X}(s)$$

即

$$s\boldsymbol{X}(s) - \boldsymbol{A}\boldsymbol{X}(s) = x(0)$$

$$[s\boldsymbol{I} - \boldsymbol{A}]\boldsymbol{X}(s) = x(0)$$

所以

$$\boldsymbol{X}(s) = [s\boldsymbol{I} - \boldsymbol{A}]^{-1} x(0)$$

对两边进行反拉氏变换,则

$$\boldsymbol{x}(t) = \mathrm{L}^{-1}[\boldsymbol{X}(s)] = \mathrm{L}^{-1}[s\boldsymbol{I} - \boldsymbol{A}]^{-1} x(0) \tag{2.8}$$

2.2 状态转移矩阵

齐次状态方程 $\dot{\boldsymbol{x}} = \boldsymbol{A}\boldsymbol{x}$ 的解为

$$\boldsymbol{x}(t) = e^{\boldsymbol{A}t}\boldsymbol{x}(0), \qquad t \geqslant 0$$

或

$$\boldsymbol{x}(t) = e^{\boldsymbol{A}(t-t_0)}\boldsymbol{x}(t_0), \qquad t \geqslant t_0$$

从上式可以看出,$e^{\boldsymbol{A}(t-t_0)}$ 形式上是一个矩阵指数函数,也是一个各元素随时间 t 变化的 n 维矩阵。但本质上,它的作用是将时刻 t_0 的系统状态矢量 $\boldsymbol{x}(t_0)$ 转移到时刻 t 的状态矢量 $\boldsymbol{x}(t)$,也就起到了系统状态转移的作用,所以将其称之为状态转移矩阵,记为 $\boldsymbol{\Phi}(t)$。

$\boldsymbol{\Phi}(t)=e^{\boldsymbol{A}t}$ 表示$\boldsymbol{x}(0)$到$\boldsymbol{x}(t)$的转移矩阵。$\boldsymbol{\Phi}(t-t_0)=e^{\boldsymbol{A}(t-t_0)}$表示$\boldsymbol{x}(t_0)$到$\boldsymbol{x}(t)$的转移矩阵。

这样,$\dot{\boldsymbol{x}}(t)=\boldsymbol{A}\boldsymbol{x}(t)$的解可以表示为

$$\boldsymbol{x}(t)=\boldsymbol{\Phi}(t)\boldsymbol{x}(0),\qquad t\geqslant 0$$

或

$$\boldsymbol{x}(t)=\boldsymbol{\Phi}(t-t_0)\boldsymbol{x}(t_0),\qquad t\geqslant t_0$$

从上面的分析可知,利用状态转移矩阵可以从任意的指定初始时刻状态矢量$\boldsymbol{x}(t_0)$计算出任意时刻 t 的状态矢量 $\boldsymbol{x}(t)$。从几何角度上来讲,可以用图 2.1 表示。只要有初始状态,就可以计算出任意时刻的状态,随着时间 t 的变换,状态变量在状态空间中所划过的轨迹就称为状态轨迹。

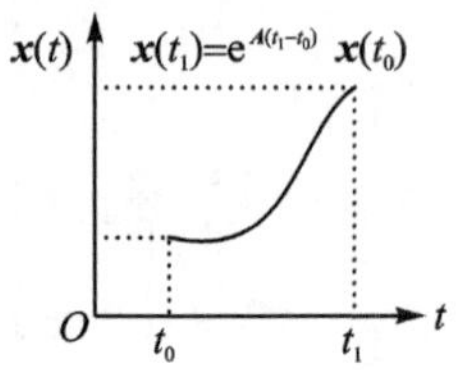

图 2.1 状态转移轨线

2.2.1 状态转移矩阵的性质

1. 性质一:组合性质

$$\boldsymbol{\Phi}(t)\boldsymbol{\Phi}(\tau)=\boldsymbol{\Phi}(t+\tau)$$

或

$$e^{\boldsymbol{A}t}e^{\boldsymbol{A}\tau}=e^{\boldsymbol{A}(t+\tau)}\tag{2.9}$$

式(2.9)表示从$-\tau$ 转移到 0,再从 0 转移到 t 的组合,即

$$\boldsymbol{\Phi}(t-0)\boldsymbol{\Phi}[0-(-\tau)]=\boldsymbol{\Phi}[t-(-\tau)]=\boldsymbol{\Phi}(t+\tau)$$

证明: 根据定义证明

$$e^{\boldsymbol{A}t}e^{\boldsymbol{A}\tau}=\left(\boldsymbol{I}+\boldsymbol{A}t+\frac{1}{2!}\boldsymbol{A}^2t^2+\cdots\right)\left(\boldsymbol{I}+\boldsymbol{A}\tau+\frac{1}{2!}\boldsymbol{A}^2\tau^2+\cdots\right)=$$

$$\boldsymbol{I}+\boldsymbol{A}(t+\tau)+\frac{1}{2!}\boldsymbol{A}^2(t+\tau)^2+\cdots=e^{\boldsymbol{A}(t+\tau)}$$

证毕。

2. 性质二:不发生时间推移下的不变性

$$\boldsymbol{\Phi}(t-t)=\boldsymbol{I}$$

或

$$e^{\boldsymbol{A}(t-t)}=\boldsymbol{I}\tag{2.10}$$

式(2.10)表示状态矢量从时刻 t 转移到其本身,状态矢量是不变的。

证明: 根据定义证明

$$e^{\boldsymbol{A}(t-t)}=e^{\boldsymbol{A}0}=\boldsymbol{I}$$

证毕。

3. 性质三:可逆性

$$\boldsymbol{\Phi}^{-1}(t)=\boldsymbol{\Phi}(-t)$$

或

$$(e^{At})^{-1}=e^{-At} \tag{2.11}$$

式(2.11)表示状态转移矩阵的逆等于时间的逆转。

证明：利用 $\boldsymbol{\Phi}(t)\boldsymbol{\Phi}(-t)=\boldsymbol{\Phi}(t-t)=\boldsymbol{I}$ 可得。

4. 性质四：微分性和交换性

$$\dot{\boldsymbol{\Phi}}(t)=\boldsymbol{A}\boldsymbol{\Phi}(t)=\boldsymbol{\Phi}(t)\boldsymbol{A} \tag{2.12}$$

证明：

$$\begin{aligned}\dot{\boldsymbol{\Phi}}(t)=&\boldsymbol{A}+\boldsymbol{A}^2t+\cdots+\frac{1}{(k-1)!}\boldsymbol{A}^kt^{k-1}+\cdots=\\&\boldsymbol{A}\left(\boldsymbol{I}+\boldsymbol{A}t+\cdots+\frac{1}{(k-1)!}\boldsymbol{A}^{k-1}t^{k-1}+\cdots\right)=\\&\boldsymbol{A}\boldsymbol{\Phi}(t)=\boldsymbol{\Phi}(t)\boldsymbol{A}\end{aligned}$$

证毕。

5. 性质五

对于 n 维矩阵 $\boldsymbol{A}$ 和 $\boldsymbol{B}$，当且仅当 $\boldsymbol{AB}=\boldsymbol{BA}$，$e^{(\boldsymbol{A}+\boldsymbol{B})t}=e^{\boldsymbol{A}t}e^{\boldsymbol{B}t}$。

该性质的证明直接用定义来完成。

6. 性质六

$$[\boldsymbol{\Phi}(t)]^k=\boldsymbol{\Phi}(kt) \tag{2.13}$$

该性质的证明直接由组合性质得到。

2.2.2 几个特殊的矩阵指数函数

(1) 若 $\boldsymbol{A}$ 为对角阵

$$\boldsymbol{A}=\boldsymbol{\Lambda}=\begin{bmatrix}\lambda_1 & 0 & \cdots & 0\\ 0 & \lambda_2 & \cdots & 0\\ \vdots & \vdots & \ddots & \vdots\\ 0 & 0 & \cdots & \lambda_n\end{bmatrix}$$

则

$$e^{At}=\boldsymbol{\Phi}(t)=\begin{bmatrix}e^{\lambda_1 t} & 0 & \cdots & 0\\ 0 & e^{\lambda_2 t} & \cdots & 0\\ \vdots & \vdots & \ddots & \vdots\\ 0 & 0 & \cdots & e^{\lambda_n t}\end{bmatrix} \tag{2.14}$$

(2) 当 $\boldsymbol{A}$ 可以转化为对角阵时，即 $\boldsymbol{T}^{-1}\boldsymbol{AT}=\boldsymbol{\Lambda}$，则

$$e^{\boldsymbol{A}t}=\boldsymbol{\Phi}(t)=\boldsymbol{T}\begin{bmatrix}e^{\lambda_1 t} & 0 & \cdots & 0\\ 0 & e^{\lambda_2 t} & \cdots & 0\\ \vdots & \vdots & \ddots & \vdots\\ 0 & 0 & \cdots & e^{\lambda_n t}\end{bmatrix}\boldsymbol{T}^{-1} \tag{2.15}$$

证明：

$$e^{T^{-1}ATt}=I+T^{-1}ATt+\frac{1}{2!}T^{-1}A^2Tt^2+\frac{1}{3!}T^{-1}A^3Tt^3+\cdots=$$

$$T^{-1}\left(I+At+\frac{1}{2!}A^2t^2+\frac{1}{3!}A^3t^3+\cdots\right)T=$$

$$T^{-1}e^{At}T=e^{\Lambda t}$$

经过转变后有

$$e^{At}=Te^{\Lambda t}T^{-1}$$

结合式(2.14)即可得证。

(3) 当 A 为约旦标准型

$$A=J=\begin{bmatrix}\lambda_1 & 1 & & & \\ & \lambda_1 & 1 & & \\ & & \ddots & \ddots & \\ & & & \lambda_1 & 1 \\ & & & & \lambda_1\end{bmatrix}_{n\times n}$$

则

$$e^{At}=e^{\lambda_1 t}\begin{bmatrix}1 & t & \frac{t^2}{2!} & \cdots & \frac{t^{n-1}}{(n-1)!} \\ 0 & 1 & t & \cdots & \frac{t^{n-2}}{(n-2)!} \\ \vdots & \vdots & \vdots & \ddots & \vdots \\ 0 & 0 & 0 & \cdots & t \\ 0 & 0 & 0 & \cdots & 1\end{bmatrix} \tag{2.16}$$

推广：若 $T^{-1}AT=J$，则 $e^{At}=Te^{Jt}T^{-1}$。

(4) 若

$$A=\begin{bmatrix}\sigma & \omega \\ -\omega & \sigma\end{bmatrix}$$

则

$$e^{At}=\boldsymbol{\Phi}(t)=\begin{bmatrix}\cos\omega t & \sin\omega t \\ -\sin\omega t & \cos\omega t\end{bmatrix}e^{\sigma t} \tag{2.17}$$

2.2.3 状态转移矩阵 $\boldsymbol{\Phi}(t)$ 或 e^{At} 的计算

1. 级数求和法

$$e^{At}=I+At+\frac{1}{2!}A^2t^2+\cdots+\frac{1}{k!}A^kt^k+\cdots$$

例 2.1 已知 $A=\begin{bmatrix}0 & 1 \\ -2 & -3\end{bmatrix}$，用定义法求 e^{At}。

解：

$$e^{At}=\begin{bmatrix}1&0\\0&1\end{bmatrix}+\begin{bmatrix}0&1\\-2&-3\end{bmatrix}t+\frac{1}{2!}\begin{bmatrix}0&1\\-2&-3\end{bmatrix}t^2+\frac{1}{3!}\begin{bmatrix}0&1\\-2&-3\end{bmatrix}^3t^3+\cdots=$$

$$\begin{bmatrix}1-t^2+t^3+\cdots & t-\frac{3}{2}t^2-\frac{7}{6}t^3+\cdots\\ -2t+3t^2-\frac{7}{3}t^3+\cdots & 1-3t+\frac{7}{2}t^2-\frac{5}{2}t^3+\cdots\end{bmatrix}$$

该方法步骤简便，编程容易，适合于计算机计算。但该方法难以得出具体的函数表达式，应用起来具有一定的局限性。

2. 反拉氏变换法

2.1.2 节中已经讲过，齐次状态方程 $\dot{\boldsymbol{x}}(t)=\boldsymbol{A}\boldsymbol{x}(t),\boldsymbol{x}(0)=x_0$ 采用矩阵指数法和反拉氏变换法得到的解分别为 $\boldsymbol{x}(t)=e^{\boldsymbol{A}t}\boldsymbol{x}(0)$ 和 $\boldsymbol{x}(t)=L^{-1}[\boldsymbol{x}(s)]=L^{-1}[s\boldsymbol{I}-\boldsymbol{A}]^{-1}\boldsymbol{x}(0)$，所以可知：

$$\boldsymbol{\Phi}(t)=e^{\boldsymbol{A}t}=L^{-1}[s\boldsymbol{I}-\boldsymbol{A}]^{-1}$$

例 2.2　已知 $\boldsymbol{A}=\begin{bmatrix}0&1\\-2&-3\end{bmatrix}$，用反拉氏变换法求 $e^{\boldsymbol{A}t}$。

解：

$$s\boldsymbol{I}-\boldsymbol{A}=\begin{bmatrix}s&-1\\2&s+3\end{bmatrix}$$

$$(s\boldsymbol{I}-\boldsymbol{A})^{-1}=\begin{bmatrix}\frac{s+3}{(s+1)(s+2)}&\frac{1}{(s+1)(s+2)}\\ \frac{-2}{(s+1)(s+2)}&\frac{s}{(s+1)(s+2)}\end{bmatrix}=\begin{bmatrix}\frac{2}{s+1}-\frac{1}{s+2}&\frac{1}{s+1}-\frac{1}{s+2}\\ \frac{-2}{s+1}+\frac{2}{s+2}&\frac{-1}{s+1}+\frac{2}{s+2}\end{bmatrix}$$

从而

$$e^{\boldsymbol{A}t}=L^{-1}[(s\boldsymbol{I}-\boldsymbol{A})^{-1}]=\begin{bmatrix}2e^{-t}-e^{-2t}&e^{-t}-e^{-2t}\\-2e^{-t}+2e^{-2t}&-e^{-t}+2e^{-2t}\end{bmatrix}$$

3. 约旦标准型法

(1) 矩阵 A 特征值互异的情形

$$\boldsymbol{T}^{-1}\boldsymbol{A}\boldsymbol{T}=\boldsymbol{\Lambda}$$

则

$$\boldsymbol{\Phi}(t)=e^{\boldsymbol{A}t}=\boldsymbol{T}\begin{bmatrix}e^{\lambda_1 t}&&&\\&e^{\lambda_2 t}&&\\&&\ddots&\\&&&e^{\lambda_n t}\end{bmatrix}\boldsymbol{T}^{-1}\tag{2.18}$$

例 2.3　已知 $\boldsymbol{A}=\begin{bmatrix}0&1\\-2&-3\end{bmatrix}$，用约旦标准型法求 $e^{\boldsymbol{A}t}$。

解： 矩阵 $\boldsymbol{A}$ 的特征方程为

$$|\lambda\boldsymbol{I}-\boldsymbol{A}|=\begin{vmatrix}\lambda&-1\\2&\lambda+3\end{vmatrix}=(\lambda+1)(\lambda+2)=0$$

可得

$$\lambda_1=-1,\qquad \lambda_2=-2$$

当 $\lambda_1=-1$ 时，由 $\boldsymbol{A}\boldsymbol{P}_1=\lambda_1\boldsymbol{P}_1$ 得

$$\boldsymbol{P}_1=\begin{bmatrix}1\\-1\end{bmatrix}$$

$\lambda_2=-2$ 时，由 $\boldsymbol{A}\boldsymbol{P}_2=\lambda_2\boldsymbol{P}_2$ 得

$$\boldsymbol{P}_2=\begin{bmatrix}1\\-2\end{bmatrix}$$

$$\boldsymbol{T}=[\boldsymbol{P}_1\quad \boldsymbol{P}_2]=\begin{bmatrix}1 & 1\\-1 & -2\end{bmatrix}$$

从而有 $\mathrm{e}^{\boldsymbol{A}t}=\boldsymbol{T}\mathrm{e}^{\boldsymbol{\Lambda}t}\boldsymbol{T}^{-1}=\boldsymbol{T}\begin{bmatrix}\mathrm{e}^{-t} & \boldsymbol{0}\\ \boldsymbol{0} & \mathrm{e}^{-2t}\end{bmatrix}\boldsymbol{T}^{-1}=\begin{bmatrix}2\mathrm{e}^{-t}-\mathrm{e}^{-2t} & \mathrm{e}^{-t}-\mathrm{e}^{-2t}\\ -2\mathrm{e}^{-t}+2\mathrm{e}^{-2t} & -\mathrm{e}^{-t}+2\mathrm{e}^{-2t}\end{bmatrix}$

(2) 矩阵 A 有重特征值的情形

设系统有 q 个重特征值，其余 $n-q$ 个特征值分别为 $\lambda_{q+1},\lambda_{q+2},\cdots,\lambda_n$，即

$$\det(\lambda\boldsymbol{I}-\boldsymbol{A})=(\lambda-\lambda_1)^q(\lambda-\lambda_{q+1})\cdots(\lambda-\lambda_n)$$

则

$$\mathrm{e}^{\boldsymbol{A}t}=\boldsymbol{T}\left[\begin{array}{cccc|ccc}\mathrm{e}^{\lambda_1 t} & t\mathrm{e}^{\lambda_1 t} & \cdots & \dfrac{t^{q-1}\mathrm{e}^{\lambda_1 t}}{(q-1)!} & & & \\ & \mathrm{e}^{\lambda_1 t} & \ddots & \vdots & & & \\ & & \ddots & t\mathrm{e}^{\lambda_1 t} & & & \\ & & & \mathrm{e}^{\lambda_1 t} & & & \\ \hline & & & & \mathrm{e}^{\lambda_{q+1} t} & & \\ & & & & & \ddots & \\ & & & & & & \mathrm{e}^{\lambda_n t}\end{array}\right]\boldsymbol{T}^{-1}\quad(2.19)$$

例 2.4 已知矩阵 $\boldsymbol{A}=\begin{bmatrix}0 & 1 & 0\\0 & 0 & 1\\2 & -5 & 4\end{bmatrix}$，求 $\mathrm{e}^{\boldsymbol{A}t}$。

解： 由 $\det(\lambda\boldsymbol{I}-\boldsymbol{A})=(\lambda-1)^2(\lambda-2)=0$ 可得

$$\lambda_1=\lambda_2=1,\qquad \lambda_3=2$$

由系统特征值得出相应的特征矢量，从而

$$\boldsymbol{T}=\begin{bmatrix}1 & 0 & 1\\1 & 1 & 2\\1 & 2 & 4\end{bmatrix}$$

则

$$T^{-1}=\begin{bmatrix}-2 & 5 & -2\\ -2 & 3 & -1\\ 1 & -2 & 1\end{bmatrix}$$

故矩阵指数为

$$e^{At}=T\begin{bmatrix}e^{t} & te^{t} & 0\\ 0 & e^{t} & 0\\ 0 & 0 & e^{2t}\end{bmatrix}T^{-1}=$$

$$\begin{bmatrix}-2te^{t}+e^{2t} & 3te^{t}+2e^{t}-e^{2t} & -te^{t}-e^{t}+e^{2t}\\ -2te^{t}-2e^{t}+2e^{2t} & 3te^{t}+5e^{t}-4e^{2t} & -te^{t}-2e^{t}+2e^{2t}\\ -2te^{t}-4e^{t}+4e^{2t} & 3te^{t}+8e^{t}-8e^{2t} & -te^{t}-3e^{t}+4e^{2t}\end{bmatrix}$$

4. 凯莱-哈密顿(Cayley - Hamilton)定理法

设系统的特征方程为

$$f(\lambda)=|\lambda I-A|=\lambda^{n}+a_{n-1}\lambda^{n-1}+\cdots+a_{1}\lambda+a_{0}=0$$

凯莱-哈密顿定理指出,方阵 A 满足自身的特征方程,从而有

$$f(A)=A^{n}+a_{n-1}A^{n-1}+\cdots+a_{1}A+a_{1}I=0$$

由此有

$$A^{n}=-a_{n-1}A^{n-1}-\cdots-a_{1}A-a_{0}I=g_{1}(A,A^{2},\cdots,A^{n-1})$$

而

$$A^{n+1}=AA^{n}=g_{2}(A,A^{2},\cdots,A^{n-1})$$

$$A^{n+2}=AAA^{n}=g_{3}(A,A^{2},\cdots,A^{n-1})$$

$$\vdots$$

其中,$g_1,g_2\cdots$为一线性函数,所以 $e^{At}=I+At+\frac{1}{2!}A^{2}t^{2}+\cdots+\frac{1}{n!}A^{n}t^{n}+\cdots$中,所有高于 n 阶的项都可以用 $I,A,A^{2},\cdots,A^{n-2},A^{n-1}$ 线性表示,从而有

$$e^{At}=a_{0}(t)I+a_{1}(t)A+\cdots+a_{n-1}(t)A^{n-1}\tag{2.20}$$

(1) 若 A 的特征值互异,由矩阵 A 和系统特征值的互换性得

$$e^{\lambda_1 t}=a_{0}(t)+a_{1}(t)\lambda_{1}+\cdots+a_{n-1}(t)\lambda_{1}^{n-1}$$

$$e^{\lambda_2 t}=a_{0}(t)+a_{1}(t)\lambda_{2}+\cdots+a_{n-1}(t)\lambda_{2}^{n-1}$$

$$\vdots$$

$$e^{\lambda_n t}=a_{0}(t)+a_{1}(t)\lambda_{n}+\cdots+a_{n-1}(t)\lambda_{n}^{n-1}$$

从而有

$$\begin{bmatrix}a_{0}(t)\\ a_{1}(t)\\ \vdots\\ a_{n-1}(t)\end{bmatrix}=\begin{bmatrix}1 & \lambda_{1} & \cdots & \lambda_{1}^{n-1}\\ 1 & \lambda_{2} & \cdots & \lambda_{2}^{n-1}\\ \vdots & \vdots & \ddots & \vdots\\ 1 & \lambda_{n} & \cdots & \lambda_{n}^{n-1}\end{bmatrix}^{-1}\begin{bmatrix}e^{\lambda_1 t}\\ e^{\lambda_2 t}\\ \vdots\\ e^{\lambda_n t}\end{bmatrix}\tag{2.21}$$

得出 $a_i(t)$后，再代入 $e^{At}=a_0(t)\boldsymbol{I}+a_1(t)\boldsymbol{A}+\cdots+a_{n-1}(t)\boldsymbol{A}^{n-1}$ 可得出 e^{At}。

例 2.5 已知 $\boldsymbol{A}=\begin{bmatrix}0 & 1\\ -2 & -3\end{bmatrix}$，利用凯莱-哈密顿定理求 e^{At}。

解：矩阵 $\boldsymbol{A}$ 的特征方程为

$$|\lambda \boldsymbol{I}-\boldsymbol{A}|=\begin{vmatrix}\lambda & -1\\ 2 & \lambda+3\end{vmatrix}=(\lambda+1)(\lambda+2)=0$$

可得

$$\lambda_1=-1,\qquad \lambda_2=-2$$

矩阵 $\boldsymbol{A}$ 的维数 $n=2$，所以 $e^{At}=a_0(t)\boldsymbol{I}+a_1(t)\boldsymbol{A}$

利用凯莱-哈密顿定理，有

$$\begin{cases}e^{\lambda_1 t}=a_0(t)\boldsymbol{I}+a_1(t)\lambda_1\\ e^{\lambda_2 t}=a_0(t)\boldsymbol{I}+a_1(t)\lambda_2\end{cases}$$

解方程组得

$$\begin{bmatrix}a_0(t)\\ a_1(t)\end{bmatrix}=\begin{bmatrix}2e^{-t}-e^{-2t}\\ e^{-t}-e^{-2t}\end{bmatrix}$$

所以

$$e^{At}=a_0(t)\boldsymbol{I}+a_1(t)\boldsymbol{A}=$$

$$(2e^{-t}-e^{-2t})\begin{bmatrix}1 & 0\\ 0 & 1\end{bmatrix}+(e^{-t}-e^{-2t})\begin{bmatrix}0 & 1\\ -2 & -3\end{bmatrix}=\begin{bmatrix}2e^{-t}-e^{-2t} & e^{-t}-e^{-2t}\\ -2e^{-t}+2e^{-2t} & -e^{-t}+2e^{-2t}\end{bmatrix}$$

(2) 若 $\boldsymbol{A}$ 有 n 重特征值，为 λ_1 时，利用凯莱-哈密顿定理，则 λ_1 满足

$$e^{\lambda_1 t}=a_0(t)+a_1(t)\lambda_1+a_2(t)\lambda_1^2+\cdots+a_{n-1}(t)\lambda_1^{n-1}$$

需构造另 $n-1$ 个方程，将上式依次对 λ_1 求 $n-1$ 次导，得

$$te^{\lambda_1 t}=a_1(t)+2a_2(t)\lambda_1+\cdots+(n-1)a_{n-1}(t)\lambda_1^{n-2}$$

$$t^2e^{\lambda_1 t}=2a_2(t)+3!\ a_3(t)\lambda_1+\cdots+(n-1)(n-2)a_{n-1}(t)\lambda_1^{n-3}$$

$$\vdots$$

$$t^{n-1}e^{\lambda_1 t}=(n-1)!\ a_{n-1}(t)$$

利用上述 n 个方程，即可确定 n 个系数：

$$\begin{bmatrix}a_0(t)\\ a_1(t)\\ a_2(t)\\ \vdots\\ a_{n-1}(t)\end{bmatrix}=\begin{bmatrix}1 & \lambda_1 & \lambda_1^2 & \cdots & \lambda_1^{n-1}\\ 0 & 1 & 2\lambda_1 & \cdots & (n-1)\lambda_1^{n-2}\\ 0 & 0 & 1 & \cdots & \dfrac{(n-1)(n-2)}{2!}\lambda_1^{n-3}\\ \vdots & \vdots & \vdots & \ddots & \vdots\\ 0 & 0 & 0 & \cdots & 1\end{bmatrix}^{-1}\begin{bmatrix}e^{\lambda_1 t}\\ te^{\lambda_1 t}\\ \dfrac{1}{2!}t^2e^{\lambda_1 t}\\ \vdots\\ \dfrac{1}{(n-1)!}t^{n-1}e^{\lambda_1 t}\end{bmatrix} \tag{2.22}$$

从而把上面求得的系数 $a_i(t)$ 代入

$$e^{\boldsymbol{A}t}=a_0(t)+a_1(t)\boldsymbol{A}+a_2(t)\boldsymbol{A}^2+\cdots+a_{n-1}(t)\boldsymbol{A}^{n-1}$$

即可求得状态转移矩阵 $e^{\boldsymbol{A}t}$。

例 2.6　已知 $\boldsymbol{A}=\begin{bmatrix}4 & 1 & -2\\1 & 0 & 2\\1 & -1 & 3\end{bmatrix}$，求 $e^{\boldsymbol{A}t}$。

解：先求系统的特征值。

$\det(\lambda\boldsymbol{I}-\boldsymbol{A})=(\lambda-3)^2(\lambda-1)=0$，可得 $\lambda_1=\lambda_2=3,\lambda_3=1$。

系统为三阶，利用凯莱-哈密顿定理并构造方程，得

$$e^{\lambda_1 t}=a_0(t)+a_1(t)\lambda_1+a_2(t)\lambda_1^2$$

$$te^{\lambda_1 t}=a_1(t)+2a_2(t)\lambda_1$$

$$e^{\lambda_3 t}=a_0(t)+a_1(t)\lambda_3+a_2(t)\lambda_3^2$$

由此有

$$\begin{bmatrix}a_0(t)\\a_1(t)\\a_2(t)\end{bmatrix}=\begin{bmatrix}1 & \lambda_1 & \lambda_1^2\\0 & 1 & 2\lambda_1\\1 & \lambda_3 & \lambda_3^2\end{bmatrix}^{-1}\begin{bmatrix}e^{\lambda_1 t}\\te^{\lambda_1 t}\\e^{\lambda_2 t}\end{bmatrix}=$$

$$\begin{bmatrix}1 & 3 & 9\\0 & 1 & 6\\1 & 1 & 1\end{bmatrix}^{-1}\begin{bmatrix}e^{3t}\\te^{3t}\\e^{t}\end{bmatrix}=\begin{bmatrix}-\frac{5}{4}e^{3t}+\frac{3}{2}te^{3t}+\frac{9}{4}e^{t}\\ \frac{3}{2}e^{3t}-2te^{3t}-\frac{3}{2}e^{t}\\ -\frac{1}{4}e^{3t}+\frac{1}{2}te^{3t}+\frac{1}{4}e^{t}\end{bmatrix}$$

所以状态转移矩阵为

$$e^{\boldsymbol{A}t}=a_0(t)\boldsymbol{I}+a_1(t)\boldsymbol{A}+a_2(t)\boldsymbol{A}^2=$$

$$a_0(t)\begin{bmatrix}1 & 0 & 0\\0 & 1 & 0\\0 & 0 & 1\end{bmatrix}+a_1(t)\begin{bmatrix}4 & 1 & -2\\1 & 0 & 2\\1 & -1 & 3\end{bmatrix}+a_2(t)\begin{bmatrix}4 & 1 & -2\\1 & 0 & 2\\1 & -1 & 3\end{bmatrix}^2=$$

$$\begin{bmatrix}e^{3t}+te^{3t} & te^{3t} & -2e^{3t}\\te^{3t} & -e^{3t}+te^{3t}+2e^{t} & 2e^{3t}-2te^{3t}-2e^{t}\\te^{3t} & -e^{3t}+te^{3t}+e^{t} & 2e^{3t}-2te^{3t}-e^{t}\end{bmatrix}$$

2.3　线性定常系统非齐次方程的解

线性定常系统

$$\dot{\boldsymbol{x}}=\boldsymbol{A}\boldsymbol{x}+\boldsymbol{B}u \tag{2.23}$$

称为非齐次状态方程，从物理意义上看，系统从 t_0 时刻的初始状态，在外力控制 $u(t)$ 作用下运动，要求系统在 t 时刻的状态 $\boldsymbol{x}(t)$，就必须对式(2.23)进行求解。

1. 积分因子法

非齐次状态方程的解可求解如下：

将式(2.23)写为 $\dot{\boldsymbol{x}}-\boldsymbol{A}\boldsymbol{x}=\boldsymbol{B}u$

在等式两边同时左乘 $\mathrm{e}^{-\boldsymbol{A}t}$，得

$$\mathrm{e}^{-\boldsymbol{A}t}\left[\dot{\boldsymbol{x}}(t)-\boldsymbol{A}\boldsymbol{x}(t)\right]=\mathrm{e}^{-\boldsymbol{A}t}\boldsymbol{B}u(t)$$

即

$$\frac{\mathrm{d}}{\mathrm{d}t}\left[\mathrm{e}^{-\boldsymbol{A}t}\boldsymbol{x}(t)\right]=\mathrm{e}^{-\boldsymbol{A}t}\boldsymbol{B}u(t) \tag{2.24}$$

对上式两边在闭区间 $[t,t_0]$ 上积分，得

$$\int_{t_0}^{t}\frac{\mathrm{d}}{\mathrm{d}t}\left[\mathrm{e}^{-\boldsymbol{A}t}\boldsymbol{x}(t)\right]\mathrm{d}t=\mathrm{e}^{-\boldsymbol{A}t}\boldsymbol{x}(t)-\mathrm{e}^{-\boldsymbol{A}t_0}\boldsymbol{x}(t_0)=\int_{t_0}^{t}\mathrm{e}^{-\boldsymbol{A}\tau}\boldsymbol{B}u(\tau)\mathrm{d}\tau$$

即

$$\mathrm{e}^{-\boldsymbol{A}t}\boldsymbol{x}(t)=\mathrm{e}^{-\boldsymbol{A}t_0}\boldsymbol{x}(t_0)+\int_{t_0}^{t}\mathrm{e}^{-\boldsymbol{A}\tau}\boldsymbol{B}u(\tau)\mathrm{d}\tau$$

整理后可得

$$\boldsymbol{x}(t)=\mathrm{e}^{\boldsymbol{A}(t-t_0)}\boldsymbol{x}(t_0)+\int_{t_0}^{t}\mathrm{e}^{\boldsymbol{A}(t-\tau)}\boldsymbol{B}u(\tau)\mathrm{d}\tau$$

或

$$\boldsymbol{x}(t)=\boldsymbol{\Phi}(t-t_0)\boldsymbol{x}(t_0)+\int_{t_0}^{t}\boldsymbol{\Phi}(t-\tau)\boldsymbol{B}u(\tau)\mathrm{d}\tau \tag{2.25}$$

当初始时刻 $t_0=0$ 时，非齐次状态方程(2.23)的解为

$$\boldsymbol{x}(t)=\mathrm{e}^{\boldsymbol{A}t}\boldsymbol{x}(0)+\int_{0}^{t}\mathrm{e}^{\boldsymbol{A}(t-\tau)}\boldsymbol{B}u(\tau)\mathrm{d}\tau$$

或

$$\boldsymbol{x}(t)=\boldsymbol{\Phi}(t)\boldsymbol{x}(0)+\int_{0}^{t}\boldsymbol{\Phi}(t-\tau)\boldsymbol{B}u(\tau)\mathrm{d}\tau \tag{2.26}$$

从系统实际的物理含义上来说，非齐次状态方程的解＝自由运动＋强迫运动，也可表示为全响应＝零输入响应＋零状态响应。对线性定常系统非齐次状态方程的解，也可通过反拉氏变换法求解。

2. 反拉氏变换法

对系统非齐次状态方程 $\dot{\boldsymbol{x}}=\boldsymbol{A}\boldsymbol{x}+\boldsymbol{B}u$ 两边进行拉氏变换，有

$$s\boldsymbol{X}(s)-\boldsymbol{x}(0)=\boldsymbol{A}\boldsymbol{X}(s)+\boldsymbol{B}U(s)$$

即

$$(s\boldsymbol{I}-\boldsymbol{A})\boldsymbol{X}(s)=\boldsymbol{x}(0)+\boldsymbol{B}U(s)$$

整理得

$$\boldsymbol{X}(s)=(s\boldsymbol{I}-\boldsymbol{A})^{-1}\boldsymbol{x}(0)+(s\boldsymbol{I}-\boldsymbol{A})^{-1}\boldsymbol{B}U(s)$$

对两边进行反拉氏变换，得

$$x(t)=\mathrm{L}^{-1}\left[(s\boldsymbol{I}-\boldsymbol{A})^{-1}\boldsymbol{x}(0)\right]+\mathrm{L}^{-1}\left[(s\boldsymbol{I}-\boldsymbol{A})^{-1}\boldsymbol{B}U(s)\right] \tag{2.27}$$

例 2.7 已知系统方程为

$$\dot{\boldsymbol{x}}=\begin{bmatrix}0 & 1\\ -2 & -3\end{bmatrix}\boldsymbol{x}+\begin{bmatrix}0\\ 1\end{bmatrix}u,\qquad \boldsymbol{x}(0)=\begin{bmatrix}1\\ 1\end{bmatrix}$$

$$y=\begin{bmatrix}1 & 2\end{bmatrix}\boldsymbol{x}$$

求当 $u(t)=1(t)$ 时的系统状态响应。

解：例题 2.5 已经得出

$$\mathrm{e}^{\boldsymbol{A}t}=\begin{bmatrix}2\mathrm{e}^{-t}-\mathrm{e}^{-2t} & \mathrm{e}^{-t}-\mathrm{e}^{-2t}\\ -2\mathrm{e}^{-t}+\mathrm{e}^{-2t} & -\mathrm{e}^{-t}+2\mathrm{e}^{-2t}\end{bmatrix}$$

求出系统的零状态响应

$$\int_0^t \mathrm{e}^{\boldsymbol{A}(t-\tau)}\boldsymbol{B}u(\tau)\mathrm{d}\tau=\begin{bmatrix}\int_0^t[\mathrm{e}^{-(t-\tau)}-\mathrm{e}^{-2(t-\tau)}]\mathrm{d}\tau\\ \int_0^t[-\mathrm{e}^{-(t-\tau)}+2\mathrm{e}^{-2(t-\tau)}]\mathrm{d}\tau\end{bmatrix}=\begin{bmatrix}\frac{1}{2}-\mathrm{e}^{-t}+\frac{1}{2}\mathrm{e}^{-2t}\\ \mathrm{e}^{-t}-\mathrm{e}^{-2t}\end{bmatrix}$$

代入式(2.26)中得

$$\boldsymbol{x}(t)=\mathrm{e}^{\boldsymbol{A}t}\boldsymbol{x}(0)+\int_0^t \mathrm{e}^{\boldsymbol{A}(t-\tau)}\boldsymbol{B}u(\tau)\mathrm{d}\tau=$$

$$\begin{bmatrix}2\mathrm{e}^{-t}-\mathrm{e}^{-2t} & \mathrm{e}^{-t}-\mathrm{e}^{-2t}\\ -2\mathrm{e}^{-t}+\mathrm{e}^{-2t} & -\mathrm{e}^{-t}+2\mathrm{e}^{-2t}\end{bmatrix}\begin{bmatrix}1\\1\end{bmatrix}+\begin{bmatrix}\frac{1}{2}-\mathrm{e}^{-t}+\frac{1}{2}\mathrm{e}^{-2t}\\ \mathrm{e}^{-t}-\mathrm{e}^{-2t}\end{bmatrix}=\begin{bmatrix}\frac{1}{2}+2\mathrm{e}^{-t}+\frac{3}{2}\mathrm{e}^{-2t}\\ \mathrm{e}^{-2t}-\mathrm{e}^{-t}\end{bmatrix}$$

2.4　线性时变系统状态方程的解

一个系统在零初始条件下其输出响应与输入信号施加于系统的时间起点无关，则将该系统称为非时变系统；否则称为时变系统，又称变系数系统。

严格说来，实际控制对象都是时变系统，其系统结构或参数随时间变化。如电机的温升导致电阻以及系统的数学模型变化；电子器件的老化使其特性也发生变化；火箭燃料的消耗导致其质量以及运动方程的参数的变化等。但是，由于时变系统的数学模型较复杂，且不易于系统分析、优化和控制，因此只要实际工程允许，都可将慢时变系统在一定范围内近似地作为定常系统处理。但对控制目标要求较高的高精度控制系统须作为时变系统处理。

时变系统的判别方法可以从以下两方面考虑：

(1) 从电路分析上看，原件的参数值是否随时间而变；

(2) 从方程上看，系数是否随时间而变。

2.4.1　线性时变系统齐次方程的解

线性时变系统的齐次状态方程为

$$\dot{\boldsymbol{x}}(t)=\boldsymbol{A}(t)\boldsymbol{x}(t) \tag{2.28}$$

求解过程先讨论标量时变系统的解，然后推广到矢量方程看其需要满足的条件。

标量时变系统

$$\dot{x}(t)=a(t)x(t)$$

即
$$\frac{\mathrm{d}x(t)}{\mathrm{d}t}=a(t)x(t)$$

采用变量分离法将含有 $x(t)$ 的量放在一边，则
$$\frac{\mathrm{d}x(t)}{x(t)}=a(t)\mathrm{d}t$$

对上式两边在闭区间 $[t,t_0]$ 上积分得
$$\ln x(t)\Big|_{t_0}^{t}=\int_{t_0}^{t}a(\tau)\mathrm{d}\tau$$

因此
$$x(t)=\mathrm{e}^{\int_{t_0}^{t}a(\tau)\mathrm{d}\tau}x(t_0) \tag{2.29}$$

或写为
$$x(t)=\exp\left[\int_{t_0}^{t}a(\tau)\mathrm{d}\tau\right]x(t_0) \tag{2.30}$$

参照线性定常系统，设 $\boldsymbol{\Phi}(t,t_0)=\mathrm{e}^{\int_{t_0}^{t}a(\tau)\mathrm{d}\tau}$ 作为状态转移矩阵。则推广到多变量系统情形，即为
$$\boldsymbol{x}(t)=\boldsymbol{\Phi}(t,t_0)\boldsymbol{x}(t_0)=\mathrm{e}^{\int_{t_0}^{t}\boldsymbol{A}(\tau)\mathrm{d}\tau}\boldsymbol{x}(t_0) \tag{2.31}$$

现考虑如果式(2.31)为时变系统 $\dot{\boldsymbol{x}}(t)=\boldsymbol{A}(t)\boldsymbol{x}(t)$ 的解则需满足的条件。

将式(2.31)代入 $\dot{\boldsymbol{x}}(t)=\boldsymbol{A}(t)\boldsymbol{x}(t)$，有
$$\frac{\mathrm{d}}{\mathrm{d}t}\exp\left[\int_{t_0}^{t}\boldsymbol{A}(\tau)\mathrm{d}\tau\right]=\boldsymbol{A}(t)\exp\left[\int_{t_0}^{t}\boldsymbol{A}(\tau)\mathrm{d}\tau\right] \tag{2.32}$$

把 $\exp\left[\int_{t_0}^{t}\boldsymbol{A}(\tau)\mathrm{d}\tau\right]$ 展开成幂级数得
$$\exp\left[\int_{t_0}^{t}\boldsymbol{A}(\tau)\mathrm{d}\tau\right]=\boldsymbol{I}+\int_{t_0}^{t}\boldsymbol{A}(\tau)\mathrm{d}\tau+\frac{1}{2!}\int_{t_0}^{t}\boldsymbol{A}(\tau)\mathrm{d}\tau\int_{t_0}^{t}\boldsymbol{A}(\tau)\mathrm{d}\tau+\cdots \tag{2.33}$$

式(2.33)两边对时间求导得
$$\frac{\mathrm{d}}{\mathrm{d}t}\exp\left[\int_{t_0}^{t}\boldsymbol{A}(\tau)\mathrm{d}\tau\right]=\boldsymbol{A}(t)+\frac{1}{2}\boldsymbol{A}(t)\int_{t_0}^{t}\boldsymbol{A}(\tau)\mathrm{d}\tau+\frac{1}{2!}\int_{t_0}^{t}\boldsymbol{A}(\tau)\mathrm{d}\tau\boldsymbol{A}(t)+\cdots$$

式(2.33)两边左乘 $\boldsymbol{A}(t)$，有
$$\boldsymbol{A}(t)\exp\left[\int_{t_0}^{t}\boldsymbol{A}(\tau)\mathrm{d}\tau\right]=\boldsymbol{A}(t)+\boldsymbol{A}(t)\int_{t_0}^{t}\boldsymbol{A}(\tau)\mathrm{d}\tau+\cdots \tag{2.34}$$

比较式(2.33)和式(2.34)可知
$$\boldsymbol{A}(t)\int_{t_0}^{t}\boldsymbol{A}(\tau)\mathrm{d}\tau=\int_{t_0}^{t}\boldsymbol{A}(\tau)\mathrm{d}\tau\boldsymbol{A}(t) \tag{2.35}$$

即
$$\int_{t_0}^{t}[\boldsymbol{A}(t)\boldsymbol{A}(\tau)-\boldsymbol{A}(\tau)\boldsymbol{A}(t)]\mathrm{d}\tau=0$$

也就是说，对于任意时刻 t_1,t_2 有
$$\boldsymbol{A}(t_1)\boldsymbol{A}(t_2)=\boldsymbol{A}(t_2)\boldsymbol{A}(t_1) \tag{2.36}$$

结论：对于线性时变系统齐次状态方程 $\dot{\boldsymbol{x}}(t)=\boldsymbol{A}(t)\boldsymbol{x}(t)$。

(1) 当 $\boldsymbol{A}(t)$ 与 $\int_{t_0}^{t}\boldsymbol{A}(\tau)\mathrm{d}\tau$ 满足矩阵乘法可交换条件

$$\boldsymbol{A}(t)\int_{t_0}^{t}\boldsymbol{A}(\tau)\mathrm{d}\tau=\int_{t_0}^{t}\boldsymbol{A}(\tau)\mathrm{d}\tau\boldsymbol{A}(t)$$

或
$$\boldsymbol{A}(t_1)\boldsymbol{A}(t_2)=\boldsymbol{A}(t_2)\boldsymbol{A}(t_1)$$

时，系统状态方程的解为

$$\boldsymbol{x}(t)=\exp\left[\int_{t_0}^{t}\boldsymbol{A}(\tau)\mathrm{d}\tau\right]\boldsymbol{x}(t_0)$$

(2) 当不满足交换条件时，系统状态方程的解为

$$\begin{aligned}\boldsymbol{x}(t)=\boldsymbol{\Phi}(t,t_0)\boldsymbol{x}(t_0)=&\\ &\left[\boldsymbol{I}+\int_{t_0}^{t}\boldsymbol{A}(\tau)\mathrm{d}\tau+\int_{t_0}^{t}\boldsymbol{A}(\tau_1)\int_{t_0}^{\tau_1}\boldsymbol{A}(\tau_2)\mathrm{d}\tau_1\mathrm{d}\tau_2+\right.\\ &\left.\int_{t_0}^{t}\boldsymbol{A}(\tau_1)\int_{t_0}^{\tau_1}\boldsymbol{A}(\tau_2)\int_{t_0}^{\tau_2}\boldsymbol{A}(\tau_3)\mathrm{d}\tau_1\mathrm{d}\tau_2\mathrm{d}\tau_3+\cdots\right]\boldsymbol{x}(t_0)\end{aligned}\tag{2.37}$$

式(2.37)一般情况下不能写成封闭形式，可按照一定的精度要求，采用数值计算的方法近似求得。该式的证明只需要验证 Peano - Baker(皮亚诺-贝克)级数

$$\begin{aligned}\boldsymbol{\Phi}(t,t_0)=\boldsymbol{I}+\int_{t_0}^{t}\boldsymbol{A}(\tau)\mathrm{d}\tau+\int_{t_0}^{t}\boldsymbol{A}(\tau_1)\int_{t_0}^{\tau_1}\boldsymbol{A}(\tau_2)\mathrm{d}\tau_1\mathrm{d}\tau_2+\\ \int_{t_0}^{t}\boldsymbol{A}(\tau_1)\int_{t_0}^{\tau_1}\boldsymbol{A}(\tau_2)\int_{t_0}^{\tau_2}\boldsymbol{A}(\tau_3)\mathrm{d}\tau_1\mathrm{d}\tau_2\mathrm{d}\tau_3+\cdots\end{aligned}$$

满足状态转移矩阵的性质

$$\dot{\boldsymbol{\Phi}}(t,t_0)=\boldsymbol{A}\boldsymbol{\Phi}(t,t_0)\qquad 和\qquad \boldsymbol{\Phi}(t_0,t_0)=\boldsymbol{I}$$

例 2.8 求解系统状态方程 $\dot{\boldsymbol{x}}=\begin{bmatrix}0 & \dfrac{1}{(t+1)^2}\\ 0 & 0\end{bmatrix}\boldsymbol{x}$，$\boldsymbol{x}(0)=\begin{bmatrix}0\\1\end{bmatrix}$。

解：由于满足条件

$$\boldsymbol{A}(t_1)\boldsymbol{A}(t_2)=\begin{bmatrix}0 & \dfrac{1}{(t_1+1)^2}\\ 0 & 0\end{bmatrix}\begin{bmatrix}0 & \dfrac{1}{(t_2+1)^2}\\ 0 & 0\end{bmatrix}=0=\boldsymbol{A}(t_2)\boldsymbol{A}(t_1)$$

故

$$\begin{aligned}\boldsymbol{\Phi}(t,t_0)=&\exp\int_{t_0}^{t}\boldsymbol{A}(\tau)\mathrm{d}\tau=\boldsymbol{I}+\int_{t_0}^{t}\boldsymbol{A}(\tau)\mathrm{d}\tau+\frac{1}{2!}\left[\int_{t_0}^{t}\boldsymbol{A}(\tau)\mathrm{d}\tau\right]^2+\\ &\frac{1}{3!}\left[\int_{t_0}^{t}\boldsymbol{A}(\tau)\mathrm{d}\tau\right]^3+\cdots=\boldsymbol{I}+\begin{bmatrix}0 & \dfrac{t-t_0}{(t+1)(t_0+1)}\\ 0 & 0\end{bmatrix}+\\ &\frac{1}{2!}\begin{bmatrix}0 & \dfrac{t-t_0}{(t+1)(t_0+1)}\\ 0 & 0\end{bmatrix}^2+\cdots\end{aligned}$$

又因为

$$\begin{bmatrix} 0 & \dfrac{t-t_0}{(t+1)(t_0+1)} \\ 0 & 0 \end{bmatrix}^k = 0, \qquad k=2,3,\cdots$$

从而 $$\boldsymbol{\Phi}(t-t_0)=\boldsymbol{I}+\begin{bmatrix} 0 & \dfrac{t-t_0}{(t+1)(t_0+1)} \\ 0 & 0 \end{bmatrix}=\begin{bmatrix} 1 & \dfrac{t-t_0}{(t+1)(t_0+1)} \\ 0 & 1 \end{bmatrix}$$

故 $$\boldsymbol{x}(t)=\boldsymbol{\Phi}(t,t_0)\boldsymbol{x}(t_0)=\begin{bmatrix} \dfrac{t}{t+1} \\ 1 \end{bmatrix}$$

例 2.9 求解系统状态方程为 $\dot{\boldsymbol{x}}=\begin{bmatrix} 0 & 1 \\ 0 & t \end{bmatrix}\boldsymbol{x}$。

解:由于对任意时间 t_1,t_2 有

$$\boldsymbol{A}(t_1)\boldsymbol{A}(t_2)=\begin{bmatrix} 0 & 1 \\ 0 & t_1 \end{bmatrix}\begin{bmatrix} 0 & 1 \\ 0 & t_2 \end{bmatrix}=\begin{bmatrix} 0 & t_2 \\ 0 & t_1t_2 \end{bmatrix}$$

$$\boldsymbol{A}(t_2)\boldsymbol{A}(t_1)=\begin{bmatrix} 0 & 1 \\ 0 & t_2 \end{bmatrix}\begin{bmatrix} 0 & 1 \\ 0 & t_1 \end{bmatrix}=\begin{bmatrix} 0 & t_1 \\ 0 & t_1t_2 \end{bmatrix}$$

比较以上两式,有

$$\boldsymbol{A}(t_1)\boldsymbol{A}(t_2)\neq\boldsymbol{A}(t_2)\boldsymbol{A}(t_1)$$

即不满足可交换条件,时变系统的状态转移矩阵可按式(2.37)求解。

时变系统的状态转移矩阵

$$\boldsymbol{\Phi}(t,t_0)=\boldsymbol{I}+\int_{t_0}^{t}\boldsymbol{A}(\tau)\mathrm{d}\tau+\int_{t_0}^{t}\boldsymbol{A}(\tau_1)\int_{t_0}^{\tau_1}\boldsymbol{A}(\tau_2)\mathrm{d}\tau_1\mathrm{d}\tau_2+\cdots=$$

$$\boldsymbol{I}+\begin{bmatrix} 0 & t-t_0 \\ 0 & \dfrac{1}{2}(t^2-t_0^2) \end{bmatrix}+\begin{bmatrix} 0 & \dfrac{1}{6}(t-t_0)^2(t+2t_0) \\ 0 & \dfrac{1}{8}(t^2-t_0^2)^2 \end{bmatrix}+\cdots=$$

$$\begin{bmatrix} 1 & (t-t_0)+\dfrac{1}{6}(t-t_0)^2(t+2t_0)+\cdots \\ 0 & 1+\dfrac{1}{2}(t^2-t_0^2)+\dfrac{1}{8}(t^2-t_0^2)^2+\cdots \end{bmatrix}$$

时变系统状态方程的解为

$$\boldsymbol{x}(t)=\boldsymbol{\Phi}(t,t_0)\boldsymbol{x}(t_0)=\begin{bmatrix} 1 & (t-t_0)+\dfrac{1}{6}(t-t_0)^2(t+2t_0)+\cdots \\ 0 & 1+\dfrac{1}{2}(t^2-t_0^2)+\dfrac{1}{8}(t^2-t_0^2)^2+\cdots \end{bmatrix}\boldsymbol{x}(t_0)$$

2.4.2 状态转移矩阵的性质

与线性定常系统的转移矩阵类似，同样有

(1) $\boldsymbol{\Phi}(t_2,t_1)\boldsymbol{\Phi}(t_1,t_0)=\boldsymbol{\Phi}(t_2,t_0)$。

(2) $\boldsymbol{\Phi}(t,t)=\boldsymbol{I}$。

(3) $\boldsymbol{\Phi}(t,t_0)=\boldsymbol{\Phi}^{-1}(t_0,t)$。

(4) $\dot{\boldsymbol{\Phi}}(t,t_0)=\boldsymbol{A}\boldsymbol{\Phi}(t,t_0)$(注：不可交换)。

2.4.3 线性时变系统非齐次方程的解

线性时变系统非齐次方程为

$$\dot{\boldsymbol{x}}(t)=\boldsymbol{A}(t)\boldsymbol{x}(t)+\boldsymbol{B}(t)u(t) \tag{2.38}$$

设 $\boldsymbol{A}(t)$和 $\boldsymbol{B}(t)$的元素在$[t_0,t_f]$内分段连续，则非齐次状态方程的解为

$$\boldsymbol{x}(t)=\boldsymbol{\Phi}(t,t_0)\boldsymbol{x}(t_0)+\int_{t_0}^{t}\boldsymbol{\Phi}(t,\tau)\boldsymbol{B}(\tau)u(\tau)\mathrm{d}\tau \tag{2.39}$$

证明： 利用如下积分公式

$$\frac{\partial}{\partial t}\int_{t_0}^{t}f(t,\tau)\mathrm{d}\tau=f(t,\tau)\big|_{\tau=t}+\int_{t_0}^{t}\frac{\mathrm{d}}{\mathrm{d}t}f(t,\tau)\mathrm{d}\tau$$

并考虑状态转移矩阵的性质，有

$$\frac{\mathrm{d}\boldsymbol{x}(t)}{\mathrm{d}t}=\frac{\partial}{\partial t}\boldsymbol{\Phi}(t,t_0)\boldsymbol{x}(t_0)+\frac{\partial}{\partial t}\int_{t_0}^{t}\boldsymbol{\Phi}(t,\tau)\boldsymbol{B}(\tau)u(\tau)\mathrm{d}\tau=$$

$$\boldsymbol{A}(t)\boldsymbol{\Phi}(t,t_0)\boldsymbol{x}(t_0)+\left[\boldsymbol{\Phi}(t,\tau)\boldsymbol{B}(\tau)u(\tau)\right]\big|_{\tau=t}+\int_{t_0}^{t}\frac{\partial}{\partial t}\left[\boldsymbol{\Phi}(t,\tau)\boldsymbol{B}(\tau)u(\tau)\right]\mathrm{d}\tau=$$

$$\boldsymbol{A}(t)\boldsymbol{\Phi}(t,t_0)\boldsymbol{x}(t_0)+\boldsymbol{\Phi}(t,t)\boldsymbol{B}(t)u(t)+\int_{t_0}^{t}\boldsymbol{A}(t)\boldsymbol{\Phi}(t,\tau)\boldsymbol{B}(\tau)u(\tau)\mathrm{d}\tau=$$

$$\boldsymbol{A}(t)\boldsymbol{\Phi}(t,t_0)\boldsymbol{x}(t_0)+\boldsymbol{B}(t)u(t)+\boldsymbol{A}(t)\int_{t_0}^{t}\boldsymbol{\Phi}(t,\tau)\boldsymbol{B}(\tau)u(\tau)\mathrm{d}\tau=$$

$$\boldsymbol{A}(t)\left[\boldsymbol{\Phi}(t,t_0)\boldsymbol{x}(t_0)+\int_{t_0}^{t}\boldsymbol{\Phi}(t,\tau)\boldsymbol{B}(\tau)u(\tau)\mathrm{d}\tau\right]+\boldsymbol{B}(t)u(t)=$$

$$\boldsymbol{A}(t)\boldsymbol{x}(t)+\boldsymbol{B}(t)u(t)$$

当 $t=t_0$ 时，有

$$\boldsymbol{x}(t_0)=\boldsymbol{\Phi}(t_0,t_0)\boldsymbol{x}(t_0)+\int_{t_0}^{t_0}\boldsymbol{\Phi}(t,\tau)\boldsymbol{B}(\tau)u(\tau)\mathrm{d}\tau=\boldsymbol{x}(t_0)$$

证毕。

例 2.10 线性时变系统状态方程为

$$\dot{\boldsymbol{x}}=\begin{bmatrix}0 & t\\ 0 & \mathrm{e}^{-t}\end{bmatrix}\boldsymbol{x}+\begin{bmatrix}0 & 0\\ 0 & 1\end{bmatrix}u,\qquad y=\begin{bmatrix}0 & 1\end{bmatrix}\boldsymbol{x}$$

求其解。

解： 若 $t_0=0$，$x(t_0)=0$，$u=1(t)$，则因为

$$A(t_1)A(t_2)=\begin{bmatrix}0 & t_1\\0 & e^{-t_1}\end{bmatrix}\begin{bmatrix}0 & t_2\\0 & e^{-t_2}\end{bmatrix}=\begin{bmatrix}0 & t_1e^{-t_2}\\0 & e^{-t_1}e^{-t_2}\end{bmatrix}$$

$$A(t_2)A(t_1)=\begin{bmatrix}0 & t_2\\0 & e^{-t_2}\end{bmatrix}\begin{bmatrix}0 & t_1\\0 & e^{-t_1}\end{bmatrix}=\begin{bmatrix}0 & t_2e^{-t_1}\\0 & e^{-t_1}e^{-t_2}\end{bmatrix}$$

可知

$$A(t_1)A(t_2)\neq A(t_2)A(t_1)$$

不满足可交换条件,时变系统状态转移矩阵可按级数近似计算,即

$$\boldsymbol{\Phi}(t,t_0)=\boldsymbol{I}+\int_{t_0}^{t}A(\tau)d\tau+\int_{t_0}^{t}A(\tau_1)\int_{t_0}^{\tau_1}A(\tau_2)d\tau_1d\tau_2+\int_{t_0}^{t}A(\tau_1)\int_{t_0}^{\tau_1}A(\tau_2)\int_{t_0}^{\tau_2}A(\tau_3)d\tau_1d\tau_2d\tau_3+\cdots$$

由

$$\int_0^t A(\tau)d\tau=\int_0^t\begin{bmatrix}0 & \tau\\0 & e^{-\tau}\end{bmatrix}d\tau=\begin{bmatrix}0 & \frac{1}{2}t^2\\0 & 1-e^{-t}\end{bmatrix}$$

$$\int_0^t A(\tau_1)\int_0^{\tau_1}A(\tau_2)d\tau_1d\tau_2=$$

$$\int_0^t\begin{bmatrix}0 & \tau_1\\0 & e^{-\tau_1}\end{bmatrix}\int_0^{\tau_1}\begin{bmatrix}0 & \tau_2\\0 & e^{-\tau_2}\end{bmatrix}d\tau_1d\tau_2=\begin{bmatrix}0 & \frac{1}{2}t^2+te^{-t}+e^{-t}-1\\0 & \frac{1}{2}-e^{-t}+\frac{1}{2}e^{-2t}\end{bmatrix}$$

线性时变系统的状态转移矩阵为

$$\boldsymbol{\Phi}(t,0)=\begin{bmatrix}1 & t^2+te^{-t}+e^{-t}-1+\cdots\\0 & \frac{5}{2}-2e^{-t}+\frac{1}{2}e^{-2t}+\cdots\end{bmatrix}$$

线性时变系统非齐次状态方程的解为

$$\boldsymbol{x}(t)=\boldsymbol{\Phi}(t,0)\boldsymbol{x}(0)+\int_0^t\boldsymbol{\Phi}(t,\tau)\boldsymbol{B}(\tau)u(\tau)d\tau=$$

$$\int_0^t\begin{bmatrix}1 & (t-\tau)^2+(t-\tau)e^{-(t-\tau)}+e^{-(t-\tau)}-1+\cdots\\0 & \frac{5}{2}-2e^{-(t-\tau)}+\frac{1}{2}e^{-2(t-\tau)}+\cdots\end{bmatrix}\begin{bmatrix}0 & 0\\0 & 1\end{bmatrix}\begin{bmatrix}1\\1\end{bmatrix}d\tau=$$

$$\begin{bmatrix}\frac{1}{3}t^3-t+2-2e^{-t}-te^{-t}+\cdots\\\frac{5}{2}t-\frac{7}{4}+2e^{-t}-\frac{1}{4}e^{-2t}+\cdots\end{bmatrix}$$

2.5 离散时间系统的状态空间分析

2.5.1 连续系统状态空间方程的离散化

无论是采用数字机分析连续时间系统运动行为还是采用离散装置控制连续时间受控系统，都需要把连续系统化为离散系统。在经典控制中，需要将连续系统的传递函数离散化为脉冲传递函数；在状态空间分析法中，则需要把连续系统的状态空间方程离散化为离散系统的状态空间方程。

1. 线性定常连续系统离散化

线性定常连续系统状态方程为

$$\dot{\boldsymbol{x}} = \boldsymbol{A}\boldsymbol{x} + \boldsymbol{B}u$$
$$y = \boldsymbol{C}\boldsymbol{x} + \boldsymbol{D}u$$

离散化后状态空间表达式为

$$\begin{aligned} &\boldsymbol{x}[(k+1)T] = \boldsymbol{G}(T)\boldsymbol{x}(kT) + \boldsymbol{H}(T)u(kT) \\ &y(kT) = \boldsymbol{C}\boldsymbol{x}(kT) + \boldsymbol{D}u(kT) \end{aligned} \tag{2.40}$$

离散化过程如下，连续系统状态方程的解为

$$\boldsymbol{x}(t) = \mathrm{e}^{\boldsymbol{A}(t-t_0)}\boldsymbol{x}(t_0) + \int_{t_0}^{t} \mathrm{e}^{\boldsymbol{A}(t-\tau)}\boldsymbol{B}u(\tau)\mathrm{d}\tau$$

令 $t_0 = kT, t = (k+1)T, u(t) = u(kT)$，则

$$\begin{aligned} \boldsymbol{x}[(k+1)T] &= \mathrm{e}^{\boldsymbol{A}T}\boldsymbol{x}(kT) + \int_{kT}^{(k+1)T} \mathrm{e}^{\boldsymbol{A}(kT+T-\tau)}\boldsymbol{B}u(\tau)\mathrm{d}\tau = \\ &\mathrm{e}^{\boldsymbol{A}T}\boldsymbol{x}(kT) + \int_{kT}^{(k+1)T} \mathrm{e}^{\boldsymbol{A}(kT+T-\tau)}\boldsymbol{B}\mathrm{d}\tau \times u(kT) \end{aligned} \tag{2.41}$$

进行两次积分变换，有

$$\begin{aligned} \boldsymbol{x}[(k+1)T] &= \mathrm{e}^{\boldsymbol{A}T}\boldsymbol{x}(kT) + \int_{kT}^{(k+1)T} \mathrm{e}^{\boldsymbol{A}(kT+T-\tau)}\boldsymbol{B}\mathrm{d}\tau \times u(kT) = \\ &\mathrm{e}^{\boldsymbol{A}T}\boldsymbol{x}(kT) + \int_{0}^{T} \mathrm{e}^{\boldsymbol{A}t}\boldsymbol{B}\mathrm{d}t \times u(kT) \end{aligned} \tag{2.42}$$

令 $\boldsymbol{G}(T) = \mathrm{e}^{\boldsymbol{A}T}, \boldsymbol{H}(T) = \int_0^T \mathrm{e}^{\boldsymbol{A}t}\boldsymbol{B}\mathrm{d}t$，则式(2.42)可表示为

$$\boldsymbol{x}[(k+1)T] = \boldsymbol{G}(T)\boldsymbol{x}(kT) + \boldsymbol{H}(T)u(kT)$$

输出方程为

$$\boldsymbol{y}(kT) = \boldsymbol{C}\boldsymbol{x}(kT) + \boldsymbol{D}u(kT)$$

例 2.11 线性定常系统为

$$\dot{\boldsymbol{x}} = \begin{bmatrix} 0 & 1 \\ 0 & -2 \end{bmatrix}\boldsymbol{x} + \begin{bmatrix} 0 \\ 1 \end{bmatrix}u$$

采样周期 $T=0.1$ s，求系统离散化后的表达式。

解：

$$e^{\boldsymbol{A}t}=L^{-1}[(s\boldsymbol{I}-\boldsymbol{A})^{-1}]=\begin{bmatrix}1 & \frac{1}{2}(1-e^{-2t})\\0 & e^{-2t}\end{bmatrix}$$

将 t 换成 T，有

$$\boldsymbol{G}(T)=e^{\boldsymbol{A}T}=\begin{bmatrix}1 & 0.091\\0 & 0.819\end{bmatrix}$$

$$\boldsymbol{H}(T)=\int_0^T e^{\boldsymbol{A}T}\boldsymbol{B}\,dt=\begin{bmatrix}0.005\\0.091\end{bmatrix}$$

所以离散化后的表达式为

$$\boldsymbol{x}[(k+1)T]=\begin{bmatrix}0 & 0.091\\0 & 0.819\end{bmatrix}\boldsymbol{x}(kT)+\begin{bmatrix}0.005\\0.091\end{bmatrix}u(kT)$$

2. 近似离散化

当采样周期较小时(为被控对象最小时间常数的 1/10 左右时)，可采用近似离散化方法。

根据导数的定义

$$\dot{\boldsymbol{x}}(t)=\lim_{\Delta t\to 0}\frac{\boldsymbol{x}(t+\Delta t)-\boldsymbol{x}(t)}{\Delta t} \tag{2.43}$$

令 $t=kT,\Delta t=T$，则

$$\dot{\boldsymbol{x}}(kT)=\lim_{T\to 0}\frac{\boldsymbol{x}(kT+T)-\boldsymbol{x}(kT)}{T}\approx\frac{\boldsymbol{x}(kT+T)-\boldsymbol{x}(kT)}{T}$$

把上式代入

$$\dot{\boldsymbol{x}}=\boldsymbol{A}(t)\boldsymbol{x}+\boldsymbol{B}(t)u$$

从而使 $\boldsymbol{x}(kT+T)-\boldsymbol{x}(kT)=T[\boldsymbol{A}(kT)\boldsymbol{x}(kT)+\boldsymbol{B}(kT)u(kT)]$

即 $$\boldsymbol{x}(kT+T)=[T\boldsymbol{A}(kT)+\boldsymbol{I}]\boldsymbol{x}(kT)+T\boldsymbol{B}(kT)u(kT) \tag{2.44}$$

令 $\boldsymbol{G}(kT)\approx T\boldsymbol{A}(kT)+\boldsymbol{I},\boldsymbol{H}(kT)\approx T\boldsymbol{B}(kT)$，整理后即可得到近似离散化后的表达式：

$$\boldsymbol{x}[(k+1)T]=\boldsymbol{G}(kT)\boldsymbol{x}(kT)+\boldsymbol{H}(kT)u(kT) \tag{2.45}$$

例 2.12 线性定常系统为

$$\dot{\boldsymbol{x}}=\begin{bmatrix}0 & 1\\-2 & -3\end{bmatrix}\boldsymbol{x}+\begin{bmatrix}0\\1\end{bmatrix}u$$

采样周期 $T=0.1$ s，求系统近似离散化后的表达式。

解：

$$\boldsymbol{G}=T\boldsymbol{A}+\boldsymbol{I}=\begin{bmatrix}1 & T\\0 & -2T\end{bmatrix}+\begin{bmatrix}1 & 0\\0 & 1\end{bmatrix}=\begin{bmatrix}1 & T\\0 & 1-2T\end{bmatrix}=\begin{bmatrix}1 & 0.1\\0 & 0.8\end{bmatrix}$$

$$\boldsymbol{H}=T\boldsymbol{B}=\begin{bmatrix}0\\T\end{bmatrix}=\begin{bmatrix}0\\0.1\end{bmatrix}$$

所以离散化后的表达式为

$$x[(k+1)T]=\begin{bmatrix}0 & 0.1\\0 & 0.8\end{bmatrix}x(kT)+\begin{bmatrix}0\\0.1\end{bmatrix}u(kT)$$

读者可自行比较例 2.11 和 2.12 两种离散化结果。

3. 线性时变系统状态空间方程离散化

线性时变连续系统状态方程为

$$\dot{x}=A(t)x+B(t)u$$

输出方程为

$$y=C(t)x+D(t)u$$

状态方程的解为

$$x(t)=\Phi(t,t_0)x(t_0)+\int_{t_0}^{t}\Phi(t,\tau)B(\tau)u(\tau)\mathrm{d}\tau \tag{2.46}$$

令 $t_0=kT,t=(k+1)T$，则有

$$x(kT+T)=\Phi(kT+T,kT)x(kT)+\int_{kT}^{kT+T}\Phi(kT+T,\tau)B(\tau)u(\tau)\mathrm{d}\tau \tag{2.47}$$

考虑到 $u(t)$ 在采样周期内保持不变，所以有

$$x(kT+T)=\Phi(kT+T,kT)x(kT)+\int_{kT}^{kT+T}\Phi(kT+T,\tau)B(\tau)\mathrm{d}\tau u(k) \tag{2.48}$$

令　$G(kT)=\Phi(kT+T,kT)$，　$H(kT)=\int_{kT}^{kT+T}\Phi(kT+T,\tau)B(\tau)\mathrm{d}\tau$

从而可得离散化状态方程为

$$x(kT+T)=G(kT)x(kT)+H(kT)u(kT) \tag{2.49}$$

离散化输出方程为

$$y(kT)=C(kT)x(kT)+D(kT)u(kT) \tag{2.50}$$

也可仿线性连续系统的近似离散化方法，得出近似的计算公式如下：

$$G(kT)\approx TA(kT)+I,\qquad H(kT)\approx TB(kT) \tag{2.51}$$

2.5.2　离散时间系统状态方程的解

线性定常离散系统的状态方程为

$$x(k+1)=G(k)x(k)+H(k)u(k) \tag{2.52}$$

1. 迭代法

迭代法又叫做递推法，定常系统和时变系统都适用于此方法。

设初始状态为 $x(k)|_{k=0}=x(0)$，输入向量为 $u(k)$，将 $k=0,1,2,\cdots,k-1$ 依次代入式(2.52)，则有

$$k=0: x(1)=Gx(0)+Hu(0)$$

$$k=1: x(2)=Gx(1)+Hu(1)=G^2x(0)+GHu(0)+Hu(1)$$

$k=2: \boldsymbol{x}(3)=\boldsymbol{G}\boldsymbol{x}(2)+\boldsymbol{H}\boldsymbol{u}(2)=\boldsymbol{G}^3\boldsymbol{x}(0)+\boldsymbol{G}^2\boldsymbol{H}\boldsymbol{u}(0)+\boldsymbol{G}\boldsymbol{H}\boldsymbol{u}(1)+\boldsymbol{H}\boldsymbol{u}(2)$

$\vdots$

$k=k-1: \boldsymbol{x}(k)=\boldsymbol{G}^k\boldsymbol{x}(0)+\sum_{j=0}^{k-1}\boldsymbol{G}^{k-j-1}\boldsymbol{H}\boldsymbol{u}(j)$

仿连续系统,定义状态转移矩阵为

$$\boldsymbol{\Phi}(k)=\boldsymbol{G}^k \tag{2.53}$$

状态转移矩阵满足

$$\boldsymbol{\Phi}(k+1)=\boldsymbol{G}\boldsymbol{\Phi}(k), \qquad \boldsymbol{\Phi}(0)=\boldsymbol{I}$$

同样,状态转移矩阵也满足如下性质:

(1) $\boldsymbol{\Phi}(k-k_2)=\boldsymbol{\Phi}(k-k_1)\boldsymbol{\Phi}(k_1-k_2)$,$k_2<k_2<k$。

(2) $\boldsymbol{\Phi}^{-1}(k)=\boldsymbol{\Phi}(-k)$。

利用状态转移矩阵,线性定常离散系统的解可写为

$$\boldsymbol{x}(k)=\boldsymbol{\Phi}(k)\boldsymbol{x}(0)+\sum_{j=0}^{k-1}\boldsymbol{\Phi}(k-j+1)\boldsymbol{H}\boldsymbol{u}(j) \tag{2.54}$$

或

$$\boldsymbol{x}(k)=\boldsymbol{\Phi}(k)\boldsymbol{x}(0)+\sum_{j=0}^{k-1}\boldsymbol{\Phi}(j)\boldsymbol{H}\boldsymbol{u}(k-j+1) \tag{2.55}$$

当初始时刻为 h 时,离散定常系统状态方程的解为

$$\boldsymbol{x}(k)=\boldsymbol{\Phi}(k-h)\boldsymbol{x}(h)+\sum_{j=h}^{k-1}\boldsymbol{\Phi}(k-j+1)\boldsymbol{H}\boldsymbol{u}(j) \tag{2.56}$$

或

$$\boldsymbol{x}(k)=\boldsymbol{\Phi}(k-h)\boldsymbol{x}(h)+\sum_{j=h}^{k-1}\boldsymbol{\Phi}(j)\boldsymbol{H}\boldsymbol{u}(k-j+1) \tag{2.57}$$

2. Z 变换法

对线性定常离散系统的状态方程,也可以用 Z 变换法来求解。

$$\boldsymbol{x}(k+1)=\boldsymbol{G}(k)\boldsymbol{x}(k)+\boldsymbol{H}(k)\boldsymbol{u}(k)$$

对两边进行 Z 变换,得

$$z\boldsymbol{X}(z)-z\boldsymbol{X}(0)=\boldsymbol{G}\boldsymbol{X}(z)+\boldsymbol{H}\boldsymbol{U}(z)$$

整理可得

$$\boldsymbol{X}(z)=(z\boldsymbol{I}-\boldsymbol{G})^{-1}z\boldsymbol{X}(0)+(z\boldsymbol{I}-\boldsymbol{G})^{-1}\boldsymbol{H}\boldsymbol{U}(z)$$

对两边进行反 Z 变换,有

$$\boldsymbol{x}(k)=\mathrm{Z}^{-1}\left[(z\boldsymbol{I}-\boldsymbol{G})^{-1}z\right]\boldsymbol{X}(0)+\mathrm{Z}^{-1}\left[(z\boldsymbol{I}-\boldsymbol{G})^{-1}\boldsymbol{H}\boldsymbol{U}(z)\right] \tag{2.58}$$

比较前述结果,可知

$$\begin{cases}\boldsymbol{\Phi}(k)=\mathrm{Z}^{-1}\left[(z\boldsymbol{I}-\boldsymbol{G})^{-1}z\right]\\ \sum_{j=0}^{k-1}\boldsymbol{\Phi}(k-j-1)\boldsymbol{H}\boldsymbol{u}(j)=\mathrm{Z}^{-1}\left[(z\boldsymbol{I}-\boldsymbol{G})^{-1}\boldsymbol{H}\boldsymbol{U}(z)\right]\end{cases} \tag{2.59}$$

通过以上分析可知，离散系统状态方程的解由两部分组成。第一项是系统对初始状态的响应，也就是系统的自由运动或零输入响应。第二项是由输入的各次采样信号所引起的强迫分量（或称受控量），其值与输入控制作用 u 的大小、性质和系统的结构有关。在输入引起的响应中，第 k 个时刻的状态只取决于所有此时刻之前的输入采样值，与第 k 个时刻的输入采样值无关。

2.5.3　离散系统的状态转移矩阵 $\boldsymbol{\Phi}(k)$ 的计算

1. 直接法

$$\boldsymbol{\Phi}(k)=\boldsymbol{G}^k$$

例 2.13　系统状态方程如下：

$$\boldsymbol{x}(k+1)=\begin{bmatrix}0 & 1\\ -0.16 & -1\end{bmatrix}\boldsymbol{x}(k),\qquad \boldsymbol{x}(0)=\begin{bmatrix}1\\ -1\end{bmatrix}$$

求 $\boldsymbol{x}(k)$。

解：

$$\boldsymbol{\Phi}(k)=\boldsymbol{G}^k=\begin{bmatrix}0 & 1\\ -0.16 & -1\end{bmatrix}^k$$

$$\boldsymbol{\Phi}(1)=\boldsymbol{G}=\begin{bmatrix}0 & 1\\ -0.16 & -1\end{bmatrix}$$

$$\boldsymbol{\Phi}(2)=\begin{bmatrix}0 & 1\\ -0.16 & -1\end{bmatrix}^2=\begin{bmatrix}-0.16 & -1\\ 0.16 & 0.84\end{bmatrix}$$

$$\boldsymbol{\Phi}(3)=\begin{bmatrix}0.16 & 0.84\\ -0.13 & -0.68\end{bmatrix}$$

状态方程的解为

$$\boldsymbol{x}(1)=\boldsymbol{\Phi}(1)\boldsymbol{x}(0)=\begin{bmatrix}-1\\ 0.84\end{bmatrix}$$

$$\boldsymbol{x}(2)=\boldsymbol{\Phi}(2)\boldsymbol{x}(0)=\begin{bmatrix}0.84\\ -0.68\end{bmatrix}$$

$$\boldsymbol{x}(3)=\boldsymbol{\Phi}(3)\boldsymbol{x}(0)=\begin{bmatrix}-0.68\\ 0.55\end{bmatrix}\cdots$$

2. Z 反变换法

2.5.2 节 Z 反变换法中式(2.58)已经得出

$$\boldsymbol{\Phi}(k)=Z^{-1}\left[(z\boldsymbol{I}-\boldsymbol{G})^{-1}z\right]$$

例 2.14　同例 2.13，利用 Z 反变换法求 $\boldsymbol{x}(k)$。

解：

$$(z\boldsymbol{I}-\boldsymbol{G})^{-1}=\begin{bmatrix}z & -1\\ 0.16 & z+1\end{bmatrix}^{-1}=\begin{bmatrix}\dfrac{z+1}{(z+0.2)(z+0.8)} & \dfrac{1}{(z+0.2)(z+0.8)}\\ \dfrac{-0.16}{(z+0.2)(z+0.8)} & \dfrac{z}{(z+0.2)(z+0.8)}\end{bmatrix}$$

状态转移矩阵为

$$\boldsymbol{\Phi}(k)=Z^{-1}\left[(z\boldsymbol{I}-\boldsymbol{G})^{-1}z\right]=$$

$$\begin{bmatrix} \frac{4}{3}(-0.2)^k-\frac{1}{3}(-0.8)^k & \frac{5}{3}(-0.2)^k-\frac{5}{3}(-0.8)^k \\ \frac{-0.8}{3}(-0.2)^k+\frac{0.8}{3}(-0.8)^k & \frac{-1}{3}(-0.2)^k+\frac{4}{3}(-0.8)^k \end{bmatrix}$$

状态方程解为

$$\boldsymbol{x}(k)=\boldsymbol{\Phi}(k)\boldsymbol{x}(0)=\begin{bmatrix} \frac{1}{3}(-0.2)^k+\frac{4}{3}(-0.8)^k \\ \frac{0.2}{3}(-0.2)^k-\frac{3.2}{3}(-0.8)^k \end{bmatrix}$$

3. 约旦标准型法

(1) 若系统特征值均为单根时，$\boldsymbol{G}$ 可化为对角标准型，即 $\boldsymbol{P}^{-1}\boldsymbol{G}\boldsymbol{P}=\boldsymbol{\Lambda}$，可得

$$\boldsymbol{\Phi}(k)=\boldsymbol{G}^k=\boldsymbol{P}\boldsymbol{\Lambda}^k\boldsymbol{P}^{-1}=$$

$$\boldsymbol{P}\begin{bmatrix} \lambda_1 & & & \\ & \lambda_2 & & \\ & & \ddots & \\ & & & \lambda_n \end{bmatrix}^k\boldsymbol{P}^{-1}=\boldsymbol{P}\begin{bmatrix} \lambda_1^k & & & \\ & \lambda_2^k & & \\ & & \ddots & \\ & & & \lambda_n^k \end{bmatrix}\boldsymbol{P}^{-1} \tag{2.60}$$

例 2.15 同例 2.13，利用约旦标准型法求 $\boldsymbol{x}(k)$。

解： 离散系统特征方程为

$$\det(\lambda\boldsymbol{I}-\boldsymbol{G})=\det\begin{bmatrix} \lambda & -1 \\ 0.16 & \lambda+1 \end{bmatrix}=(\lambda+0.2)(\lambda+0.8)=0$$

可求出 $\lambda_1=-0.2$，$\lambda_2=-0.8$。

由 $\boldsymbol{G}$ 为友矩阵，变换矩阵 $\boldsymbol{P}=\begin{bmatrix} 1 & 1 \\ -0.2 & -0.8 \end{bmatrix}$，可得

$$\boldsymbol{\Phi}(k)=\boldsymbol{P}\begin{bmatrix} -0.2 & 0 \\ 0 & -0.8 \end{bmatrix}^k\boldsymbol{P}^{-1}=$$

$$\frac{1}{3}\begin{bmatrix} 4(-0.2)^k-(-0.8)^k & 5(-0.2)^k-5(-0.8)^k \\ -0.8(-0.2)^k+0.8(-0.8)^k & -(-0.2)^k+4(-0.8)^k \end{bmatrix}$$

(2) 若系统特征值均有重根时，$\boldsymbol{G}$ 可化为约旦标准型

$$\boldsymbol{P}^{-1}\boldsymbol{G}\boldsymbol{P}=\boldsymbol{J}$$

可得

$$\boldsymbol{\Phi}(k)=\boldsymbol{G}^k=\boldsymbol{P}\boldsymbol{J}^k\boldsymbol{P}^{-1} \tag{2.61}$$

4. 凯莱-哈密顿定理法

应用 Caley-Hamilton 定理，有

$$\boldsymbol{\Phi}(k)=\boldsymbol{G}^k=a_0(k)\boldsymbol{I}+a_1(k)\boldsymbol{G}+a_2(k)\boldsymbol{G}^2+\cdots+a_{n-1}(k)\boldsymbol{G}^{n-1} \tag{2.62}$$

系数可仿连续情形求取。

例 2.16　系统状态方程为

$$\boldsymbol{x}(k+1)=\begin{bmatrix}0 & 1\\ -2 & -3\end{bmatrix}\boldsymbol{x}(k),\qquad \boldsymbol{x}(0)=\begin{bmatrix}1\\0\end{bmatrix}$$

求 $\boldsymbol{x}(k)$。

解: 离散系统特征方程为

$$\det(\lambda\boldsymbol{I}-\boldsymbol{G})=\det\begin{bmatrix}\lambda & -1\\ 2 & \lambda+3\end{bmatrix}=(\lambda+1)(\lambda+2)=0$$

从而使 $\lambda_1=-1,\lambda_2=-2$。系统为二阶，由式(2.62)有

$$\boldsymbol{\Phi}(k)=a_0(k)\boldsymbol{I}+a_1(k)\boldsymbol{G}$$

由凯莱-哈密顿定理构造方程组，得

$$\begin{cases}(-1)^k=a_0(k)-a_1(k)\\ (-2)^k=a_0(k)-2a_1(k)\end{cases}$$

解出系数

$$\begin{cases}a_0(k)=2(-1)^k-(-2)^k\\ a_1(k)=(-1)^k-(-2)^k\end{cases}$$

从而使

$$\boldsymbol{\Phi}(k)=a_0(k)\boldsymbol{I}+a_1(k)\boldsymbol{G}=\begin{bmatrix}2(-1)^k-(-2)^k & (-1)^k-(-2)^k\\ -2(-1)^k+2(-2)^k & -(-1)^k+2(-2)^k\end{bmatrix}$$

故系统的解为

$$\boldsymbol{x}(k)=\boldsymbol{\Phi}(k)\boldsymbol{x}(0)=\begin{bmatrix}2(-1)^k-(-2)^k & (-1)^k-(-2)^k\\ -2(-1)^k+2(-2)^k & -(-1)^k+2(-2)^k\end{bmatrix}\begin{bmatrix}1\\0\end{bmatrix}=$$

$$\begin{bmatrix}2(-1)^k-(-2)^k\\ -2(-1)^k+2(-2)^k\end{bmatrix}$$

2.6　利用 MATLAB 求解状态空间表达式

2.3 节已经给出，对线性定常系统

$$\dot{\boldsymbol{x}}=\boldsymbol{A}\boldsymbol{x}+\boldsymbol{B}u \tag{2.63}$$

的解为

$$\boldsymbol{x}(t)=\mathrm{e}^{\boldsymbol{A}(t-t_0)}\boldsymbol{x}(t_0)+\int_{t_0}^{t}\mathrm{e}^{\boldsymbol{A}(t-\tau)}\boldsymbol{B}u(\tau)\mathrm{d}\tau,\qquad t\geqslant t_0 \tag{2.64}$$

或

$$\boldsymbol{x}(t)=\mathrm{e}^{\boldsymbol{A}t}\boldsymbol{x}(0)+\int_{0}^{t}\mathrm{e}^{\boldsymbol{A}(t-\tau)}\boldsymbol{B}u(\tau)\mathrm{d}\tau,\qquad t\geqslant 0 \tag{2.65}$$

也可以用反拉氏变换求解

$$\boldsymbol{x}(t)=\mathrm{L}^{-1}[(s\boldsymbol{I}-\boldsymbol{A})^{-1}\boldsymbol{X}(0)]+\mathrm{L}^{-1}[(s\boldsymbol{I}-\boldsymbol{A})^{-1}\boldsymbol{B}]u(t) \tag{2.66}$$

下面用 MATLAB 编程的方法求解控制系统状态空间表达式的解。

例 2.17 已知 $\boldsymbol{A}=\begin{bmatrix}0 & 1\\ -2 & -3\end{bmatrix}$,求 $e^{\boldsymbol{A}t}$。

```
%状态转移矩阵的指数矩阵计算法
a=[0  1;-2  -3];                    %定义矩阵 a
syms t;                             %定义变量 t
expm(a*t)                           %利用 expm 函数计算转移矩阵
```

运行结果为

```
ans =

[  -exp(-2*t)+2*exp(-t),     exp(-t)-exp(-2*t)]
[-2*exp(-t)+2*exp(-2*t),     2*exp(-2*t)-exp(-t)]
```

表示计算结果为

$$e^{\boldsymbol{A}t}=\begin{bmatrix}2e^{-t}-e^{-2t} & e^{-t}-e^{-2t}\\ -2e^{-t}+2e^{-2t} & -e^{-t}+2e^{-2t}\end{bmatrix}$$

```
%状态转移矩阵的拉氏变换计算法
a=[0  1;-2  -3];                           %定义矩阵 a
syms s t;                                  %定义变量 s,t
G=inv(s*eye(size(a))-a);                   %(sI-a)的逆
ilaplace(G)                                %拉氏反变换
```

运行结果为

```
ans =
[2/exp(t)-1/exp(2*t), 1/exp(t)-1/exp(2*t)]
[2/exp(2*t)-2/exp(t), 2/exp(2*t)-1/exp(t)]
```

表示计算结果为

$$e^{\boldsymbol{A}t}=L^{-1}\left[(s\boldsymbol{I}-\boldsymbol{A})^{-1}\right]=\begin{bmatrix}2e^{-t}-e^{-2t} & e^{-t}-e^{-2t}\\ -2e^{-t}+2e^{-2t} & -e^{-t}+2e^{-2t}\end{bmatrix}$$

例 2.18 求下列状态空间表达式的解:

$$\dot{\boldsymbol{x}}=\begin{bmatrix}0 & 1\\ 0 & 0\end{bmatrix}\boldsymbol{x}+\begin{bmatrix}0\\ 1\end{bmatrix}u, \qquad y=\begin{bmatrix}1 & 0\end{bmatrix}\boldsymbol{x}$$

初始状态 $\boldsymbol{x}(0)=\begin{bmatrix}1\\ 1\end{bmatrix}$,输入 $u(t)$是单位阶跃响应。

```
a=[0  1;0  0];b=[0;1];
c=[1  0];d=0;                        %定义系统矩阵
G=ss(a,b,c,d)                        %建立状态空间描述的系统模型
x0=[1;1];                            %初始状态
syms s t;
```

```
G0 = inv(s * eye(size(a)) - a);
x1 = ilaplace(G0) * x0;              %零输入响应 x1
G1 = inv(s * eye(size(a)) - a) * b;
x2 = ilaplace(G1/s);                 %零状态响应 x2
x = x1 + x2;                         %系统全响应
y = c * x                            %系统的输出响应
```

运行结果为

```
x1 =


    1 + t
      1
x2 =


    1/2 * t^2
        t


y =

1 + t + 1/2 * t^2
```

表示计算结果为

$$\boldsymbol{x}1=\begin{bmatrix}t+1\\1\end{bmatrix},\qquad \boldsymbol{x}2=\begin{bmatrix}\frac{1}{2}t^2\\t\end{bmatrix},\qquad y=\frac{1}{2}t^2+t+1$$

习　题

2.1　用三种方法计算以下矩阵指数函数 $e^{\boldsymbol{A}t}$。

(1) $\dot{\boldsymbol{x}}=\begin{bmatrix}0 & -1\\4 & 0\end{bmatrix}\boldsymbol{x}$　　(2) $\dot{\boldsymbol{x}}=\begin{bmatrix}-2 & 0 & 0\\0 & -3 & 1\\0 & 0 & -3\end{bmatrix}\boldsymbol{x}$

2.2　下列矩阵是否满足状态转移矩阵的条件，若满足，求对应的 $\boldsymbol{A}$ 矩阵。

(1) $\boldsymbol{\Phi}(t)=\begin{bmatrix}1 & 0 & 0\\0 & \sin t & \cos t\\0 & -\cos t & \sin t\end{bmatrix}$　　(2) $\boldsymbol{\Phi}(t)=\begin{bmatrix}1 & \frac{1}{2}(1-e^{-2t})\\0 & e^{-2t}\end{bmatrix}$

(3) $\boldsymbol{\Phi}(t)=\begin{bmatrix}2e^{-t}-e^{-2t} & 2e^{-t}-2e^{-2t}\\e^{-t}-e^{-2t} & 2e^{-t}-e^{-2t}\end{bmatrix}$

2.3　已知系统矩阵为 $\begin{bmatrix}1 & 2\\0 & 1\end{bmatrix}$，试求 $\boldsymbol{A}^{100}$。

2.4 求下列状态空间表达式的解：

$$\dot{\boldsymbol{x}}=\begin{bmatrix}0&1\\0&0\end{bmatrix}\boldsymbol{x}+\begin{bmatrix}0\\1\end{bmatrix}u$$

$$y=\begin{bmatrix}1&0\end{bmatrix}\boldsymbol{x}$$

初始状态 $\boldsymbol{x}(0)=\begin{bmatrix}1\\1\end{bmatrix}$，输入 $u(t)$是单位阶跃函数。

2.5 已知线性定常系统

$$\dot{\boldsymbol{x}}=\begin{bmatrix}-1&-0.5\\1&0\end{bmatrix}\boldsymbol{x}+\begin{bmatrix}0.5\\0\end{bmatrix}u,\qquad \boldsymbol{x}(0)=\begin{bmatrix}1\\0\end{bmatrix},\qquad y=\begin{bmatrix}1&0\end{bmatrix}\boldsymbol{x}$$

试求当 $u(t)=1(t)$时系统的输出响应。

2.6 计算下列线性时变系统的状态转移矩阵 $\boldsymbol{\Phi}(t,0)$：

(1) $\boldsymbol{A}=\begin{bmatrix}t&0\\0&0\end{bmatrix}$　　(2) $\boldsymbol{A}=\begin{bmatrix}0&\mathrm{e}^{-t}\\-\mathrm{e}^{-t}&0\end{bmatrix}$

2.7 设线性定常连续时间系统的状态方程为

$$\dot{\boldsymbol{x}}=\begin{bmatrix}0&1\\0&2\end{bmatrix}\boldsymbol{x}(t)+\begin{bmatrix}0\\1\end{bmatrix}u(t),\qquad t\geqslant 0$$

$$y(t)=\begin{bmatrix}1&0\end{bmatrix}\boldsymbol{x}(t)$$

取采样周期 $T=1$ s，试将该连续系统的状态方程离散化。

2.8 试分别用迭代法和 Z 变换法求下列离散系统状态方程的解。

$$\boldsymbol{x}(k+1)=\boldsymbol{A}\boldsymbol{x}(k)+\boldsymbol{B}u(k)$$

其中

$$\boldsymbol{A}=\begin{bmatrix}0&1\\-0.16&-1\end{bmatrix},\qquad \boldsymbol{B}=\begin{bmatrix}1\\1\end{bmatrix},\qquad \boldsymbol{x}(0)=\begin{bmatrix}1\\-1\end{bmatrix},\qquad u(k)=1(k\geqslant 0)$$

2.9 设线性时变系统的齐次状态方程式

$$\dot{\boldsymbol{x}}(t)=\begin{bmatrix}0&\dfrac{1}{(t+1)^2}\\0&0\end{bmatrix}\boldsymbol{x}(t)$$

其初始条件为 $\boldsymbol{x}(t_0)$，试求它的解。

第3章　控制系统的能控性和能观性

现代控制理论中，系统是通过状态方程和输出方程来描述的：输入、输出为系统外部变量，状态为系统的内部变量，输入通过内部状态影响系统的输出。工程设计中，常引起设计者关心的问题有二：

① 系统内部的每个状态能否都受输入的控制。

② 系统内部的所有状态是否都能被输出所反映。这便是系统的能控性和能观性问题。

如果系统所有的内部状态均受输入的控制和支配，则称系统是状态完全能控的，否则系统不完全能控；如果系统任一状态的运动均可通过输出来反映，则称系统是状态完全能观的，否则系统不完全能观。

能控性和能观性是系统的两个基本结构特征，在给出其严格定义之前，先通过一个简单的实例对其物理含义做个更加直观的解释。

某系统的状态空间描述为

$$\begin{bmatrix}\dot{x}_1\\ \dot{x}_2\end{bmatrix}=\begin{bmatrix}4 & 0\\ 0 & -5\end{bmatrix}\begin{bmatrix}x_1\\ x_2\end{bmatrix}+\begin{bmatrix}1\\ 2\end{bmatrix}u$$

$$y=\begin{bmatrix}0 & -6\end{bmatrix}\begin{bmatrix}x_1\\ x_2\end{bmatrix}$$

将其写为标量方程组的形式：

$$\dot{x}_1=4x_1+u$$

$$\dot{x}_2=-5x_2+2u$$

$$y=-6x_2$$

这表明：状态变量 x_1 和 x_2 均受输入 u 的控制，系统状态完全能控；而输出 y 只能反映状态变量 x_2、状态变量 x_1 与输出 y 既无直接也无间接关系，所以系统不完全能观。

3.1　系统的能控性及其判别

能控性所考察的只是系统在控制作用 $\boldsymbol{u}(t)$ 的控制下，状态矢量 $\boldsymbol{x}(t)$ 的转移情况，而与系统的输出无关，所以可从研究系统的状态方程入手。

3.1.1 线性定常系统的能控性定义

1. 线性定常连续系统的能控性定义

对于线性定常连续系统

$$\dot{\boldsymbol{x}}=\boldsymbol{A}\boldsymbol{x}+\boldsymbol{B}\boldsymbol{u}$$

如果存在一个分段连续的输入 $\boldsymbol{u}(t)$，能在有限时间$[t_0,t_f]$内，使系统由某一初始状态 $\boldsymbol{x}(t_0)$转移到指定的任一终端状态 $\boldsymbol{x}(t_f)$，则称此状态是能控的。若系统对所有状态都是能控的，则称此系统状态完全能控，简称系统能控。

在线性定常连续系统中，为简便起见，可以假定初始时刻 $t_0=0$，初始状态为 $\boldsymbol{x}(0)$，而把任意终端状态指定为零状态，即 $\boldsymbol{x}(t_f)=0$。于是，线性定常连续系统的能控性又可描述为：若存在一个分段连续的输入 $\boldsymbol{u}(t)$，在有限时间$[0,t_f]$内，能将系统从任一初始状态 $\boldsymbol{x}(0)$转移到终态 $\boldsymbol{x}(t_f)=0$，则称该系统是能控的。若把系统的初始状态定义为状态空间的原点，即 $\boldsymbol{x}(0)=0$，终端状态 $\boldsymbol{x}(t_f)$规定为任意非零有限点，则上述定义将叙述为：若存在一个分段连续的输入 $\boldsymbol{u}(t)$，在有限时间$[0,t_f]$内，能将 $\boldsymbol{x}(t)$由零状态驱动到任意终态 $\boldsymbol{x}(t_f)$，则称该系统是能达的。对于线性定常系统，能控性与能达性是一致的，即能控系统一定是能达的，反之亦然。

2. 线性定常离散系统的能控性定义

线性定常离散系统的状态方程为

$$\boldsymbol{x}(k+1)=\boldsymbol{G}\boldsymbol{x}(k)+\boldsymbol{H}\boldsymbol{u}(k)$$

$\boldsymbol{u}(k)$在$(k,k+1)$区间内为常值，其能控性定义如下：设系统的初始状态是任意的，其终态为状态空间的原点，若存在控制作用序列 $\boldsymbol{u}(k),\boldsymbol{u}(k+1),\cdots,\boldsymbol{u}(l-1)$能在有限区间$(k,l)$内使状态 $\boldsymbol{x}(k)$在第 l 步上到达零状态，即 $\boldsymbol{x}(l)=0$，则称此状态 $\boldsymbol{x}(k)$是能控的。若系统在 $k=0,1,2\cdots$的所有状态都是能控的，则称系统状态完全能控，简称系统能控。

系统的能控性仅要求控制作用能在有限时间内将系统由任一初始状态转移到另一任意终态，而没有规定转移轨迹，也未限定控制作用的大小。

3.1.2 线性定常连续系统的能控性判别

1. 单输入情况

线性定常连续单输入系统的状态方程为

$$\dot{\boldsymbol{x}}=\boldsymbol{A}\boldsymbol{x}+\boldsymbol{b}u \tag{3.1}$$

其解为

$$\boldsymbol{x}(t_f)=\boldsymbol{\Phi}(t_f-t_0)\boldsymbol{x}(t_0)+\int_{t_0}^{t_f}\boldsymbol{\Phi}(t_f-\tau)\boldsymbol{b}u(\tau)\mathrm{d}\tau=$$

$$\mathrm{e}^{\boldsymbol{A}(t_f-t_0)}\boldsymbol{x}(t_0)+\int_{t_0}^{t_f}\mathrm{e}^{\boldsymbol{A}(t_f-\tau)}\boldsymbol{b}u(\tau)\mathrm{d}\tau$$

不失一般性，假设 $t_0=0$，$\boldsymbol{x}(t_f)=0$，则有

$$\mathbf{e}^{\boldsymbol{A}t_f}\boldsymbol{x}(0)+\int_0^{t_f}\mathbf{e}^{\boldsymbol{A}(t_f-\tau)}\boldsymbol{b}u(\tau)\mathrm{d}\tau=0$$

解得
$$\boldsymbol{x}(0)=-\int_0^{t_f}\mathbf{e}^{-\boldsymbol{A}\tau}\boldsymbol{b}u(\tau)\mathrm{d}\tau$$

利用 Cayley-Hamilton 定理可将矩阵指数 $\mathbf{e}^{-\boldsymbol{A}\tau}$ 表示为

$$\mathbf{e}^{-\boldsymbol{A}\tau}=\sum_{m=0}^{n-1}a_m(\tau)\boldsymbol{A}^m$$

则有
$$\boldsymbol{x}(0)=-\boldsymbol{A}^m\boldsymbol{b}\int_0^{t_f}\sum_{m=0}^{n-1}a_m(\tau)\boldsymbol{u}(\tau)\mathrm{d}\tau=-\sum_{m=0}^{n-1}\boldsymbol{A}^m\boldsymbol{b}\left[\int_0^{t_f}a_m(\tau)\boldsymbol{u}(\tau)\mathrm{d}\tau\right]$$

令
$$u_m=\int_0^{t_f}a_m(\tau)\boldsymbol{u}(\tau)\mathrm{d}\tau,\qquad m=0,1,\cdots,n-1$$

u_m 是标量，则

$$\boldsymbol{x}(0)=-\sum_{m=0}^{n-1}\boldsymbol{A}^m\boldsymbol{b}u_m=-\begin{bmatrix}\boldsymbol{b} & \boldsymbol{A}\boldsymbol{b} & \cdots & \boldsymbol{A}^{n-1}\boldsymbol{b}\end{bmatrix}\begin{bmatrix}u_0\\u_1\\\vdots\\u_{n-1}\end{bmatrix}\tag{3.2}$$

要使系统能控，对于任意 $\boldsymbol{x}(0)$，应能从式(3.2)中解出 $u_0,u_1,\cdots,u_{n-1}$，因此，必须保证矩阵 $[\boldsymbol{b}\quad\boldsymbol{A}\boldsymbol{b}\quad\cdots\quad\boldsymbol{A}^{n-1}\boldsymbol{b}]$ 逆的存在，即该矩阵的秩必须等于 n。

于是，线性定常连续单输入系统状态完全能控的充分必要条件是：由 $\boldsymbol{A}$，$\boldsymbol{b}$ 阵构成的能控判别阵 $\boldsymbol{Q}_c=[\boldsymbol{b}\quad\boldsymbol{A}\boldsymbol{b}\quad\cdots\quad\boldsymbol{A}^{n-1}\boldsymbol{b}]$ 满秩，即

$$\mathrm{Rank}\,\boldsymbol{Q}_c=\mathrm{Rank}[\boldsymbol{b}\quad\boldsymbol{A}\boldsymbol{b}\quad\cdots\quad\boldsymbol{A}^{n-1}\boldsymbol{b}]=n$$

2. 多输入情况

线性定常连续多输入系统的状态方程为

$$\dot{\boldsymbol{x}}=\boldsymbol{A}\boldsymbol{x}+\boldsymbol{B}\boldsymbol{u}$$

式中，$\boldsymbol{B}$ 为 $n\times r$ 阵，$\boldsymbol{u}$ 为 r 维列向量。其状态完全能控的充分必要条件是：能控判别阵 $\boldsymbol{Q}_c=[\boldsymbol{B}\quad\boldsymbol{A}\boldsymbol{B}\quad\cdots\quad\boldsymbol{A}^{n-1}\boldsymbol{B}]$ 满秩，即

$$\mathrm{Rank}\,\boldsymbol{Q}_c=\mathrm{Rank}[\boldsymbol{B}\quad\boldsymbol{A}\boldsymbol{B}\quad\cdots\quad\boldsymbol{A}^{n-1}\boldsymbol{B}]=n$$

其中，$[\boldsymbol{B}\quad\boldsymbol{A}\boldsymbol{B}\quad\cdots\quad\boldsymbol{A}^{n-1}\boldsymbol{B}]$ 为 $n\times nr$ 矩阵。

推导过程可仿照单输入系统的方法进行。

例 3.1　试判断如下系统是否能控：

$$\dot{\boldsymbol{x}}=\begin{bmatrix}0 & 1 & 0\\0 & 0 & 1\\-a_0 & -a_1 & -a_2\end{bmatrix}\boldsymbol{x}+\begin{bmatrix}0\\0\\1\end{bmatrix}\boldsymbol{u}$$

解：
$$\boldsymbol{b}=\begin{bmatrix}0\\0\\1\end{bmatrix},\quad\boldsymbol{A}\boldsymbol{b}=\begin{bmatrix}0\\1\\-a_2\end{bmatrix},\quad\boldsymbol{A}^2\boldsymbol{b}=\begin{bmatrix}1\\-a_2\\-a_1+a_2^2\end{bmatrix}$$

故系统能控判别阵为

$$\boldsymbol{Q}_c=[\boldsymbol{b}\quad \boldsymbol{Ab}\quad \boldsymbol{A}^2\boldsymbol{b}]=\begin{bmatrix}0 & 0 & 1\\ 1 & 1 & -a_2\\ 1 & -a_2 & -a_1+a_2^2\end{bmatrix}$$

这是一个三角矩阵，斜对角线元素均为 1，不论 a_1,a_2 如何取值，其秩都为 3，系统总是能控的。常把形如本例的状态方程称为能控标准型。

例 3.2 试判断如下系统的能控性。

$$\dot{\boldsymbol{x}}=\begin{bmatrix}-4 & 5\\ 1 & 0\end{bmatrix}\boldsymbol{x}+\begin{bmatrix}-5\\ 1\end{bmatrix}\boldsymbol{u}$$

解： $\boldsymbol{b}=\begin{bmatrix}-5\\ 1\end{bmatrix}$，$\boldsymbol{Ab}=\begin{bmatrix}25\\ -5\end{bmatrix}$，系统能控性矩阵 $\boldsymbol{Q}_c=[\boldsymbol{b}\quad \boldsymbol{Ab}]=\begin{bmatrix}-5 & 25\\ 1 & -5\end{bmatrix}$

$$\text{Rank}\ \boldsymbol{Q}_c=\text{Rank}\begin{bmatrix}-5 & 25\\ 1 & -5\end{bmatrix}=1<2$$

故系统不能控。

3.1.3 线性定常连续系统能控性的另一种判别方法

对于线性定常连续系统，除了用能控性矩阵判断其是否能控外，还有另外一种判别方式，那就是先对系统状态空间表达式做线性非奇异变换，将其系统矩阵 $\boldsymbol{A}$ 化为对角标准型或约旦标准型，再根据变换后输入矩阵 $\boldsymbol{B}$ 的特征确定系统是否能控。

1. 系统特征值互异的情形

设线性定常连续系统

$$\dot{\boldsymbol{x}}=\boldsymbol{Ax}+\boldsymbol{Bu}$$

的特征值 $\lambda_1,\lambda_2,\cdots,\lambda_n$ 互异，则存在线性非奇异变换 $\boldsymbol{x}=\boldsymbol{T}\bar{\boldsymbol{x}}$，将系统状态方程变换为如下对角标准型：

$$\dot{\bar{\boldsymbol{x}}}=\boldsymbol{T}^{-1}\boldsymbol{AT}\bar{\boldsymbol{x}}+\boldsymbol{T}^{-1}\boldsymbol{Bu}=\bar{\boldsymbol{A}}\bar{\boldsymbol{x}}+\bar{\boldsymbol{B}}\boldsymbol{u}=\begin{bmatrix}\lambda_1 & & \\ & \ddots & \\ & & \lambda_n\end{bmatrix}\bar{\boldsymbol{x}}+\begin{bmatrix}b_{11} & \cdots & b_{1r}\\ \vdots & \ddots & \vdots\\ b_{n1} & \cdots & b_{nr}\end{bmatrix}\boldsymbol{u}$$

变换后系统状态完全能控的充分必要条件是：变换后系统的输入矩阵 $\bar{\boldsymbol{B}}$ 中不含元素全为 0 的行。例如：

系统 1：$\begin{bmatrix}\dot{x}_1\\ \dot{x}_2\\ \dot{x}_3\end{bmatrix}=\begin{bmatrix}-1 & 0 & 0\\ 0 & -2 & 0\\ 0 & 0 & -3\end{bmatrix}\begin{bmatrix}x_1\\ x_2\\ x_3\end{bmatrix}+\begin{bmatrix}2\\ 5\\ 8\end{bmatrix}\boldsymbol{u}$ 能控

系统 2：$\begin{bmatrix}\dot{x}_1\\ \dot{x}_2\\ \dot{x}_3\end{bmatrix}=\begin{bmatrix}-1 & 0 & 0\\ 0 & -2 & 0\\ 0 & 0 & -3\end{bmatrix}\begin{bmatrix}x_1\\ x_2\\ x_3\end{bmatrix}+\begin{bmatrix}0\\ 5\\ 8\end{bmatrix}\boldsymbol{u}$ 不能控

系统 3：$\begin{bmatrix}\dot{x}_1\\ \dot{x}_2\\ \dot{x}_3\end{bmatrix}=\begin{bmatrix}-1&0&0\\0&-2&0\\0&0&-3\end{bmatrix}\begin{bmatrix}x_1\\x_2\\x_3\end{bmatrix}+\begin{bmatrix}0&2\\5&0\\8&5\end{bmatrix}\begin{bmatrix}u_1\\u_2\end{bmatrix}$　　能控

系统 4：$\begin{bmatrix}\dot{x}_1\\ \dot{x}_2\\ \dot{x}_3\end{bmatrix}=\begin{bmatrix}-1&0&0\\0&-2&0\\0&0&-3\end{bmatrix}\begin{bmatrix}x_1\\x_2\\x_3\end{bmatrix}+\begin{bmatrix}0&0\\5&0\\8&5\end{bmatrix}\begin{bmatrix}u_1\\u_2\end{bmatrix}$　　不能控

上述四个系统状态方程的 $\bar{A}$ 是相同的，都为对角标准型，但 $\bar{B}$ 矩阵不同。对于系统 1 和系统 3，$\bar{B}$ 矩阵不含元素全为 0 的行，故系统是能控的；而系统 2 和系统 4 中，$\bar{B}$ 矩阵的第一行元素全为 0，故系统不能控。用系统状态模拟结构分析更为简单明了。图 3.1 所示为系统 2 的状态模拟结构，由图可见，状态变量 x_2,x_3 与控制 $\boldsymbol{u}$ 有着直接的联系，而状态变量 x_1 与控制 $\boldsymbol{u}$ 没有直接联系，x_1 与 x_2,x_3 之间也没有耦合关系，故也不可能通过 x_2,x_3 与 $\boldsymbol{u}$ 发生联系，所以 x_1 不能控，从而系统不能控。

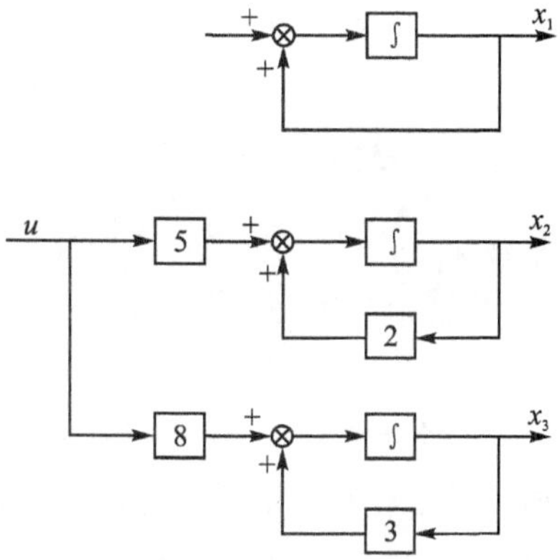

图 3.1　系统 2 的状态模拟结构图

事实上，变换后的各状态变量之间已没有耦合关系了，此时影响各个状态变量的唯一途径就是输入 $u_i(i=1,2,\cdots,r)$，如果矩阵 $\bar{B}$ 不出现元素都为 0 的行，则系统任一状态变量都能受到输入 $\boldsymbol{u}$ 的控制，系统是完全能控的。反之，若矩阵 $\bar{B}$ 出现元素都为 0 的行，则相应的状态变量将不受输入 $\boldsymbol{u}$ 的控制，系统就是状态不完全能控的。

2. 系统特征值相重的情形

设线性定常连续系统

$$\dot{\boldsymbol{x}}=\boldsymbol{Ax}+\boldsymbol{Bu}$$

具有相重特征值，则存在线性非奇异变换 $\boldsymbol{x}=\boldsymbol{T}\bar{\boldsymbol{x}}$，将系统状态方程变换为如下约旦标准型：

$$\dot{\bar{\boldsymbol{x}}}=\boldsymbol{T}^{-1}\boldsymbol{AT}\bar{\boldsymbol{x}}+\boldsymbol{T}^{-1}\boldsymbol{Bu}=\bar{\boldsymbol{A}}\bar{\boldsymbol{x}}+\bar{\boldsymbol{B}}\boldsymbol{u}=\begin{bmatrix}\boldsymbol{J}_1&&&\\&\ddots&&\\&&\boldsymbol{J}_l&\\&&&\boldsymbol{\Lambda}\end{bmatrix}\bar{\boldsymbol{x}}+\begin{bmatrix}b_{11}&\cdots&b_{1r}\\ \vdots&\ddots&\vdots\\ b_{n1}&\cdots&b_{nr}\end{bmatrix}\boldsymbol{u}$$

其中，$\boldsymbol{J}_i(i=1,2,\cdots,l)$ 为约旦标准块，$\boldsymbol{\Lambda}$ 为重根外互异特征值对应的对角块。变换后，状态完全能控的充要条件是：变换后系统约旦标准型中的每个约旦块 $\boldsymbol{J}_i(i=1,2,\cdots,l)$ 的最后一行所对应的 $\bar{\boldsymbol{B}}$ 矩阵中的行元素不全为 0，互异特征值部分对应 $\bar{\boldsymbol{B}}$ 矩阵的各行元素均不全为 0。例如，有如下四个系统：

系统 1：$\begin{bmatrix}\dot{x}_1\\ \dot{x}_2\end{bmatrix}=\begin{bmatrix}-4 & 1\\ 0 & -4\end{bmatrix}\begin{bmatrix}x_1\\ x_2\end{bmatrix}+\begin{bmatrix}0\\ 2\end{bmatrix}\boldsymbol{u}$ 能控

系统 2：$\begin{bmatrix}\dot{x}_1\\ \dot{x}_2\end{bmatrix}=\begin{bmatrix}-4 & 1\\ 0 & -4\end{bmatrix}\begin{bmatrix}x_1\\ x_2\end{bmatrix}+\begin{bmatrix}2\\ 0\end{bmatrix}\boldsymbol{u}$ 不能控

系统 3：$\begin{bmatrix}\dot{x}_1\\ \dot{x}_2\\ \dot{x}_3\\ \dot{x}_4\end{bmatrix}=\begin{bmatrix}-4 & 1 & 0 & 0\\ 0 & -4 & 0 & 0\\ 0 & 0 & -3 & 1\\ 0 & 0 & 0 & -3\end{bmatrix}\begin{bmatrix}x_1\\ x_2\\ x_3\\ x_4\end{bmatrix}+\begin{bmatrix}0 & 0\\ 0 & 1\\ 2 & 0\\ 0 & 2\end{bmatrix}\begin{bmatrix}u_1\\ u_2\end{bmatrix}$ 能控

系统 4：$\begin{bmatrix}\dot{x}_1\\ \dot{x}_2\\ \dot{x}_3\\ \dot{x}_4\end{bmatrix}=\begin{bmatrix}-4 & 1 & 0 & 0\\ 0 & -4 & 0 & 0\\ 0 & 0 & -3 & 0\\ 0 & 0 & 0 & -5\end{bmatrix}\begin{bmatrix}x_1\\ x_2\\ x_3\\ x_4\end{bmatrix}+\begin{bmatrix}0 & 1\\ 0 & 0\\ 2 & 0\\ 0 & 2\end{bmatrix}\begin{bmatrix}u_1\\ u_2\end{bmatrix}$ 不能控

以上四个系统中，系统 1 只有一个约旦块，且与该约旦块最后一行对应的 $\bar{\boldsymbol{B}}$ 矩阵中的那一行元素为 2，故系统是能控的；系统 2 也只有一个约旦块，但与该约旦块最后一行对应的 $\bar{\boldsymbol{B}}$ 矩阵中的那一行元素为 0，故系统不能控；系统 3 有两个约旦块，第一个约旦块最后一行所对应的 $\bar{\boldsymbol{B}}$ 矩阵中的那一行元素为 0，1，第二个约旦块最后一行所对应的 $\bar{\boldsymbol{B}}$ 矩阵中的那一行元素为 0，2，均不全为 0，故系统能控；系统 4 有一个约旦块，一个对角块，约旦块最后一行对应的 $\bar{\boldsymbol{B}}$ 矩阵中的那一行元素为全 0，故系统不能控。

根据以上讨论，判别线性定常连续系统的能控性，既可直接从状态方程的系统矩阵 $\boldsymbol{A}$ 与输入矩阵 $\boldsymbol{B}$ 所构造的能控判别阵 $\boldsymbol{Q}_c$ 来判别，亦可先通过状态非奇异变换，将系统状态方程转化为对角标准型或约旦标准型，再根据转换后系统的 $\bar{\boldsymbol{A}}$ 和 $\bar{\boldsymbol{B}}$ 来判别。变换后的对角标准型或约旦标准型系统的能控性与变换前系统的能控性是一致的。因为线性非奇异变换不影响系统的能控性，证明如下：

设变换前系统状态方程为

$$\dot{\boldsymbol{x}}=\boldsymbol{A}\boldsymbol{x}+\boldsymbol{B}\boldsymbol{u}$$

其能控性判别阵 $\boldsymbol{Q}_c=[\boldsymbol{B}\quad \boldsymbol{A}\boldsymbol{B}\quad \cdots\quad \boldsymbol{A}^{n-1}\boldsymbol{B}]$

对上述系统状态方程做线性非奇异变换

$$\boldsymbol{x}=\boldsymbol{T}\bar{\boldsymbol{x}}$$

则变换后系统的状态方程为

$$\dot{\bar{\boldsymbol{x}}}=\boldsymbol{T}^{-1}\boldsymbol{A}\boldsymbol{T}\bar{\boldsymbol{x}}+\boldsymbol{T}^{-1}\boldsymbol{B}\boldsymbol{u}=\bar{\boldsymbol{A}}\bar{\boldsymbol{x}}+\bar{\boldsymbol{B}}\boldsymbol{u}$$

其能控性判别阵

$$\bar{Q}_c=\begin{bmatrix}\bar{B} & \bar{A}\bar{B} & \cdots & \bar{A}^{n-1}\bar{B}\end{bmatrix}=$$
$$\begin{bmatrix}T^{-1}B & T^{-1}ATT^{-1}B & \cdots & T^{-1}A^{n-1}TT^{-1}B\end{bmatrix}=$$
$$T^{-1}\begin{bmatrix}B & AB & \cdots & A^{n-1}B\end{bmatrix}=T^{-1}Q_c$$

因为 T^{-1} 是非奇异的，故不改变 Q_c 的秩，即

$$\mathrm{Rank}\ \bar{Q}_c=\mathrm{Rank}\ Q_c$$

这就证明，线性非奇异变换不改变系统的能控性，若变换后系统能控，则变换前的系统也一定能控。

最后，值得指出的是：当 A 有相重特征值时，系统也有可能变换为对角标准型，对于这类系统，不能简单地应用本小节介绍的判别方法来判别其能控性。在 A 具有相重特征值且系统又能变换为对角标准型的情况下，单输入系统是不能控的。至于多输入系统，则需观察 $T^{-1}B$ 中某些行向量的线性相关性来判断系统的能控性：若与那些相重特征值对应的对角块各行元素所形成的向量线性独立，则系统能控，否则系统不能控；若与那些相重特征值对应的约旦小块的最后一行元素所形成的向量线性独立，则系统能控，否则系统不能控。

例 3.3　分析如下各系统，判断其能控性。

系统 1：
$$\dot{x}=\begin{bmatrix}-2 & 0\\ 0 & -2\end{bmatrix}x+\begin{bmatrix}2\\ 1\end{bmatrix}u$$

系统 2：
$$\dot{x}=\begin{bmatrix}-3 & 1 & 0\\ 0 & -3 & 0\\ 0 & 0 & -3\end{bmatrix}x+\begin{bmatrix}0\\ 1\\ 3\end{bmatrix}u$$

系统 3：
$$\dot{x}=\begin{bmatrix}3 & 0 & 0 & 0\\ 0 & 3 & 0 & 0\\ 0 & 0 & 5 & 0\\ 0 & 0 & 0 & 1\end{bmatrix}x+\begin{bmatrix}2 & 1\\ 0 & 1\\ 1 & 2\\ 1 & 1\end{bmatrix}u$$

系统 4：
$$\dot{x}=\begin{bmatrix}3 & 0 & 0 & 0\\ 0 & 3 & 0 & 0\\ 0 & 0 & 3 & 0\\ 0 & 0 & 0 & 1\end{bmatrix}x+\begin{bmatrix}1 & 2\\ 1 & 1\\ 2 & 1\\ 0 & 1\end{bmatrix}u$$

系统 5：
$$\dot{x}=\begin{bmatrix}3 & 1 & 0 & 0\\ 0 & 3 & 0 & 0\\ 0 & 0 & 3 & 1\\ 0 & 0 & 0 & 3\end{bmatrix}x+\begin{bmatrix}1 & 2\\ 1 & 1\\ 1 & 0\\ 2 & 2\end{bmatrix}u$$

系统 6：
$$\dot{x}=\begin{bmatrix}3 & 1 & 0 & 0\\ 0 & 3 & 0 & 0\\ 0 & 0 & 3 & 1\\ 0 & 0 & 0 & 3\end{bmatrix}x+\begin{bmatrix}2 & 1\\ 2 & 1\\ 1 & 0\\ 0 & 1\end{bmatrix}u$$

解：题中 6 个系统，系统 1 和系统 2 为单输入系统，根据本小节判别法则，这两个系统均不能控；系统 3 中，与二重特征值 3 构成的对角块对应的 $\boldsymbol{B}$ 矩阵中的两个行向量(2,1)、(0,1)线性独立，同时与互异特征值 5、1 相对应的 $\boldsymbol{B}$ 矩阵中的各行元素不全为 0，故系统 3 是能控的；系统 4 中，与三重特征值 3 构成的对角块对应的 $\boldsymbol{B}$ 矩阵中的三个行向量(1 ,2)、(1,1)和(2,1)线性相关，故系统不能控；系统 5 中，与四重特征值 3 构成的两个约旦小块对应的 $\boldsymbol{B}$ 矩阵最后一行元素所形成的向量(1,1)、(2,2)线性相关，故系统 5 不能控；而系统 6 是能控的。

本小节介绍的能控性判别方法也适用于线性定常离散系统。

3.1.4 线性定常离散系统的能控性判别

1. 单输入情形

单输入 n 阶线性定常离散系统

$$\boldsymbol{x}(k+1)=\boldsymbol{G}\boldsymbol{x}(k)+\boldsymbol{h}u(k) \tag{3.3}$$

状态完全能控的充分必要条件是：能控判别矩阵 $\boldsymbol{Q}_c=[\boldsymbol{h}\quad \boldsymbol{G}\boldsymbol{h}\quad \cdots\quad \boldsymbol{G}^{n-1}\boldsymbol{h}]$ 满秩，即

$$\text{Rank}\,\boldsymbol{Q}_c=\text{Rank}[\boldsymbol{h}\quad \boldsymbol{G}\boldsymbol{h}\quad \cdots\quad \boldsymbol{G}^{n-1}\boldsymbol{h}]=n$$

证明：状态方程(3.3)的解为

$$\boldsymbol{x}(k)=\boldsymbol{G}^k\boldsymbol{x}(0)+\sum_{j=0}^{k-1}\boldsymbol{G}^{k-j-1}\boldsymbol{h}u(j),\qquad k=1,2,\cdots$$

设在第 l 步上能将初始状态 $\boldsymbol{x}(0)$ 转移到零上，上式中令 $k=l$，可得线性定常离散系统在第 l 个采样时刻上的状态：

$$\boldsymbol{x}(l)=\boldsymbol{G}^l\boldsymbol{x}(0)+\sum_{j=0}^{l-1}\boldsymbol{G}^{l-j-1}\boldsymbol{h}u(j)$$

由 $\boldsymbol{x}(l)=\boldsymbol{0}$，进一步得

$$-\boldsymbol{G}^l\boldsymbol{x}(0)=\boldsymbol{G}^{l-1}\boldsymbol{h}u(0)+\boldsymbol{G}^{l-2}\boldsymbol{h}u(1)+\cdots+\boldsymbol{G}\boldsymbol{h}u(l-2)+\boldsymbol{h}u(l-1)$$

其中，$\boldsymbol{G}^l\boldsymbol{x}(0)$，$\boldsymbol{G}^{l-1}\boldsymbol{h}$，$\cdots$，$\boldsymbol{G}\boldsymbol{h}$，$\boldsymbol{h}$ 均为 n 维列向量，$u(0)$，$u(1)$，$\cdots$，$u(l-1)$都是标量。将上式写为矩阵方程的形式：

$$-\boldsymbol{G}^l\boldsymbol{x}(0)=[\boldsymbol{G}^{l-1}\boldsymbol{h}\quad \boldsymbol{G}^{l-2}\boldsymbol{h}\quad \cdots\quad \boldsymbol{G}\boldsymbol{h}\quad \boldsymbol{h}]\begin{bmatrix}u(0)\\u(1)\\\vdots\\u(l-2)\\u(l-1)\end{bmatrix} \tag{3.4}$$

由线性方程组解的存在性定理可知，从式(3.4)中解出 $u(0)$，$u(1)$，$\cdots$，$u(l-1)$ 的充要条件是：矩阵 $[\boldsymbol{G}^{l-1}\boldsymbol{h}\quad \boldsymbol{G}^{l-2}\boldsymbol{h}\quad \cdots\quad \boldsymbol{G}\boldsymbol{h}\quad \boldsymbol{h}]$ 与增广矩阵的秩相等，即

$$\text{Rank}[\boldsymbol{G}^{l-1}\boldsymbol{h}\quad \boldsymbol{G}^{l-2}\boldsymbol{h}\quad \cdots\quad \boldsymbol{G}\boldsymbol{h}\quad \boldsymbol{h}]=\text{Rank}[\boldsymbol{G}^{l-1}\boldsymbol{h}\quad \boldsymbol{G}^{l-2}\boldsymbol{h}\quad \cdots\quad \boldsymbol{G}\boldsymbol{h}\quad \boldsymbol{h}\quad -\boldsymbol{G}^l\boldsymbol{x}(0)] \tag{3.5}$$

由于 $\boldsymbol{G}$ 为非奇异，且 $\boldsymbol{x}(0)$ 为任意给定的非零 n 维列向量，故 $\boldsymbol{G}^l\boldsymbol{x}(0)$ 也必然是一个非零的 n 维列向量。欲使式(3.5)成立，必须使

$$\text{Rank}\begin{bmatrix}\boldsymbol{G}^{l-1}\boldsymbol{h} & \boldsymbol{G}^{l-2}\boldsymbol{h} & \cdots & \boldsymbol{G}\boldsymbol{h} & \boldsymbol{h}\end{bmatrix}=n \tag{3.6}$$

要使式(3.6)成立，l 的值必须大于或等于 n。对于单输入 n 阶线性定常离散系统，若不能在第 n 步将初始状态转移到零，那么在第 n 步以后的各步也不能使初始状态转移到零。于是式(3.6)中的 l 应取为 n，方程(3.4)有解的充要条件是 $n\times n$ 矩阵 $\begin{bmatrix}\boldsymbol{G}^{n-1}\boldsymbol{h} & \boldsymbol{G}^{n-2}\boldsymbol{h} & \cdots & \boldsymbol{G}\boldsymbol{h} & \boldsymbol{h}\end{bmatrix}$ 满秩。又因为改变矩阵列的次序不会影响矩阵的秩，所以式(3.6)有解的充分必要条件还可写为如下形式：

$$\text{Rank}\begin{bmatrix}\boldsymbol{h} & \boldsymbol{G}\boldsymbol{h} & \cdots & \boldsymbol{G}^{l-2}\boldsymbol{h} & \boldsymbol{G}^{l-1}\boldsymbol{h}\end{bmatrix}=n$$

这表明，满足上述条件就能使线性定常离散系统在阶梯控制作用序列 $u(0),u(1),\cdots,u(l-1)$ 的作用下，由任一初始状态 $\boldsymbol{x}(0)$ 出发在第 n 个采样时刻上转移到原点，即 $\boldsymbol{x}(n)=0$。

例 3.4　设单输入线性定常离散系统的状态方程为

$$\boldsymbol{x}(k+1)=\begin{bmatrix}1 & 0 & 0\\ 0 & 2 & -2\\ -1 & 1 & 0\end{bmatrix}\boldsymbol{x}(k)+\begin{bmatrix}1\\0\\1\end{bmatrix}u(k)$$

(1) 试判断系统的能控性；

(2) 若初始状态 $\boldsymbol{x}(0)=\begin{bmatrix}2 & 1\end{bmatrix}^{\mathrm{T}}$，试确定使 $\boldsymbol{x}(3)=\boldsymbol{0}$ 的控制序列 $u(0),u(1),u(2)$；

(3) 研究使 $\boldsymbol{x}(2)=\boldsymbol{0}$ 的可能性。

解：(1) 由题意知

$$\boldsymbol{G}=\begin{bmatrix}1 & 0 & 0\\ 0 & 2 & -2\\ -1 & 1 & 0\end{bmatrix},\qquad \boldsymbol{h}=\begin{bmatrix}1\\0\\1\end{bmatrix}$$

由系统矩阵 $\boldsymbol{G}$ 和控制矩阵 $\boldsymbol{h}$ 求得系统的能控性矩阵的秩为

$$\text{Rank}\begin{bmatrix}\boldsymbol{h} & \boldsymbol{G}\boldsymbol{h} & \boldsymbol{G}^2\boldsymbol{h}\end{bmatrix}=\text{Rank}\begin{bmatrix}1 & 1 & 1\\ 0 & -2 & -2\\ 1 & -1 & -3\end{bmatrix}=3=n$$

故该系统能控。

(2) 令 $k=0,1,2$，可得状态序列

$$\boldsymbol{x}(1)=\boldsymbol{G}\boldsymbol{x}(0)+\boldsymbol{h}u(0)=\begin{bmatrix}2\\2\\-1\end{bmatrix}+\begin{bmatrix}1\\0\\1\end{bmatrix}u(0)$$

$$\boldsymbol{x}(2)=\boldsymbol{G}\boldsymbol{x}(1)+\boldsymbol{h}u(1)=\begin{bmatrix}2\\6\\0\end{bmatrix}+\begin{bmatrix}1\\-2\\-1\end{bmatrix}u(0)+\begin{bmatrix}1\\0\\1\end{bmatrix}u(1)$$

$$x(3)=Gx(2)+hu(2)=\begin{bmatrix}2\\12\\4\end{bmatrix}+\begin{bmatrix}1\\-2\\-3\end{bmatrix}u(0)+\begin{bmatrix}1\\-2\\-1\end{bmatrix}u(1)+\begin{bmatrix}1\\0\\1\end{bmatrix}u(2)$$

令 $\boldsymbol{x}(3)=\boldsymbol{0}$，有如下方程：

$$\begin{bmatrix}1&1&1\\-2&-2&0\\-3&-1&1\end{bmatrix}\begin{bmatrix}u(0)\\u(1)\\u(2)\end{bmatrix}=\begin{bmatrix}-2\\-12\\-4\end{bmatrix}$$

由其系数矩阵即能控性矩阵的非奇异性可得该方程的解如下：

$$\begin{bmatrix}u(0)\\u(1)\\u(2)\end{bmatrix}=\begin{bmatrix}1&1&1\\-2&-2&0\\-3&-1&1\end{bmatrix}^{-1}\begin{bmatrix}-2\\-12\\-4\end{bmatrix}=\begin{bmatrix}\frac{1}{2}&\frac{1}{2}&\frac{1}{2}\\-\frac{1}{2}&-1&\frac{1}{2}\\1&\frac{1}{2}&0\end{bmatrix}\begin{bmatrix}-2\\-12\\-4\end{bmatrix}=\begin{bmatrix}-5\\11\\-8\end{bmatrix}$$

(3) 若令 $\boldsymbol{x}(2)=\boldsymbol{0}$，解下列方程组：

$$\begin{bmatrix}1&1\\-2&0\\-1&1\end{bmatrix}\begin{bmatrix}u(0)\\u(1)\end{bmatrix}=\begin{bmatrix}-2\\-6\\0\end{bmatrix}$$

容易看出，其系数矩阵的秩为 2，但增广矩阵 $\begin{bmatrix}1&1&-2\\-2&0&-6\\-1&1&0\end{bmatrix}$ 的秩为 3，两个秩不等，方程组无解，不能在第 2 个采样周期内将给定初始状态转移到原点。若两个秩相等，便意味着可用两步完成状态转移。

例 3.5 设线性定常离散系统的状态方程为

$$\begin{bmatrix}x_1(k+1)\\x_2(k+1)\\x_3(k+1)\end{bmatrix}=\begin{bmatrix}1&2&-1\\0&1&0\\1&-4&3\end{bmatrix}\begin{bmatrix}x_1(k)\\x_2(k)\\x_3(k)\end{bmatrix}+\begin{bmatrix}0\\0\\1\end{bmatrix}u(k)$$

试判断该系统是否具有能控性。

解： 根据给定系统的能控性矩阵的秩

$$\mathrm{Rank}\begin{bmatrix}\boldsymbol{h}&\boldsymbol{Gh}&\boldsymbol{G}^2\boldsymbol{h}\end{bmatrix}=\mathrm{Rank}\begin{bmatrix}0&-1&-4\\0&0&0\\1&3&8\end{bmatrix}=2<3$$

可知不满足状态能控的充分必要条件，系统不能控。

从给定系统的状态联立方程

$$x_1(k+1)=x_1(k)+2x_2(k)-x_3(k)$$
$$x_2(k+1)=x_2(k)$$

$$x_3(k+1)=x_1(k)-4x_2(k)+3x_3(k)+u(k)$$

也可看出，状态变量 x_2 无论直接或间接都与控制作用 u 无关。因此，控制作用 u 无法使该变量从其初始状态 $x_2(0)$ 转移到所需的终态 $x_2(3)=0$，故状态变量 x_2 不能控，从而给定系统的状态不完全能控。一般情况下，若系统中至少有一个状态变量为不能控，则该系统状态不完全能控，简称为系统不能控。

2. 多输入情形

以上研究的单输入线性定常离散系统能控性判据可推广到多输入系统。设多输入线性定常离散系统的状态方程为

$$\boldsymbol{x}(k+1)=\boldsymbol{G}\boldsymbol{x}(k)+\boldsymbol{H}\boldsymbol{u}(k) \tag{3.7}$$

其中，$\boldsymbol{x}$ 为 $n\times1$ 向量，$\boldsymbol{u}$ 为 $r\times1$ 向量。式(3.7)的解为

$$\boldsymbol{x}(k)=\boldsymbol{G}^k\boldsymbol{x}(0)+\sum_{j=0}^{k-1}\boldsymbol{G}^{k-j-1}\boldsymbol{H}\boldsymbol{u}(j),\qquad k=1,2,\cdots$$

令 $k=l$，$\boldsymbol{x}(l)=0$，有

$$-\boldsymbol{G}^l\boldsymbol{x}(0)=\sum_{j=0}^{l-1}\boldsymbol{G}^{l-j-1}\boldsymbol{H}\boldsymbol{u}(j)=\begin{bmatrix}\boldsymbol{G}^{l-1}\boldsymbol{H} & \boldsymbol{G}^{l-2}\boldsymbol{H} & \cdots & \boldsymbol{G}\boldsymbol{H} & \boldsymbol{H}\end{bmatrix}\begin{bmatrix}\boldsymbol{u}(0)\\ \boldsymbol{u}(1)\\ \vdots\\ \boldsymbol{u}(l-2)\\ \boldsymbol{u}(l-1)\end{bmatrix} \tag{3.8}$$

令
$$\boldsymbol{Q}_c=\begin{bmatrix}\boldsymbol{G}^{l-1}\boldsymbol{H} & \boldsymbol{G}^{l-2}\boldsymbol{H} & \cdots & \boldsymbol{G}\boldsymbol{H} & \boldsymbol{H}\end{bmatrix}$$

该矩阵为 $n\times lr$ 矩阵，由子列向量 $\boldsymbol{u}(0),\boldsymbol{u}(1),\cdots,\boldsymbol{u}(l-1)$ 构成的控制列向量是 lr 维的。式(3.8)含 n 个方程，但有 lr 个待求解的变量。由于初态 $\boldsymbol{x}(0)$ 可任意给定，根据解存在定理，矩阵 $\boldsymbol{Q}_c$ 的秩为 n 时方程组才有解。于是多输入线性定常离散系统状态能控的充分必要条件是

$$\mathrm{Rank}\,\boldsymbol{Q}_c=\mathrm{Rank}\begin{bmatrix}\boldsymbol{G}^{l-1}\boldsymbol{H} & \boldsymbol{G}^{l-2}\boldsymbol{H} & \cdots & \boldsymbol{G}\boldsymbol{H} & \boldsymbol{H}\end{bmatrix}=n$$

又因为改变矩阵列的次序不影响矩阵的秩，所以上式又可写为

$$\mathrm{Rank}\,\boldsymbol{Q}_c=\mathrm{Rank}\begin{bmatrix}\boldsymbol{H} & \boldsymbol{G}\boldsymbol{H} & \cdots & \boldsymbol{G}^{l-2}\boldsymbol{H} & \boldsymbol{G}^{l-1}\boldsymbol{H}\end{bmatrix}=n \tag{3.9}$$

需要指出的是，由于多输入线性定常离散系统的状态能控性矩阵是一个 $n\times lr$ 矩阵，而条件式(3.9)仅要求系统能控性矩阵满秩，即秩为 n，故在多输入线性定常离散系统中，把 n 阶系统初始状态转移到原点一般不需要 n 个采样周期，即 l 可小于 n，只要保证 $n\times lr$ 维矩阵 $\boldsymbol{Q}_c$ 满秩即可。特别地，若 $\mathrm{Rank}\,\boldsymbol{H}=1$，此时多输入系统与单输入系统一样，要求 $l=n$，只有 $\mathrm{Rank}\,\boldsymbol{H}>1$ 时，l 值才可小于 n。考虑到这两种情形，统一规定 $l=n$。于是，能控判别式(3.9)可改写为

$$\mathrm{Rank}\,\boldsymbol{Q}_c=\mathrm{Rank}\begin{bmatrix}\boldsymbol{H} & \boldsymbol{G}\boldsymbol{H} & \cdots & \boldsymbol{G}^{n-2}\boldsymbol{H} & \boldsymbol{G}^{n-1}\boldsymbol{H}\end{bmatrix}=n \tag{3.10}$$

例 3.6　双输入线性定常离散系统的状态方程为

$$x(k+1)=\begin{bmatrix}-2 & 2 & -1\\ 0 & -2 & 0\\ 1 & -4 & 0\end{bmatrix}x(k)+\begin{bmatrix}0 & 0\\ 0 & 1\\ 1 & 0\end{bmatrix}u(k)$$

试判断系统的能控性，并研究 $x(1)=\mathbf{0}$ 的可能性。

解：

$$Q_c=[H\quad GH\quad G^2H]=\left[\begin{array}{cc:cc:cc}0 & 0 & -1 & 2 & 2 & -4\\ 0 & 1 & 0 & -2 & 0 & 4\\ 1 & 0 & 0 & -4 & -1 & 10\end{array}\right]$$

显然由前三列组成的矩阵行列式不为零，故该系统能控。

由 $x(1)=Gx(0)+Hu(0)=\mathbf{0}$ 得

$$x(0)=-G^{-1}Hu(0)=-\begin{bmatrix}0 & -1 & 1\\ 0 & -\frac{1}{2} & 0\\ 1 & 3 & -2\end{bmatrix}\begin{bmatrix}0 & 0\\ 0 & 1\\ 1 & 0\end{bmatrix}\begin{bmatrix}u_1(0)\\ u_2(0)\end{bmatrix}=\begin{bmatrix}-1 & 2\\ 0 & \frac{1}{2}\\ 2 & -3\end{bmatrix}\begin{bmatrix}u_1(0)\\ u_2(0)\end{bmatrix}$$

设初始状态 $x(0)=[-1\quad 0\quad 2]^{T}$，由

$$\operatorname{Rank}\begin{bmatrix}-1 & 2\\ 0 & \frac{1}{2}\\ 2 & -3\end{bmatrix}=\operatorname{Rank}\begin{bmatrix}-1 & 2 & -1\\ 0 & \frac{1}{2} & 0\\ 2 & -3 & 2\end{bmatrix}=2$$

可求得 $u_1(0)=1, u_2(0)=0$，说明能在一步内将初态 $[-1\quad 0\quad 2]^{T}$ 转移到原点。初始状态为 $x(0)=\begin{bmatrix}2 & \frac{1}{2} & -3\end{bmatrix}^{T}$ 时亦能在一步内将其转移到原点，此时 $u_1(0)=0$，$u_2(0)=1$。但本例中，不是对任意初始状态都能在一步内将其转移到原点。

3.1.5 线性定常连续系统的输出能控性

通常系统能控性是针对系统的状态来说的，然而在分析与设计控制系统时，却往往是以系统的输出而不是状态作为系统的被控量。因此，有必要对系统的输出能控性也进行一番研究。

设线性定常连续系统

$$\dot{x}=Ax+Bu \tag{3.11}$$

$$y=Cx+Du \tag{3.12}$$

式中，$x\in R^{n}, u\in R^{r}, y\in R^{m}$。如果存在一个幅值上无约束的分段连续控制作用向量 $u(t)$ 能在有限的时间间隔 (t_f-t_0) 内将任一初始输出 $y(t_0)$ 转移到终端输出 $y(t_f)$，则称由方程(3.11)和(3.12)所描述的线性定常连续系统为输出完全能控。

可以证明，由方程(3.11)和(3.12)所描述的线性定常连续系统输出完全能控的充分必要条件是：$m\times(n+1)r$ 输出能控矩阵 $[CB\quad CAB\quad \cdots\quad CA^{n-1}B\quad D]$ 的秩为 m，即

$$\text{Rank}[\boldsymbol{CB}\quad \boldsymbol{CAB}\quad \cdots\quad \boldsymbol{CA}^{n-1}\boldsymbol{B}\quad \boldsymbol{D}]=m$$

例 3.7　设线性定常连续系统的状态方程与输出方程分别为

$$\dot{\boldsymbol{x}}=\begin{bmatrix}-4 & 1\\ 2 & -3\end{bmatrix}\boldsymbol{x}+\begin{bmatrix}1\\ 2\end{bmatrix}\boldsymbol{u}$$

$$\boldsymbol{y}=[1\quad 0]\boldsymbol{x}$$

试分析该系统是否输出完全能控与状态完全能控。

解：系统输出能控矩阵的秩

$$\text{Rank}[\boldsymbol{Cb}\quad \boldsymbol{CAb}]=\text{Rank}[1\quad -2]=1$$

与输出变量的数目相等，因此该系统输出完全能控。又因为系统状态能控性矩阵的秩

$$\text{Rank}[\boldsymbol{b}\quad \boldsymbol{Ab}]=\text{Rank}\begin{bmatrix}1 & -2\\ 2 & -4\end{bmatrix}=1$$

所以该系统的状态不完全能控。

由本例可以看出：线性定常连续系统的状态能控性与输出能控性之间没有必然的对应关系。

3.2　系统的能观性及其判别

控制工程中大多数控制系统都是反馈控制系统。现代控制理论中，通常是以状态变量作为系统的反馈信息，但实际中并非系统所有的状态变量在物理上都是能测量的，常常会出现系统的状态变量不能或不全能直接测量的情况，能否根据系统输出的测量值来确定那些不能直接测量到的状态变量，便是系统的能观性问题。

3.2.1　线性定常连续系统的能观性

1. 线性定常连续系统的能观性定义

能观性是反映系统输出确定状态的能力的，其定义如下：若对任意给定的输入 $\boldsymbol{u}$，在有限的观测时间 $[t_0, t_f]$ 内，能根据此期间的输出 $\boldsymbol{y}(t)$ 唯一地确定系统初始时刻的状态 $\boldsymbol{x}(t_0)$，则称状态 $\boldsymbol{x}(t_0)$ 是能观测的。若系统的每一个状态都是能观测的，则称系统是状态完全能观测的，简称系统是能观的或系统能观。

值得注意的是：

(1) 能观性反映的是系统 $\boldsymbol{y}(t)$ 确定状态 $\boldsymbol{x}(t)$ 的能力，而与控制作用没有直接关系，所以在分析系统能观性问题时，不妨设控制作用 $\boldsymbol{u}\equiv\boldsymbol{0}$，这样只需从齐次状态方程和输出方程

$$\begin{aligned}\dot{\boldsymbol{x}}&=\boldsymbol{Ax}\\ \boldsymbol{y}&=\boldsymbol{Cx}\end{aligned}\qquad \boldsymbol{x}(t_0)=\boldsymbol{x}_0$$

出发研究系统的能观性。

(2) 在定义中之所以把能观性规定为输出对初始状态的确定是因为一旦确定了

初始状态 $\boldsymbol{x}(t_0)$便可根据给定的控制作用，用状态转移方程

$$\boldsymbol{x}(t)=\boldsymbol{\Phi}(t-t_0)\boldsymbol{x}(t_0)+\int_{t_0}^{t}\boldsymbol{\Phi}(t-\tau)\boldsymbol{B}\boldsymbol{u}(\tau)\mathrm{d}\tau$$

求出各个瞬间的状态。

2. 线性定常连续系统的能观性判别

设线性定常连续系统的状态方程和输出方程分别为

$$\begin{aligned}\dot{\boldsymbol{x}}&=\boldsymbol{A}\boldsymbol{x}\\ \boldsymbol{y}&=\boldsymbol{C}\boldsymbol{x}\end{aligned}\qquad \boldsymbol{x}(t_0)=\boldsymbol{x}_0 \tag{3.13}$$

式中，$\boldsymbol{x}\in\boldsymbol{R}^n$，$\boldsymbol{y}\in\boldsymbol{R}^m$。则线性定常连续系统能观的充分必要条件是能观性判别矩阵 $\boldsymbol{Q}_o=[\boldsymbol{C}^{\mathrm{T}}\quad \boldsymbol{A}^{\mathrm{T}}\boldsymbol{C}^{\mathrm{T}}\quad\cdots\quad(\boldsymbol{A}^{\mathrm{T}})^{n-1}\boldsymbol{C}^{\mathrm{T}}]^{\mathrm{T}}$ 满秩，即

$$\mathrm{Rank}\,\boldsymbol{Q}_o=\mathrm{Rank}\begin{bmatrix}\boldsymbol{C}\\ \boldsymbol{C}\boldsymbol{A}\\ \vdots\\ \boldsymbol{C}\boldsymbol{A}^{n-1}\end{bmatrix}=n$$

证明：由式(3.13)解得

$$\boldsymbol{x}(t)=\mathrm{e}^{\boldsymbol{A}(t-t_0)}\boldsymbol{x}_0$$

$$\boldsymbol{y}(t)=\boldsymbol{C}\mathrm{e}^{\boldsymbol{A}(t-t_0)}\boldsymbol{x}_0$$

根据 Cayley-Hamilton 定理：$\boldsymbol{A}$ 的任何次幂，可由其 $0,1,\cdots,n-1$ 次幂的和表示，即

$$\boldsymbol{A}^k=\sum_{j=0}^{n-1}a_{jk}\boldsymbol{A}^j$$

又

$$\mathrm{e}^{\boldsymbol{A}t}=\sum_{k=0}^{\infty}\frac{1}{k!}\boldsymbol{A}^k t^k$$

故

$$\mathrm{e}^{\boldsymbol{A}t}=\sum_{k=0}^{\infty}\frac{t^k}{k!}\cdot\sum_{j=0}^{n-1}a_{jk}\boldsymbol{A}^j=\sum_{j=0}^{n-1}\boldsymbol{A}^j\cdot\sum_{k=0}^{\infty}a_{jk}\frac{t^k}{k!}=\sum_{j=0}^{n-1}\beta_j(t)\boldsymbol{A}^j \tag{3.14}$$

其中

$$\beta_j(t)=\sum_{k=0}^{\infty}a_{jk}\frac{t^k}{k!}$$

令式(3.14)中的 $t=t-t_0$，得

$$\mathrm{e}^{\boldsymbol{A}(t-t_0)}=\sum_{j=0}^{n-1}\beta_j(t-t_0)\boldsymbol{A}^j$$

其中

$$\beta_j(t-t_0)=\sum_{k=0}^{\infty}a_{jk}\frac{1}{k!}(t-t_0)^k$$

将上式代入系统输出方程得

$$\boldsymbol{y}(t)=\boldsymbol{C}\boldsymbol{x}(t)=\sum_{j=0}^{n-1}\beta_j(t-t_0)\boldsymbol{C}\boldsymbol{A}^j\boldsymbol{x}_0=[\beta_0\boldsymbol{I}\quad\beta_1\boldsymbol{I}\quad\cdots\quad\beta_{n-1}\boldsymbol{I}]\begin{bmatrix}\boldsymbol{C}\\ \boldsymbol{C}\boldsymbol{A}\\ \vdots\\ \boldsymbol{C}\boldsymbol{A}^{n-1}\end{bmatrix}\boldsymbol{x}_0 \tag{3.15}$$

因此，根据在观测时间$[t_0, t_f]$测量到的 $\boldsymbol{y}(t)$，从式(3.15)唯一确定 $\boldsymbol{x}_0$，即系统完全能观的充分必要条件是 $nm \times n$ 矩阵

$$\boldsymbol{Q}_o = \begin{bmatrix} \boldsymbol{C} \\ \boldsymbol{CA} \\ \vdots \\ \boldsymbol{CA}^{n-1} \end{bmatrix} \tag{3.16}$$

的秩为 n。式(3.16)被称为能观性矩阵。

例 3.8　试判断线性定常连续系统

$$\dot{\boldsymbol{x}} = \begin{bmatrix} 0 & 1 \\ -3 & -4 \end{bmatrix} \boldsymbol{x} + \begin{bmatrix} 1 \\ 2 \end{bmatrix} \boldsymbol{u}$$

$$\boldsymbol{y} = \begin{bmatrix} 1 & 0 \\ 2 & 1 \end{bmatrix} x + \begin{bmatrix} 1 \\ 0 \end{bmatrix} \boldsymbol{u}$$

的能观性。

解：给定系统的能观性矩阵

$$\boldsymbol{Q}_o = \begin{bmatrix} \boldsymbol{C} \\ \boldsymbol{CA} \end{bmatrix} = \begin{bmatrix} 1 & 0 \\ 2 & 1 \\ 0 & 1 \\ -3 & -2 \end{bmatrix}$$

其秩为 2，故系统是完全能观的。

3.2.2　线性定常连续系统能观性的另一种判别方法

对于线性定常连续系统，系统的能观性与能控性一样，除了用能观性矩阵判断其是否能观外，还有另外一种判别方式，那就是先对系统状态空间表达式做线性非奇异变换，将其状态矩阵 $\boldsymbol{A}$ 化为对角标准型或约旦标准型，再根据变换后输出矩阵 $\boldsymbol{C}$ 的特征确定系统是否能观。

1. 系统特征值互异的情形

设线性定常连续系统

$$\dot{\boldsymbol{x}} = \boldsymbol{Ax}$$

$$\boldsymbol{y} = \boldsymbol{Cx}$$

的特征值 $\lambda_1, \lambda_2, \cdots, \lambda_n$ 互异，则存在线性非奇异变换 $\boldsymbol{x} = \boldsymbol{T}\bar{\boldsymbol{x}}$，将系统状态方程变换为如下对角标准型：

$$\dot{\bar{\boldsymbol{x}}} = \bar{\boldsymbol{A}}\bar{\boldsymbol{x}} = \boldsymbol{T}^{-1}\boldsymbol{AT}\bar{\boldsymbol{x}} = \begin{bmatrix} \lambda_1 & & \\ & \ddots & \\ & & \lambda_n \end{bmatrix} \bar{\boldsymbol{x}}$$

$$y=\bar{C}\bar{x}=CT\bar{x}=\begin{bmatrix} c_{11} & \cdots & c_{1n} \\ \vdots & \ddots & \vdots \\ b_{m1} & \cdots & b_{mn} \end{bmatrix}\bar{x}$$

变换后系统状态完全能观的充要条件是：变换后系统的输出矩阵 $\bar{C}$ 中不含元素全为 0 的列。

例 3.9 试判断下列系统的能观性。

系统 1：

$$\dot{x}=\begin{bmatrix} -7 & 0 & 0 \\ 0 & -5 & 0 \\ 0 & 0 & -3 \end{bmatrix}x$$

$$y=[6 \quad 4 \quad 5]x$$

系统 2：

$$\dot{x}=\begin{bmatrix} -7 & 0 & 0 \\ 0 & -5 & 0 \\ 0 & 0 & -3 \end{bmatrix}x$$

$$y=[3 \quad 2 \quad 0]x$$

系统 3：

$$\dot{x}=\begin{bmatrix} -7 & 0 & 0 \\ 0 & -5 & 0 \\ 0 & 0 & -3 \end{bmatrix}x$$

$$y=\begin{bmatrix} 1 & 2 & 3 \\ 2 & 5 & 8 \end{bmatrix}x$$

系统 4：

$$\dot{x}=\begin{bmatrix} -7 & 0 & 0 \\ 0 & -5 & 0 \\ 0 & 0 & -3 \end{bmatrix}x$$

$$y=\begin{bmatrix} 1 & 2 & 0 \\ 2 & 5 & 0 \end{bmatrix}x$$

解：题中四个系统，状态方程中的 A 矩阵相同，但输出矩阵 C 不同。系统 1 和系统 3，由于 C 矩阵中不含有全为 0 的列，故系统是能观的；系统 2 和系统 4，由于 C 矩阵中的第三列元素全为 0，故系统不能观。读者可自行画出各系统的状态模拟结构图，便不难看出以上结论的正确性。

2. 系统特征值相重的情形

设线性定常连续系统

$$\dot{x}=Ax$$
$$y=Cx$$

具有相重特征值，则存在线性非奇异变换 $x=T\bar{x}$，将系统状态方程变换为如下约旦标准型：

$$\dot{\bar{x}}=T^{-1}AT\bar{x}=\bar{A}\bar{x}=\begin{bmatrix} J_1 & & & \\ & \ddots & & \\ & & J_l & \\ & & & \Lambda \end{bmatrix}\bar{x}$$

$$y=CT\bar{x}=\bar{C}\bar{x}=\begin{bmatrix} c_{11} & \cdots & c_{1n} \\ \vdots & \ddots & \vdots \\ c_{m1} & \cdots & c_{mn} \end{bmatrix}\bar{x}$$

其中，$J_i(i=1,2,\cdots,l)$ 为约旦标准块，Λ 为重根外互异特征值对应的对角块。变换后系统状态完全能观的充要条件是：变换后系统约旦标准型中的每个约旦块 $\boldsymbol{J}_i(i=1,2,\cdots,l)$ 首列所对应的 $\boldsymbol{C}$ 矩阵中的各列元素不全为 0，且互异特征值部分对应的 $\boldsymbol{C}$ 矩阵中的各列元素均不全为 0。例如，有如下四个系统：

系统 1：

$$\dot{\boldsymbol{x}}=\begin{bmatrix}-2 & 1\\ 0 & -2\end{bmatrix}\boldsymbol{x}$$

$$\boldsymbol{y}=\begin{bmatrix}1 & 0\end{bmatrix}\boldsymbol{x}$$

系统 2：

$$\dot{\boldsymbol{x}}=\begin{bmatrix}-2 & 1\\ 0 & -2\end{bmatrix}\boldsymbol{x}$$

$$\boldsymbol{y}=\begin{bmatrix}0 & 1\end{bmatrix}\boldsymbol{x}$$

系统 3：

$$\dot{\boldsymbol{x}}=\begin{bmatrix}2 & 0 & 0 & 0\\ 0 & -3 & 0 & 0\\ 0 & 0 & -4 & 1\\ 0 & 0 & 0 & -4\end{bmatrix}\boldsymbol{x}$$

$$\boldsymbol{y}=\begin{bmatrix}1 & 4 & 0 & 1\\ 3 & 7 & 0 & 0\end{bmatrix}\boldsymbol{x}$$

系统 4：

$$\dot{\boldsymbol{x}}=\begin{bmatrix}2 & 0 & 0 & 0\\ 0 & -3 & 0 & 0\\ 0 & 0 & -4 & 1\\ 0 & 0 & 0 & -4\end{bmatrix}\boldsymbol{x}$$

$$\boldsymbol{y}=\begin{bmatrix}1 & 4 & 1 & 0\\ 3 & 7 & 0 & 0\end{bmatrix}\boldsymbol{x}$$

根据本节中的能观性判别规则，系统 1 和系统 4 能观，系统 2 和系统 3 不能观。

还要指出的是：当 $\boldsymbol{A}$ 有相重特征值时，系统也有可能变换为对角标准型，对于这类系统，不能简单地应用本小节介绍的判别方法来判别其能观性。在 $\boldsymbol{A}$ 具有相重特征值且系统又能变换为对角标准型的情况下，单输入系统是不能观的；至于多输入系统，则需观察 $\boldsymbol{CT}$ 中某些列向量的线性相关性来判断系统的能观性：若与那些相重特征值对应的对角块各列元素所形成的向量线性独立，则系统能观，否则系统不能观；若与那些相重特征值对应的约旦小块的首列元素所形成的向量线性独立，则系统能观，否则系统不能观。举例如下：

系统 1：

$$\dot{\boldsymbol{x}}=\begin{bmatrix}2 & 0 & 0\\ 0 & 2 & 0\\ 0 & 0 & 1\end{bmatrix}\boldsymbol{x}$$

$$\boldsymbol{y}=\begin{bmatrix}1 & 4 & 3\\ 2 & 5 & -1\end{bmatrix}\boldsymbol{x}$$

系统 2：

$$\dot{\boldsymbol{x}}=\begin{bmatrix}2 & 0 & 0\\ 0 & 2 & 0\\ 0 & 0 & 1\end{bmatrix}\boldsymbol{x}$$

$$\boldsymbol{y}=\begin{bmatrix}1 & 3 & 1\\ -1 & -3 & 5\\ 2 & 6 & 4\end{bmatrix}\boldsymbol{x}$$

系统 3：

$$\dot{\boldsymbol{x}}=\begin{bmatrix}4 & 1 & 0 & 0\\ 0 & 4 & 0 & 0\\ 0 & 0 & 4 & 1\\ 0 & 0 & 0 & 4\end{bmatrix}\boldsymbol{x}$$

$$\boldsymbol{y}=\begin{bmatrix}1 & 1 & 2 & 1\\ 1 & 2 & 2 & 0\end{bmatrix}\boldsymbol{x}$$

系统 4：

$$\dot{\boldsymbol{x}}=\begin{bmatrix}4 & 1 & 0 & 0\\ 0 & 4 & 0 & 0\\ 0 & 0 & 4 & 1\\ 0 & 0 & 0 & 4\end{bmatrix}\boldsymbol{x}$$

$$\boldsymbol{y}=\begin{bmatrix}1 & 1 & 1 & 2\\ 2 & 1 & 0 & 2\end{bmatrix}\boldsymbol{x}$$

系统 1 中,与二重特征值 2 构成的对角块对应的 C 矩阵中的两个列向量$(1,2)^T$、$(4,5)^T$ 线性独立,同时,与互异特征值 1 相对应的 C 矩阵中的列元素不全为 0,故系统 1 是能观的;系统 2 中,与二重特征值 2 构成的对角块对应的 C 矩阵中的两个列向量$(1,-1,2)^T$ 和$(3,-3,6)^T$ 线性相关,故系统不能观;系统 3 中,与四重特征值 4 构成的两个约旦小块对应的 C 矩阵首列元素所形成的列向量$(1,1)^T$、$(2,2)^T$ 线性相关,故系统 3 不能观;系统 4 中,与四重特征值 4 构成的两个约旦小块对应的 C 矩阵首列元素所形成的列向量$(1,2)^T$、$(1,0)^T$ 线性独立,故系统 4 是能观的。

本小节介绍的能观性判别方法也适用于线性定常离散系统。

3.2.3 线性定常离散系统的能观性

1. 线性定常离散系统能观性定义

对于 n 阶线性定常离散系统

$$\begin{aligned} \boldsymbol{x}(k+1) &= \boldsymbol{G}\boldsymbol{x}(k)+\boldsymbol{H}\boldsymbol{u}(k) \\ \boldsymbol{y}(k) &= \boldsymbol{C}\boldsymbol{x}(k) \end{aligned}$$

其中,$\boldsymbol{x}\in\boldsymbol{R}^n$,$\boldsymbol{y}\in\boldsymbol{R}^m$,$\boldsymbol{u}\in\boldsymbol{R}^r$,能观性定义如下:若能根据有限采样周期内的输出 $\boldsymbol{y}(k)$唯一地确定任意初始状态矢量 $\boldsymbol{x}(0)$,则称系统是完全能观的。

2. 线性定常离散系统能观性判别

由于系统的能观性与输入无关,分析系统能观性时,只需从齐次状态方程和输出方程入手,即

$$\begin{aligned} \boldsymbol{x}(k+1) &= \boldsymbol{G}\boldsymbol{x}(k) \\ \boldsymbol{y}(k) &= \boldsymbol{C}\boldsymbol{x}(k) \end{aligned}$$

其对应解为

$$\begin{aligned} \boldsymbol{x}(k) &= \boldsymbol{G}^k\boldsymbol{x}(0) \\ \boldsymbol{y}(k) &= \boldsymbol{C}\boldsymbol{G}^k\boldsymbol{x}(0) \end{aligned}$$

其递推表达式为

$$\begin{aligned} \boldsymbol{y}(0) &= \boldsymbol{C}\boldsymbol{x}(0) \\ \boldsymbol{y}(1) &= \boldsymbol{C}\boldsymbol{G}\boldsymbol{x}(0) \\ &\vdots \\ \boldsymbol{y}(n-1) &= \boldsymbol{C}\boldsymbol{G}^{n-1}\boldsymbol{x}(0) \end{aligned}$$

写成矩阵形式有

$$\begin{bmatrix} \boldsymbol{y}(0) \\ \boldsymbol{y}(1) \\ \vdots \\ \boldsymbol{y}(n-1) \end{bmatrix} = \begin{bmatrix} \boldsymbol{C} \\ \boldsymbol{C}\boldsymbol{G} \\ \vdots \\ \boldsymbol{C}\boldsymbol{G}^{n-1} \end{bmatrix} \begin{bmatrix} x_1(0) \\ x_2(0) \\ \vdots \\ x_n(0) \end{bmatrix}$$

这是一个含有 n 个未知量,有 mn 个方程构成的方程组,$\boldsymbol{x}(0)$有唯一解的充分必

要条件是其系数矩阵的秩等于 n，即

$$\text{Rank}\begin{bmatrix} \boldsymbol{C} \\ \boldsymbol{CG} \\ \vdots \\ \boldsymbol{CG}^{n-1} \end{bmatrix}=n$$

该系数矩阵即为线性定常离散系统的能观性矩阵。

3.3 系统能控标准型和能观标准型

在建立系统状态空间表达式时，状态变量的选择往往是非唯一的，因此，系统的状态空间表达式也是非唯一的。但是，对于完全能控或完全能观的线性定常系统，可以从能控性或能观性这个基本属性出发，构造一个非奇异变换阵，将系统的状态空间描述在这一变换阵下化为只有能控或能观系统才具有的标准形式，分别称这种标准形式为能控标准型和能观标准型。这两种标准型对于系统的状态反馈及系统状态观测器的设计是非常有用的。

多输入多输出系统的能控标准型、能观标准型不是唯一的，相对比较麻烦，本书只讨论单输入单输出系统能控标准型和能观标准型的形式及变换阵的构造方法。

3.3.1 单输入系统的能控标准型

对于 n 维线性定常系统

$$\dot{\boldsymbol{x}}=\boldsymbol{Ax}+\boldsymbol{Bu}$$
$$\boldsymbol{y}=\boldsymbol{Cx}$$

若系统状态完全能控，即满足 $\text{Rank}\,[\boldsymbol{B}\quad \boldsymbol{AB}\quad \cdots\quad \boldsymbol{A}^{n-1}\boldsymbol{B}]=n$，那么在能控判别矩阵 $[\boldsymbol{B}\quad \boldsymbol{AB}\quad \cdots\quad \boldsymbol{A}^{n-1}\boldsymbol{B}]$ 的 nr 个列向量中至少有 n 个 n 维列向量是线性无关的，选择其中的 n 个线性无关的 n 维列向量，以某种方式进行线性组合，组合后的结果作为状态空间的基底，便可导出状态空间表达式的某种能控标准型。对于多输入系统，由于从 $n\times nr$ 的能控判别矩阵中选出 n 个线性无关的 n 维列向量的选法不是唯一的，因而其能控标准型的形式也不是唯一的。而对于单输入系统，$r=1$，对于状态完全能控的系统，能控判别式中只有唯一的一组线性无关的列向量，一旦组合规律确定，其能控标准型的形式就是唯一的。

若单输入线性定常系统

$$\begin{aligned}\dot{\boldsymbol{x}}&=\boldsymbol{Ax}+\boldsymbol{b}u \\ \boldsymbol{y}&=\boldsymbol{Cx}\end{aligned} \tag{3.17}$$

状态完全能控，则存在线性非奇异变换

$$\boldsymbol{x}=\boldsymbol{T}_c\bar{\boldsymbol{x}}$$

其中 $$T_c=[A^{n-1}b \quad A^{n-2}b \quad \cdots \quad b]\begin{bmatrix}1 & & & & 0\\ a_{n-1} & 1 & & & \\ \vdots & \ddots & \ddots & & \\ a_2 & \ddots & \ddots & 1 & \\ a_1 & a_2 & \cdots & a_{n-1} & 1\end{bmatrix}$$

把状态空间表达式(3.17)变换为

$$\begin{aligned}\dot{\bar{x}}&=\bar{A}\bar{x}+\bar{b}u\\ y&=\bar{C}\bar{x}\end{aligned} \tag{3.18}$$

其中 $$\bar{A}=T_c^{-1}AT_c=\begin{bmatrix}0 & 1 & \cdots & 0 & 0\\ 0 & 0 & 1 & \cdots & 0\\ \vdots & \vdots & \vdots & \vdots & \vdots\\ 0 & 0 & \cdots & 0 & 1\\ -a_0 & -a_1 & \cdots & -a_{n-2} & -a_{n-1}\end{bmatrix} \tag{3.19}$$

$$\bar{b}=T_c^{-1}b=\begin{bmatrix}0\\0\\ \vdots\\0\\1\end{bmatrix} \tag{3.20}$$

$$\bar{C}=CT_c=[\beta_0 \quad \beta_1 \quad \cdots \quad \beta_{n-1}] \tag{3.21}$$

称形如式(3.18)的状态空间表达式为能控标准型,其中,$a_i(i=0,1,\cdots,n-1)$为系统特征多项式

$$|\lambda I-A|=\lambda^n+a_{n-1}\lambda^{n-1}+\cdots+a_1\lambda+a_0$$

的各项系数,$\beta_i(i=0,1,\cdots,n-1)$是 CT_c 相乘的结果,即

$$\left.\begin{aligned}\beta_0&=C(A^{n-1}b+a_{n-1}A^{n-2}b+\cdots+a_1b)\\ \beta_1&=C(A^{n-2}b+a_{n-2}A^{n-3}b+\cdots+a_2b)\\ &\vdots\\ \beta_{n-2}&=C(Ab+a_{n-1}b)\\ \beta_{n-1}&=Cb\end{aligned}\right\} \tag{3.22}$$

证明:假设系统完全能控,故 $n\times1$ 向量 $b,Ab,\cdots,A^{n-1}b$ 是线性独立的,按下列方式组合所构成的 n 个新向量 $e_1,e_2,\cdots,e_n$ 也是线性独立的。

$$\left.\begin{aligned}e_1&=A^{n-1}b+a_{n-1}A^{n-2}b+\cdots+a_1b\\ e_2&=A^{n-2}b+a_{n-2}A^{n-3}b+\cdots+a_2b\\ &\vdots\\ e_{n-1}&=Ab+a_{n-1}b\\ e_n&=b\end{aligned}\right\} \tag{3.23}$$

其中，$a_i(i=0,1,\cdots,n-1)$为系统特征多项式的各项系数。

用 $\boldsymbol{e}_1,\boldsymbol{e}_2,\cdots,\boldsymbol{e}_n$ 组成变换矩阵 $\boldsymbol{T}_c$，即

$$\boldsymbol{T}_c=[\boldsymbol{e}_1\quad \boldsymbol{e}_2\quad \cdots\quad \boldsymbol{e}_n]$$

由 $\bar{\boldsymbol{A}}=\boldsymbol{T}_c^{-1}\boldsymbol{A}\boldsymbol{T}_c$ 得

$$\boldsymbol{T}_c\bar{\boldsymbol{A}}=\boldsymbol{A}\boldsymbol{T}_c=\boldsymbol{A}[\boldsymbol{e}_1\quad \boldsymbol{e}_2\quad \cdots\quad \boldsymbol{e}_n]=[\boldsymbol{A}\boldsymbol{e}_1\quad \boldsymbol{A}\boldsymbol{e}_2\quad \cdots\quad \boldsymbol{A}\boldsymbol{e}_n] \tag{3.24}$$

将式(3.23)各项分别代入式(3.24)有

$$\begin{aligned}\boldsymbol{A}\boldsymbol{e}_1&=\boldsymbol{A}(\boldsymbol{A}^{n-1}\boldsymbol{b}+a_{n-1}\boldsymbol{A}^{n-2}\boldsymbol{b}+\cdots+a_1\boldsymbol{b})=\\&(\boldsymbol{A}^n\boldsymbol{b}+a_{n-1}\boldsymbol{A}^{n-1}\boldsymbol{b}+\cdots+a_1\boldsymbol{A}\boldsymbol{b}+a_0\boldsymbol{b})-a_0\boldsymbol{b}\end{aligned}$$

根据 Cayley-Hamilton 定理有

$$\boldsymbol{A}^n+a_{n-1}\boldsymbol{A}^{n-1}+\cdots+a_1\boldsymbol{A}+a_0\boldsymbol{I}=\boldsymbol{0}$$

故　$\boldsymbol{A}\boldsymbol{e}_1=-a_0\boldsymbol{b}=-a_0\boldsymbol{e}_n$

$$\begin{aligned}\boldsymbol{A}\boldsymbol{e}_2&=\boldsymbol{A}(\boldsymbol{A}^{n-2}\boldsymbol{b}+a_{n-2}\boldsymbol{A}^{n-3}\boldsymbol{b}+\cdots+a_2\boldsymbol{b})=\\&(\boldsymbol{A}^{n-1}\boldsymbol{b}+a_{n-1}\boldsymbol{A}^{n-2}\boldsymbol{b}+\cdots+a_2\boldsymbol{A}\boldsymbol{b}+a_1\boldsymbol{b})-a_1\boldsymbol{b}=\\&\boldsymbol{e}_1-a_1\boldsymbol{b}=\boldsymbol{e}_1-a_1\boldsymbol{e}_n\end{aligned}$$

$$\vdots$$

$$\boldsymbol{A}\boldsymbol{e}_{n-1}=\boldsymbol{A}(\boldsymbol{A}\boldsymbol{b}+a_{n-1}\boldsymbol{b})=(\boldsymbol{A}^2\boldsymbol{b}+a_{n-1}\boldsymbol{A}\boldsymbol{b}+a_{n-2}\boldsymbol{b})-a_{n-2}\boldsymbol{b}=\boldsymbol{e}_{n-2}-a_{n-2}\boldsymbol{e}_n$$

$$\boldsymbol{A}\boldsymbol{e}_n=\boldsymbol{A}\boldsymbol{b}=(\boldsymbol{A}\boldsymbol{b}+a_{n-1}\boldsymbol{b})-a_{n-1}\boldsymbol{b}=\boldsymbol{e}_{n-1}-a_{n-1}\boldsymbol{e}_n$$

把上述 $\boldsymbol{A}\boldsymbol{e}_1,\boldsymbol{A}\boldsymbol{e}_2,\cdots,\boldsymbol{A}\boldsymbol{e}_n$ 代入式(3.24)有

$$\begin{aligned}\boldsymbol{T}_c\bar{\boldsymbol{A}}&=[\boldsymbol{A}\boldsymbol{e}_1\quad \boldsymbol{A}\boldsymbol{e}_2\quad \cdots\quad \boldsymbol{A}\boldsymbol{e}_n]=[-a_0\boldsymbol{e}_n\quad \boldsymbol{e}_1-a_1\boldsymbol{e}_n\quad \cdots\quad \boldsymbol{e}_{n-1}-a_{n-1}\boldsymbol{e}_n]=\\&[\boldsymbol{e}_1\quad \boldsymbol{e}_2\quad \cdots\quad \boldsymbol{e}_n]\begin{bmatrix}0&1&\cdots&0&0\\0&0&1&\cdots&0\\\vdots&\vdots&\vdots&\vdots&\vdots\\0&0&\cdots&0&1\\-a_0&-a_1&\cdots&-a_{n-2}&-a_{n-1}\end{bmatrix}\end{aligned}$$

因　$\boldsymbol{T}_c=[\boldsymbol{e}_1\quad \boldsymbol{e}_2\quad \cdots\quad \boldsymbol{e}_n]$

所以

$$\bar{\boldsymbol{A}}=\begin{bmatrix}0&1&\cdots&0&0\\0&0&1&\cdots&0\\\vdots&\vdots&\vdots&\vdots&\vdots\\0&0&\cdots&0&1\\-a_0&-a_1&\cdots&-a_{n-2}&-a_{n-1}\end{bmatrix}$$

再证　$\bar{\boldsymbol{b}}=[0\quad 0\quad \cdots\quad 1]^{\mathrm{T}}$

由　$\bar{\boldsymbol{b}}=\boldsymbol{T}_c^{-1}\boldsymbol{b}$

有　$\boldsymbol{T}_c\bar{\boldsymbol{b}}=\boldsymbol{b}$

将式(3.23)中的 $\boldsymbol{b}=\boldsymbol{e}_n$ 代入上式得

$$\boldsymbol{T}_c\bar{\boldsymbol{b}}=\boldsymbol{e}_n=[\boldsymbol{e}_1\quad \boldsymbol{e}_2\quad \cdots\quad \boldsymbol{e}_n]\begin{bmatrix}0\\0\\ \vdots\\1\end{bmatrix}$$

可见

$$\bar{\boldsymbol{b}}=\begin{bmatrix}0\\0\\ \vdots\\1\end{bmatrix}=[0\quad 0\quad \cdots\quad 1]^{\mathrm{T}}$$

最后证明

$$\bar{\boldsymbol{C}}=\boldsymbol{C}\boldsymbol{T}_c=[\beta_0\quad \beta_1\quad \cdots\quad \beta_{n-1}]$$

将式(3.23)代入 $\bar{\boldsymbol{C}}=\boldsymbol{C}\boldsymbol{T}_c=\boldsymbol{C}[\boldsymbol{e}_1\quad \boldsymbol{e}_2\quad \cdots\quad \boldsymbol{e}_n]$得

$$\bar{\boldsymbol{C}}=\boldsymbol{C}[\boldsymbol{A}^{n-1}\boldsymbol{b}+a_{n-1}\boldsymbol{A}^{n-2}\boldsymbol{b}+\cdots+a_1\boldsymbol{b}\quad \boldsymbol{A}^{n-2}\boldsymbol{b}+a_{n-2}\boldsymbol{A}^{n-3}\boldsymbol{b}+\cdots+a_2\boldsymbol{b}\quad \cdots\quad \boldsymbol{A}\boldsymbol{b}+a_{n-1}\boldsymbol{b}\quad \boldsymbol{b}]=[\beta_0\quad \beta_1\quad \cdots\quad \beta_{n-1}]$$

其中

$$\begin{aligned}&\beta_0=\boldsymbol{C}(\boldsymbol{A}^{n-1}\boldsymbol{b}+a_{n-1}\boldsymbol{A}^{n-2}\boldsymbol{b}+\cdots+a_1\boldsymbol{b})\\&\vdots\\&\beta_{n-1}=\boldsymbol{C}\boldsymbol{b}\end{aligned}$$

或写为

$$\bar{\boldsymbol{C}}=\boldsymbol{C}[\boldsymbol{A}^{n-1}\boldsymbol{b}\quad \boldsymbol{A}^{n-2}\boldsymbol{b}\quad \cdots\quad \boldsymbol{b}]\begin{bmatrix}1 & & & & 0\\ a_{n-1} & 1 & & & \\ \vdots & \ddots & \ddots & & \\ a_2 & \ddots & \ddots & 1 & \\ a_1 & a_2 & \cdots & a_{n-1} & 1\end{bmatrix}$$

显然

$$\boldsymbol{T}_c=[\boldsymbol{A}^{n-1}\boldsymbol{b}\quad \boldsymbol{A}^{n-2}\boldsymbol{b}\quad \cdots\quad \boldsymbol{b}]\begin{bmatrix}1 & & & & 0\\ a_{n-1} & 1 & & & \\ \vdots & \ddots & \ddots & & \\ a_2 & \ddots & \ddots & 1 & \\ a_1 & a_2 & \cdots & a_{n-1} & 1\end{bmatrix}$$

证毕。

采用能控标准型的 $\bar{\boldsymbol{A}},\bar{\boldsymbol{b}},\bar{\boldsymbol{C}}$ 求系统的传递函数很方便

$$\boldsymbol{G}(s)=\bar{\boldsymbol{C}}(s\boldsymbol{I}-\bar{\boldsymbol{A}})^{-1}\bar{\boldsymbol{b}}=\frac{\beta_{n-1}s^{n-1}+\beta_{n-2}s^{n-2}+\cdots+\beta_1 s+\beta_0}{s^n+a_{n-1}s^{n-1}+\cdots+a_1 s+a_0}\tag{3.25}$$

从式(3.25)可以看出：传递函数分母多项式的各项系数是 $\bar{\boldsymbol{A}}$ 的最后一行元素的

负值，分子多项式的各项系数是 $\bar{C}$ 的各元素。反过来，根据系统传递函数分子、分母多项式的各项系数便可直接写出系统的能控标准型。

例 3.10　试将下列状态空间表达式转换成能控标准型。

$$\dot{\boldsymbol{x}}=\begin{bmatrix}1&2&0\\3&-1&1\\0&2&0\end{bmatrix}\boldsymbol{x}+\begin{bmatrix}2\\1\\1\end{bmatrix}\boldsymbol{u}$$

$$\boldsymbol{y}=\begin{bmatrix}0&0&1\end{bmatrix}\boldsymbol{x}$$

解：系统能控判别阵的秩为

$$\mathrm{Rank}\begin{bmatrix}\boldsymbol{b}&\boldsymbol{Ab}&\boldsymbol{A}^2\boldsymbol{b}\end{bmatrix}=\mathrm{Rank}\begin{bmatrix}2&4&16\\1&6&8\\1&2&12\end{bmatrix}=3$$

所以系统能控，可化为能控标准型。

由系统特征多项式

$$|\lambda\boldsymbol{I}-\boldsymbol{A}|=\lambda^3-9\lambda+2$$

得　$$a_0=2,\quad a_1=-9,\quad a_2=0$$

根据式(3.19)、式(3.20)、式(3.22)可得

$$\bar{\boldsymbol{A}}=\begin{bmatrix}0&1&0\\0&0&1\\-a_0&-a_1&-a_2\end{bmatrix}=\begin{bmatrix}0&1&0\\0&0&1\\-2&9&0\end{bmatrix}$$

$$\bar{\boldsymbol{b}}=\begin{bmatrix}0\\0\\1\end{bmatrix}$$

$$\bar{\boldsymbol{C}}=\boldsymbol{CT}_{c1}=\begin{bmatrix}0&0&1\end{bmatrix}\begin{bmatrix}\boldsymbol{A}^2\boldsymbol{b}&\boldsymbol{Ab}&\boldsymbol{b}\end{bmatrix}\begin{bmatrix}1&0&0\\a_2&1&0\\a_1&a_2&1\end{bmatrix}=$$

$$\begin{bmatrix}0&0&1\end{bmatrix}\begin{bmatrix}16&4&2\\8&6&1\\12&2&1\end{bmatrix}\begin{bmatrix}1&0&0\\0&1&0\\-9&0&1\end{bmatrix}=$$

$$\begin{bmatrix}3&2&1\end{bmatrix}=\begin{bmatrix}\beta_0&\beta_1&\beta_2\end{bmatrix}$$

因此，系统的能控标准型为

$$\dot{\bar{x}}=\begin{bmatrix}0&1&0\\0&0&1\\-2&9&0\end{bmatrix}\bar{x}+\begin{bmatrix}0\\0\\1\end{bmatrix}\boldsymbol{u}$$

$$\boldsymbol{y}=\begin{bmatrix}3&2&1\end{bmatrix}\bar{x}$$

根据式(3.25)还能直接写出系统的传递函数

$$G(s)=\frac{\beta_2 s^2+\beta_1 s+\beta_0}{s^3+a_2 s^2+a_1 s+a_0}=\frac{s^2+2s+3}{s^3-9s+2}$$

3.3.2 单输出系统的能观标准型

与化系统为能控标准型相类似，只有系统状态完全能观时，才能化系统状态空间表达式为能观标准型。

设单输出线性定常系统

$$\begin{aligned}\dot{\boldsymbol{x}}&=\boldsymbol{A}\boldsymbol{x}+\boldsymbol{b}u\\ y&=\boldsymbol{C}\boldsymbol{x}\end{aligned}\tag{3.26}$$

状态完全能观，则存在非奇异变换

$$\boldsymbol{x}=\boldsymbol{T}_o\bar{\boldsymbol{x}}\tag{3.27}$$

变换阵

$$\boldsymbol{T}_o^{-1}=\begin{bmatrix}1 & a_{n-1} & \cdots & a_2 & a_1\\ 0 & 1 & \cdots & a_3 & a_2\\ \vdots & \vdots & \ddots & \vdots & \vdots\\ 0 & 0 & \cdots & 1 & a_{n-1}\\ 0 & 0 & \cdots & 0 & 1\end{bmatrix}\begin{bmatrix}\boldsymbol{C}\boldsymbol{A}^{n-1}\\ \boldsymbol{C}\boldsymbol{A}^{n-2}\\ \vdots\\ \boldsymbol{C}\boldsymbol{A}\\ \boldsymbol{C}\end{bmatrix}\tag{3.28}$$

将其状态空间表达式(3.26)变换为

$$\begin{aligned}\dot{\bar{\boldsymbol{x}}}&=\bar{\boldsymbol{A}}\bar{\boldsymbol{x}}+\bar{\boldsymbol{b}}u\\ y&=\bar{\boldsymbol{C}}\bar{\boldsymbol{x}}\end{aligned}\tag{3.29}$$

其中

$$\bar{\boldsymbol{A}}=\boldsymbol{T}_o^{-1}\boldsymbol{A}\boldsymbol{T}_o=\begin{bmatrix}0 & 0 & \cdots & 0 & -a_0\\ 1 & 0 & \cdots & 0 & -a_1\\ 0 & 1 & \cdots & 0 & -a_2\\ \vdots & \vdots & \ddots & \vdots & \vdots\\ 0 & 0 & \cdots & 1 & -a_{n-1}\end{bmatrix}\tag{3.30}$$

$$\bar{\boldsymbol{b}}=\boldsymbol{T}_o^{-1}\boldsymbol{b}=\begin{bmatrix}\beta_0\\ \beta_1\\ \vdots\\ \beta_{n-1}\end{bmatrix}\tag{3.31}$$

$$\bar{\boldsymbol{C}}=\boldsymbol{C}\boldsymbol{T}_o=\begin{bmatrix}0 & 0 & \cdots & 1\end{bmatrix}\tag{3.32}$$

形如式(3.29)的状态空间表达式称为能观标准型，其中 $a_i(i=0,1,\cdots,n-1)$ 为系统矩阵 $\boldsymbol{A}$ 的特征多项式的各项系数，$\beta_i(i=0,1,\cdots,n-1)$ 是 $\boldsymbol{T}_o^{-1}\boldsymbol{b}$ 相乘的结果。

上述结论读者可仿照能观标准型的证明方法自行推证，在此不再繁述。

例 3.11 试将下列系统的状态空间表达式转换成能观标准型。

$$\dot{x}=\begin{bmatrix}1 & 2 & 0\\ 3 & -1 & 1\\ 0 & 2 & 0\end{bmatrix}x+\begin{bmatrix}2\\1\\1\end{bmatrix}u$$

$$y=\begin{bmatrix}0 & 0 & 1\end{bmatrix}x$$

解：系统的能观判别阵的秩

$$\text{Rank}\begin{bmatrix}C\\ CA\\ CA^2\end{bmatrix}=\text{Rank}\begin{bmatrix}0 & 0 & 1\\ 0 & 2 & 0\\ 6 & -2 & 2\end{bmatrix}=3$$

所以系统是能观的，可以化为能观标准型。

由式(3.30)、式(3.31)、式(3.32)得

$$\bar{A}=\begin{bmatrix}0 & 0 & -2\\ 1 & 0 & 9\\ 0 & 1 & 0\end{bmatrix},\qquad \bar{b}=\begin{bmatrix}3\\2\\1\end{bmatrix},\qquad \bar{C}=\begin{bmatrix}0 & 0 & 1\end{bmatrix}$$

故状态空间表达式的能观标准型为

$$\dot{\bar{x}}=\begin{bmatrix}0 & 0 & -2\\ 1 & 0 & 9\\ 0 & 1 & 0\end{bmatrix}\bar{x}+\begin{bmatrix}3\\2\\1\end{bmatrix}u$$

$$y=\begin{bmatrix}0 & 0 & 1\end{bmatrix}\bar{x}$$

3.4　系统能控性和能观性的对偶关系

从前面章节的讨论中可以看出，系统的能控性与能观性无论在概念上还是在判别形式上都有其内在联系，这种联系由卡尔曼提出的对偶原理确定。对偶原理揭示了系统控制问题与估计问题的内在关系，在分析系统的能控性和能观性时，对偶原理常常带来很多方便。

3.4.1　对偶系统

设有两个系统，一个系统 $\sum_1$ 为

$$\dot{x}_1=A_1x_1+B_1u_1$$
$$y_1=C_1x_1$$

另一个系统 $\sum_2$ 为

$$\dot{x}_2=A_2x_2+B_2u_2$$
$$y_2=C_2x_2$$

若满足条件

$$A_2=A_1^{\mathrm{T}},\qquad B_2=C_1^{\mathrm{T}},\qquad C_2=B_1^{\mathrm{T}}\tag{3.33}$$

则称系统 $\sum_1$ 与 $\sum_2$ 是互为对偶的。式中，$\boldsymbol{x}_1$，$\boldsymbol{x}_2$ 为 n 维状态矢量；$\boldsymbol{u}_1$，$\boldsymbol{u}_2$ 分别为 r 维与 m 维控制矢量；$\boldsymbol{y}_1$，$\boldsymbol{y}_2$ 分别为 m 维与 r 维输出矢量；$\boldsymbol{A}_1$，$\boldsymbol{A}_2$ 为 $n\times n$ 系统矩阵；$\boldsymbol{B}_1$，$\boldsymbol{B}_2$ 分别为 $n\times r$ 与 $n\times m$ 控制矩阵；$\boldsymbol{C}_1$，$\boldsymbol{C}_2$ 分别为 $m\times n$ 与 $r\times n$ 输出矩阵。显然，$\sum_1$ 是一个 r 维输入 m 维输出的 n 阶系统，其对偶系统 $\sum_2$ 则是一个 m 维输入 r 维输出的 n 阶系统，图 3.2 所示是对偶系统 $\sum_1$ 与 $\sum_2$ 的结构图。由图可见，互为对偶的两个系统，输入与输出端互换，信号传递方向相反，信号引出点与相加点互换，且对应矩阵转置。

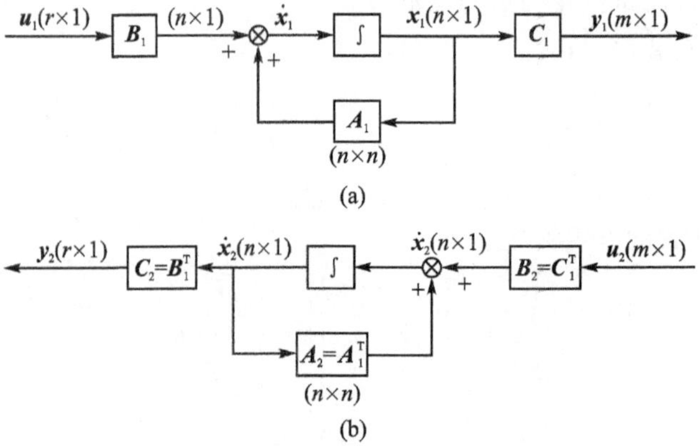

图 3.2 对偶系统结构图

根据状态空间模型的对偶关系可以导出下述结论：互为对偶系统的传递函数矩阵是互为转置的，且其特征方程相同。

3.4.2 对偶原理

系统 $\sum_1=(\boldsymbol{A}_1,\boldsymbol{B}_1,\boldsymbol{C}_1)$ 和 $\sum_2=(\boldsymbol{A}_2,\boldsymbol{B}_2,\boldsymbol{C}_2)$ 是互为对偶的两个系统，则 $\sum_1$ 的能控性等价于 $\sum_2$ 的能观性，$\sum_1$ 的能观性等价于 $\sum_2$ 的能控性。换句话说，若系统 $\sum_1$ 状态完全能控(能观)，则其对偶系统 $\sum_2$ 状态完全能观(能控)。

证明： 对 $\sum_2$ 而言，$n\times mn$ 能控性判别矩阵

$$\boldsymbol{Q}_{c2}=\begin{bmatrix}\boldsymbol{B}_2 & \boldsymbol{A}_2\boldsymbol{B}_2 & \cdots & \boldsymbol{A}_2^{n-1}\boldsymbol{B}_2\end{bmatrix}$$

的秩为 n，则系统状态完全能控。将式(3.33)中的关系代入上式有

$$\boldsymbol{Q}_{c2}=\begin{bmatrix}\boldsymbol{C}_1^{\mathrm{T}} & \boldsymbol{A}_1^{\mathrm{T}}\boldsymbol{C}_1^{\mathrm{T}} & \cdots & (\boldsymbol{A}_1^{\mathrm{T}})^{n-1}\boldsymbol{C}_1^{\mathrm{T}}\end{bmatrix}=\boldsymbol{Q}_{o1}^{\mathrm{T}}$$

说明若系统 $\sum_2$ 状态完全能控，系统 $\sum_1$ 的能观性判别矩阵 $\boldsymbol{Q}_{o1}$ 的秩也为 n，即 $\sum_1$ 状态完全能观。同理

$$\boldsymbol{Q}_{o2}^{\mathrm{T}}=\begin{bmatrix}\boldsymbol{C}_2^{\mathrm{T}} & \boldsymbol{A}_2^{\mathrm{T}}\boldsymbol{C}_2^{\mathrm{T}} & \cdots & (\boldsymbol{A}_2^{\mathrm{T}})^{n-1}\boldsymbol{C}_2^{\mathrm{T}}\end{bmatrix}=\begin{bmatrix}\boldsymbol{B}_1 & \boldsymbol{A}_1\boldsymbol{B}_1 & \cdots & \boldsymbol{A}_1^{n-1}\boldsymbol{B}_1\end{bmatrix}=\boldsymbol{Q}_{c1}$$

即若 $\sum_2$ 的 Q_{o2} 满秩为状态完全能观时，$\sum_1$ 的 Q_{c1} 亦满秩，而为状态完全能控。

3.5　线性系统的结构分解

根据定义，系统中只要有一个状态变量不可控，系统就是不完全能控的，因此，不完全能控系统具有能控和不能控两种状态变量；与此类似，系统中只要有一个状态是不能观测的，系统便是不完全能观的，因此，不完全能观系统具有能观和不能观两种状态变量。显然，对于既不完全能控又不完全能观的系统，从能控性和能观性角度，其状态变量可分为能控又能观、能控不能观、能观不能控和不能控又不能观四种。

本节所讨论的对象就是不完全能控和不完全能观系统，重在研究其结构按能控性、能观性或同时按能控性和能观性进行分解的方法和途径。系统结构分解是状态空间分析的一个重要内容，它从理论上揭示了状态空间的本质特征，为最小实现问题的提出提供了理论依据，与之后要讲到的系统状态反馈、系统镇定等问题也有着密切的联系。

3.5.1　化为约旦标准型的分解

设线性定常系统

$$\begin{aligned}\dot{\boldsymbol{x}} &= \boldsymbol{A}\boldsymbol{x} + \boldsymbol{B}\boldsymbol{u} \\ \boldsymbol{y} &= \boldsymbol{C}\boldsymbol{x}\end{aligned} \tag{3.34}$$

其中，$\boldsymbol{x}$ 为 $n\times1$ 向量，$\boldsymbol{u}$ 为 $r\times1$ 向量，$\boldsymbol{y}$ 为 $m\times1$ 向量。

若系统矩阵 $\boldsymbol{A}$ 的特征值 $\lambda_1,\lambda_2,\cdots,\lambda_n$ 互不相等，则通过线性非奇异变换 $\boldsymbol{x}=\boldsymbol{T}\boldsymbol{z}$，可将矩阵 $\boldsymbol{A}$ 化为如下对角线矩阵：

$$\boldsymbol{\Lambda} = \boldsymbol{T}^{-1}\boldsymbol{A}\boldsymbol{T} = \begin{bmatrix}\lambda_1 & & & 0 \\ & \lambda_2 & & \\ & & \ddots & \\ 0 & & & \lambda_n\end{bmatrix}$$

其中，$\boldsymbol{T}$ 为 $n\times n$ 非奇异变换矩阵。将该变换应用于式(3.34)的系统，将其变换为

$$\begin{aligned}\dot{\boldsymbol{z}} &= \boldsymbol{\Lambda}\boldsymbol{z} + \boldsymbol{T}^{-1}\boldsymbol{B}\boldsymbol{u} \\ \boldsymbol{y} &= \boldsymbol{C}\boldsymbol{T}\boldsymbol{z}\end{aligned} \tag{3.35}$$

其中

$$\boldsymbol{T}^{-1}\boldsymbol{B} = \begin{bmatrix}a_{11} & a_{12} & \cdots & a_{1r} \\ a_{21} & a_{22} & \cdots & a_{2r} \\ \vdots & \vdots & \cdots & \vdots \\ a_{n1} & a_{n2} & \cdots & a_{nr}\end{bmatrix} \tag{3.36}$$

$$CT=\begin{bmatrix}\beta_{11} & \beta_{12} & \cdots & \beta_{1n}\\ \beta_{21} & \beta_{22} & \cdots & \beta_{2n}\\ \vdots & \vdots & \cdots & \vdots\\ \beta_{m1} & \beta_{m2} & \cdots & \beta_{mn}\end{bmatrix} \tag{3.37}$$

若系统矩阵 $\boldsymbol{A}$ 具有重特征值，则通过线性非奇异变换 $\boldsymbol{x}=\boldsymbol{Tz}$，可将矩阵 $\boldsymbol{A}$ 变换为约旦标准型

$$\boldsymbol{J}=\boldsymbol{T}^{-1}\boldsymbol{AT}=\begin{bmatrix}\boldsymbol{J}_1 & & & 0\\ & \boldsymbol{J}_2 & & \\ & & \ddots & \\ 0 & & & \boldsymbol{J}_l\end{bmatrix}$$

此时，系统状态空间表达式(3.34)经变换成为

$$\begin{aligned}\dot{\boldsymbol{z}}&=\boldsymbol{Jz}+\boldsymbol{T}^{-1}\boldsymbol{Bu}\\ \boldsymbol{y}&=\boldsymbol{CTz}\end{aligned} \tag{3.38}$$

之后，根据式(3.36)的矩阵 $\boldsymbol{T}^{-1}\boldsymbol{B}$ 是否含有整行元素全为 0 的行以及式(3.37)矩阵 $\boldsymbol{CT}$ 中是否含有整列元素均为 0 的列来确定系统中既能控又能观、能控不能观、不能控能观及不能控又不能观的状态变量。

例 3.12 已知线性定常系统

$$\dot{\boldsymbol{x}}=\begin{bmatrix}0 & 1 & 0\\ 0 & 0 & 1\\ -6 & -11 & -6\end{bmatrix}\boldsymbol{x}+\begin{bmatrix}0\\ 1\\ -3\end{bmatrix}\boldsymbol{u}$$

$$\boldsymbol{y}=[4\quad 5\quad 1]\,\boldsymbol{x}$$

的状态不完全能控，也不完全能观，试对其进行结构分解。

解： 由系统特征方程 $|\lambda\boldsymbol{I}-\boldsymbol{A}|=\lambda^3+6\lambda^2+11\lambda+6=0$ 解得系统特征值为

$$\lambda_1=-1,\qquad \lambda_2=-2,\qquad \lambda_3=-3$$

三个根各不相同，所以通过线性非奇异变换 $\boldsymbol{x}=\boldsymbol{Tz}$ 能将系统矩阵 $\boldsymbol{A}$ 变换为对角线矩阵

$$\boldsymbol{\Lambda}=\boldsymbol{T}^{-1}\boldsymbol{AT}=\begin{bmatrix}-1 & 0 & 0\\ 0 & -2 & 0\\ 0 & 0 & -3\end{bmatrix}$$

其变换矩阵

$$\boldsymbol{T}=\begin{bmatrix}1 & 1 & 1\\ -1 & -2 & -3\\ 1 & 4 & 9\end{bmatrix}$$

其逆矩阵

$$T^{-1}=\frac{1}{2}\begin{bmatrix}6 & 5 & 1\\ -6 & 8 & -2\\ 2 & 3 & 1\end{bmatrix}$$

由

$$T^{-1}B=\frac{1}{2}\begin{bmatrix}6 & 5 & 1\\ -6 & -8 & -2\\ 2 & 3 & 1\end{bmatrix}\begin{bmatrix}0\\ 1\\ -3\end{bmatrix}=\begin{bmatrix}1\\ -1\\ 0\end{bmatrix}$$

$$CT=[4\quad 5\quad 1]\begin{bmatrix}1 & 1 & 1\\ -1 & -2 & -3\\ 1 & 4 & 9\end{bmatrix}=[0\quad -2\quad -2]$$

可写出经线性非奇异变换后给定系统的状态空间表达式

$$\begin{bmatrix}\dot{x}_1\\ \dot{x}_2\\ \dot{x}_3\end{bmatrix}=\begin{bmatrix}-1 & 0 & 0\\ 0 & -2 & 0\\ 0 & 0 & -3\end{bmatrix}\begin{bmatrix}x_1\\ x_2\\ x_3\end{bmatrix}+\begin{bmatrix}1\\ -1\\ 0\end{bmatrix}\boldsymbol{u}$$

$$\boldsymbol{y}=[0\quad -2\quad -2]\begin{bmatrix}x_1\\ x_2\\ x_3\end{bmatrix}$$

从上述状态方程可以看出，状态变量 x_1，x_2 是能控的，x_3 不能控；同样，从上述输出方程可以看出，状态变量 x_2，x_3 是能观的，x_1 不能观。记 $x_{co}=x_2$，$x_{c\bar{o}}=x_1$，$x_{\bar{c}o}=x_3$，重新排列可得系统结构分解后的状态空间表达式

$$\begin{bmatrix}\dot{x}_{co}\\ \dot{x}_{c\bar{o}}\\ \dot{x}_{\bar{c}o}\end{bmatrix}=\begin{bmatrix}-2 & 0 & 0\\ 0 & -1 & 0\\ 0 & 0 & -3\end{bmatrix}\begin{bmatrix}x_{co}\\ x_{c\bar{o}}\\ x_{\bar{c}o}\end{bmatrix}+\begin{bmatrix}-1\\ 1\\ 0\end{bmatrix}\boldsymbol{u}$$

$$\boldsymbol{y}=[-2\quad 0\quad -2]\begin{bmatrix}x_{co}\\ x_{c\bar{o}}\\ x_{\bar{c}o}\end{bmatrix}$$

其中，$x_2=x_{co}$ 既能控又能观，$x_1=x_{c\bar{o}}$ 能控不能观，$x_3=x_{\bar{c}o}$ 能观不能控，不存在既不能控又不能观的状态变量。

3.5.2　按能控性和能观性分解

1. 按能控性分解

设线性定常系统

$$\begin{aligned}\dot{\boldsymbol{x}}&=\boldsymbol{Ax}+\boldsymbol{Bu}\\ \boldsymbol{y}&=\boldsymbol{Cx}\end{aligned}\tag{3.39}$$

状态不完全能控,其能控判别矩阵的秩

$$\mathrm{Rank}\ \boldsymbol{Q}_c = \mathrm{Rank}\left[\boldsymbol{B}\quad \boldsymbol{AB}\quad \cdots\quad \boldsymbol{A}^{n-1}\boldsymbol{B}\right] = n_1 < n$$

则存在非奇异变换

$$\boldsymbol{x} = \boldsymbol{R}_c\hat{\boldsymbol{x}}$$

将状态空间表达式(3.39)变换为

$$\begin{aligned}\dot{\hat{\boldsymbol{x}}} &= \hat{\boldsymbol{A}}\hat{\boldsymbol{x}} + \hat{\boldsymbol{B}}\boldsymbol{u}\\ \boldsymbol{y} &= \hat{\boldsymbol{C}}\hat{\boldsymbol{x}}\end{aligned} \tag{3.40}$$

其中

$$\hat{\boldsymbol{x}} = \begin{bmatrix}\hat{x}_1\\ \cdots\\ \hat{x}_2\end{bmatrix}\begin{matrix}\}\ n_1\\ \\ \}\ (n-n_1)\end{matrix}$$

$$\hat{\boldsymbol{A}} = \boldsymbol{R}_c^{-1}\boldsymbol{A}\boldsymbol{R}_c = \begin{bmatrix}\hat{\boldsymbol{A}}_{11} & \hat{\boldsymbol{A}}_{12}\\ \boldsymbol{0} & \hat{\boldsymbol{A}}_{22}\end{bmatrix}\begin{matrix}\}\ n_1\\ \}\ (n-n_1)\end{matrix} \tag{3.41}$$

$$\hat{\boldsymbol{B}} = \boldsymbol{R}_c^{-1}\boldsymbol{B} = \begin{bmatrix}\hat{\boldsymbol{B}}_1\\ \cdots\\ \boldsymbol{0}\end{bmatrix}\begin{matrix}\}\ n_1\\ \\ \}\ (n-n_1)\end{matrix} \tag{3.42}$$

$$\hat{\boldsymbol{C}} = \boldsymbol{C}\boldsymbol{R}_c = \left[\hat{\boldsymbol{C}}_1 \ \vdots\ \hat{\boldsymbol{C}}_2\right] \tag{3.43}$$

可以看出,系统状态空间表达式被变换成式(3.40)后,系统的状态空间被分解成能控和不能控两部分,其中 n_1 维子空间

$$\dot{\hat{\boldsymbol{x}}}_1 = \hat{\boldsymbol{A}}_{11}\hat{\boldsymbol{x}}_1 + \hat{\boldsymbol{B}}_1\boldsymbol{u} + \hat{\boldsymbol{A}}_{12}\hat{\boldsymbol{x}}_2$$

是能控的,而$(n-n_1)$维子空间

$$\dot{\hat{\boldsymbol{x}}}_2 = \hat{\boldsymbol{A}}_{22}\hat{\boldsymbol{x}}_2$$

是不能控的,系统的这种状态结构分解如图 3.3 所示。至于非奇异变换阵

$$\boldsymbol{R}_c = \left[\boldsymbol{R}_1\quad \boldsymbol{R}_2\quad \cdots\quad \boldsymbol{R}_{n1}\quad \cdots\quad \boldsymbol{R}_n\right] \tag{3.44}$$

其 n 个列向量可按如下方法构成:前 n_1 个列向量 $\boldsymbol{R}_1,\boldsymbol{R}_2\cdots,\boldsymbol{R}_{n1}$ 为能控矩阵 $\boldsymbol{Q}_c$ 中的 n_1 个线性无关的列,另外的$(n-n_1)$个列向量 $\boldsymbol{R}_{n1+1},\boldsymbol{R}_{n1+2},\cdots,\boldsymbol{R}_n$ 在确保 $\boldsymbol{R}_c$ 非奇异的条件下可以任选。

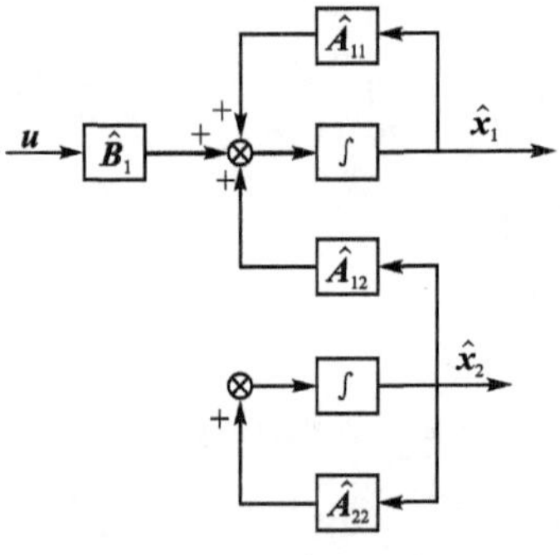

图 3.3　系统能控性结构分解

例 3.13　线性定常系统如下,先判别其能控性,若不是完全能控的,则将该系统按能控性进行分解。

$$\dot{x} = \begin{bmatrix} 0 & 0 & -1 \\ 1 & 0 & -3 \\ 0 & 1 & -3 \end{bmatrix} x + \begin{bmatrix} 1 \\ 1 \\ 0 \end{bmatrix} u$$

$$y = \begin{bmatrix} 0 & 1 & -2 \end{bmatrix} x$$

解：系统能控性判别矩阵

$$Q_c = [b \quad Ab \quad A^2b] = \begin{bmatrix} 1 & 0 & -1 \\ 1 & 1 & -3 \\ 0 & 1 & -2 \end{bmatrix}$$

$$\mathrm{Rank}\, Q_c = 2 < 3$$

系统不完全能控。按式(3.44)构造非奇异变换阵 R_c，R_1、R_2 选为 Q_c 中两线性无关的列向量，即

$$R_1 = \begin{bmatrix} 1 \\ 1 \\ 0 \end{bmatrix}, \qquad R_2 = \begin{bmatrix} 0 \\ 1 \\ 1 \end{bmatrix}$$

在保证 R_c 非奇异的情况下，$R_3 = [0 \quad 0 \quad 1]^T$，因此系统的非奇异变换阵

$$R_c = \begin{bmatrix} 1 & 0 & 0 \\ 1 & 1 & 0 \\ 0 & 1 & 1 \end{bmatrix}$$

变换后系统的状态空间表达式为

$$\dot{\hat{x}} = R_c^{-1} A R_c \hat{x} + R_c^{-1} b u =$$

$$\begin{bmatrix} 1 & 0 & 0 \\ 1 & 1 & 0 \\ 0 & 1 & 1 \end{bmatrix}^{-1} \begin{bmatrix} 0 & 0 & -1 \\ 1 & 0 & -3 \\ 0 & 1 & -3 \end{bmatrix} \begin{bmatrix} 1 & 0 & 0 \\ 1 & 1 & 0 \\ 0 & 1 & 1 \end{bmatrix} \hat{x} + \begin{bmatrix} 1 & 0 & 0 \\ 1 & 1 & 0 \\ 0 & 1 & 1 \end{bmatrix}^{-1} \begin{bmatrix} 1 \\ 1 \\ 0 \end{bmatrix} u =$$

$$\left[\begin{array}{cc:c} 0 & -1 & -1 \\ 1 & -2 & -2 \\ \hdashline 0 & 0 & -1 \end{array}\right] \hat{x} + \left[\begin{array}{c} 1 \\ 0 \\ \hdashline 0 \end{array}\right] u$$

$$y = C R_c \hat{x} = [1 \quad -1 \quad -2]\, \hat{x}$$

现将 R_3 取为另一列向量 $[1 \quad 0 \quad 1]^T$，此时

$$R_c = \begin{bmatrix} 1 & 0 & 1 \\ 1 & 1 & 0 \\ 0 & 1 & 1 \end{bmatrix}$$

依然是非奇异的，用它对原系统做线性非奇异变换得变换后系统状态空间表达式

$$\dot{\hat{x}} = \left[\begin{array}{cc:c} 0 & -1 & -1 \\ 1 & -2 & -2 \\ \hdashline 0 & 0 & -1 \end{array}\right] \hat{x} + \left[\begin{array}{c} 1 \\ 0 \\ \hdashline 0 \end{array}\right] u$$

$$y = [1 \quad -1 \quad -2]\hat{x}$$

与 R_3 取 $[0 \quad 0 \quad 1]^T$ 时的变换结果完全一致。

从变换后系统的状态空间表达式可以看出,变换把系统分解成两部分,一部分是二维能控子空间

$$\dot{\hat{x}} = \begin{bmatrix} 0 & -1 \\ 1 & -2 \end{bmatrix}\hat{x}_1 + \begin{bmatrix} 1 \\ 0 \end{bmatrix}u + \begin{bmatrix} -1 \\ -2 \end{bmatrix}\hat{x}_2$$

另一部分是一维不能控子空间

$$\dot{\hat{x}} = -\hat{x}_2$$

两种结果中二维能控子空间的状态空间表达式是相同的,均为能控标准型。这一现象并非偶然,因为两个变换矩阵的前 2 列都是系统能控判别阵中的 2 个线性无关列。

2. 按能观性分解

设线性定常系统

$$\begin{aligned} \dot{x} &= Ax + Bu \\ y &= Cx \end{aligned} \tag{3.45}$$

状态不完全能观,其能观判别矩阵的秩

$$\mathrm{Rank}\, Q_o = \mathrm{Rank}\begin{bmatrix} C \\ CA \\ \vdots \\ CA^{n-1} \end{bmatrix} = n_1 < n$$

则存在非奇异变换

$$x = R_o\tilde{x} \tag{3.46}$$

将状态空间表达式(3.45)变换为

$$\begin{aligned} \dot{\tilde{x}} &= \tilde{A}\tilde{x} + \tilde{B}u \\ y &= \tilde{C}\tilde{x} \end{aligned} \tag{3.47}$$

其中

$$\tilde{x} = \begin{bmatrix} \tilde{x}_1 \\ \cdots \\ \tilde{x}_2 \end{bmatrix} \begin{matrix} \}\, n_1 \\ \}\, (n-n_1) \end{matrix}$$

$$\tilde{A} = R_o^{-1}AR_o = \begin{bmatrix} \tilde{A}_{11} & 0 \\ \tilde{A}_{21} & \tilde{A}_{22} \end{bmatrix} \begin{matrix} \}\, n_1 \\ \}\, (n-n_1) \end{matrix} \tag{3.48}$$

$$\tilde{B} = R_o^{-1}B = \begin{bmatrix} \tilde{B}_1 \\ \cdots \\ \tilde{B}_2 \end{bmatrix} \begin{matrix} \}\, n_1 \\ \}\, (n-n_1) \end{matrix} \tag{3.49}$$

$$\tilde{C} = CR_c = [\tilde{C}_1 \;\vdots\; 0] \tag{3.50}$$

可以看出，变换后的系统被分解成能观与不能观两个子空间，其中，n_1 维子空间

$$\dot{\tilde{\boldsymbol{x}}}_1=\tilde{\boldsymbol{A}}_{11}\tilde{\boldsymbol{x}}_1+\tilde{\boldsymbol{B}}_1\boldsymbol{u}$$

$$\boldsymbol{y}=\tilde{\boldsymbol{C}}_1\tilde{\boldsymbol{x}}_1$$

是能观的，而$(n-n_1)$维子空间

$$\dot{\tilde{\boldsymbol{x}}}=\tilde{\boldsymbol{A}}_{21}\tilde{\boldsymbol{x}}_1+\tilde{\boldsymbol{A}}_{22}\tilde{\boldsymbol{x}}_2+\tilde{\boldsymbol{B}}_2\boldsymbol{u}$$

是不能观的，图 3.4 所示是分解后系统的状态模拟结构图。

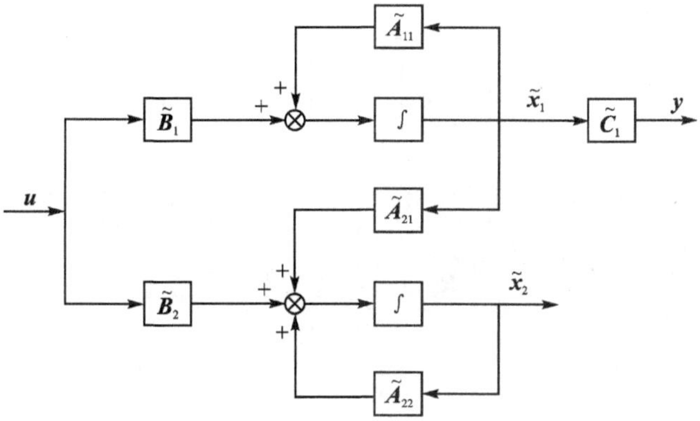

图 3.4　系统能观性结构分解

非奇异变换阵 $\boldsymbol{R}_o$ 的逆阵按下式构造：

$$\boldsymbol{R}_o^{-1}=\begin{bmatrix}\boldsymbol{R}'_1\\\boldsymbol{R}'_2\\\vdots\\\boldsymbol{R}'_{n1}\\\vdots\\\boldsymbol{R}'_n\end{bmatrix}\tag{3.51}$$

其 n 个行向量中，前 n_1 个行向量 $\boldsymbol{R}'_1,\boldsymbol{R}'_2,\cdots,\boldsymbol{R}'_{n1}$ 为能观矩阵 $\boldsymbol{Q}_o$ 中的 n_1 个线性无关的行，另外的$(n-n_1)$个行向量 $\boldsymbol{R}'_{n1+1},\boldsymbol{R}'_{n1+2},\cdots,\boldsymbol{R}'_n$ 在确保 $\boldsymbol{R}_o^{-1}$ 非奇异的条件下可以任选。

例 3.14　判别以下系统是否完全能观，若不完全能观，则对其按能观性进行分解。

$$\dot{\boldsymbol{x}}=\begin{bmatrix}0&0&-1\\1&0&-3\\0&1&-3\end{bmatrix}\boldsymbol{x}+\begin{bmatrix}1\\1\\0\end{bmatrix}\boldsymbol{u}$$

$$\boldsymbol{y}=\begin{bmatrix}0&1&-2\end{bmatrix}\boldsymbol{x}$$

解： 系统的能观判别阵

$$Q_o=\begin{bmatrix}C\\CA\\CA^2\end{bmatrix}=\begin{bmatrix}0&1&-2\\1&-2&3\\-2&3&-4\end{bmatrix}$$

$$\text{Rank}\ Q_o=2<3$$

系统状态不完全能观。取 Q_o 中两线性无关的行向量 $R_1'=[0\quad 1\quad -2]$ 和 $R_2'=[1\quad -2\quad 3]$，构造变换矩阵 R_o 的逆阵 R_o^{-1}，为保证 R_o^{-1} 的非奇异性，行向量 R_3' 任取为 $R_3'=[0\quad 0\quad 1]$，即

$$R_o^{-1}=\begin{bmatrix}0&1&-2\\1&-2&3\\0&0&1\end{bmatrix}$$

经计算

$$R_o=\begin{bmatrix}2&1&1\\1&0&2\\0&0&1\end{bmatrix}$$

用 R_o 对系统做线性非奇异变换，得变换后系统的状态空间表达式

$$\dot{\tilde{x}}=R_o^{-1}AR_o\tilde{x}+R_o^{-1}bu=\left[\begin{array}{cc:c}0&1&0\\-1&-2&0\\\hdashline 1&0&-1\end{array}\right]\tilde{x}+\left[\begin{array}{c}1\\-1\\\hdashline 0\end{array}\right]u$$

$$y=CR_o\tilde{x}=[1\quad 0\quad 0]\tilde{x}$$

其二维能观子空间为

$$\dot{\tilde{x}}_1=\begin{bmatrix}0&1\\-1&-2\end{bmatrix}\tilde{x}_1+\begin{bmatrix}1\\-1\end{bmatrix}u$$

$$y=[1\quad 0]\tilde{x}_1$$

3. 按能控性和能观性分解

设线性定常系统

$$\begin{aligned}\dot{x}&=Ax+Bu\\y&=Cx\end{aligned}\tag{3.52}$$

状态不完全能控能观，则存在非奇异变换阵

$$x=R\bar{x}\tag{3.53}$$

将系统状态空间表达式变换为能控能观 $\sum_{co}(\bar{A}_{11},\bar{B}_1,\bar{C}_1)$、能控不能观 $\sum_{c\bar{o}}(\bar{A}_{22},\bar{B}_2)$、不能控能观 $\sum_{\bar{c}o}(\bar{A}_{33},\bar{C}_3)$、不能控不能观 $\sum_{\bar{c}\bar{o}}(\bar{A}_{44})$ 四个子空间。分别用 x_{co}、$x_{c\bar{o}}$、$x_{\bar{c}o}$、$x_{\bar{c}\bar{o}}$ 表示四个子空间的状态变量，即 $\bar{x}=[x_{co}\quad x_{c\bar{o}}\quad x_{\bar{c}o}\quad x_{\bar{c}\bar{o}}]^{\mathrm{T}}$。下面用逐步分解求变换矩阵的方法，将系统进行按能控和能观性结构分解。

(1) 对系统做非奇异变换

$$\boldsymbol{x}=\boldsymbol{R}_c\begin{bmatrix}\boldsymbol{x}_c\\\boldsymbol{x}_{\bar{c}}\end{bmatrix} \tag{3.54}$$

进行能控性分解,分解后系统为

$$\begin{aligned}\begin{bmatrix}\dot{\boldsymbol{x}}_c\\\dot{\boldsymbol{x}}_{\bar{c}}\end{bmatrix}&=\boldsymbol{R}_c^{-1}\boldsymbol{A}\boldsymbol{R}_c\begin{bmatrix}\boldsymbol{x}_c\\\boldsymbol{x}_{\bar{c}}\end{bmatrix}+\boldsymbol{R}_c^{-1}\boldsymbol{B}\boldsymbol{u}=\begin{bmatrix}\bar{\boldsymbol{A}}_1&\bar{\boldsymbol{A}}_2\\\boldsymbol{0}&\bar{\boldsymbol{A}}_4\end{bmatrix}\begin{bmatrix}\boldsymbol{x}_c\\\boldsymbol{x}_{\bar{c}}\end{bmatrix}+\begin{bmatrix}\bar{\boldsymbol{B}}\\\boldsymbol{0}\end{bmatrix}\boldsymbol{u}\\\boldsymbol{y}&=\bar{\boldsymbol{C}}\boldsymbol{R}_c\begin{bmatrix}\boldsymbol{x}_c\\\boldsymbol{x}_{\bar{c}}\end{bmatrix}=\begin{bmatrix}\bar{\boldsymbol{C}}_1&\bar{\boldsymbol{C}}_2\end{bmatrix}\begin{bmatrix}\boldsymbol{x}_c\\\boldsymbol{x}_{\bar{c}}\end{bmatrix}\end{aligned} \tag{3.55}$$

式中,$\boldsymbol{x}_c$ 为能控状态,$\boldsymbol{x}_{\bar{c}}$ 为不能控状态,$\boldsymbol{R}_c$ 按式(3.44)构造。

(2) 对式(3.55)中分解出的不能控子系统 $\sum_{\bar{c}}(\bar{\boldsymbol{A}}_4\quad \boldsymbol{0}\quad \bar{\boldsymbol{C}}_2)$ 做状态变换

$$\boldsymbol{x}_{\bar{c}}=\boldsymbol{R}_{o2}\begin{bmatrix}\boldsymbol{x}_{\bar{c}o}\\\boldsymbol{x}_{\bar{c}\bar{o}}\end{bmatrix} \tag{3.56}$$

进行能观性分解,分解后子系统为

$$\begin{bmatrix}\dot{\boldsymbol{x}}_{\bar{c}o}\\\dot{\boldsymbol{x}}_{\bar{c}\bar{o}}\end{bmatrix}=\boldsymbol{R}_{o2}^{-1}\bar{\boldsymbol{A}}_4\boldsymbol{R}_{o2}\begin{bmatrix}\boldsymbol{x}_{\bar{c}o}\\\boldsymbol{x}_{\bar{c}\bar{o}}\end{bmatrix}=\begin{bmatrix}\bar{\boldsymbol{A}}_{33}&\boldsymbol{0}\\\bar{\boldsymbol{A}}_{43}&\bar{\boldsymbol{A}}_{44}\end{bmatrix}\begin{bmatrix}\boldsymbol{x}_{\bar{c}o}\\\boldsymbol{x}_{\bar{c}\bar{o}}\end{bmatrix}$$

$$\boldsymbol{y}=\bar{\boldsymbol{C}}_2\boldsymbol{R}_{o2}\begin{bmatrix}\boldsymbol{x}_{\bar{c}o}\\\boldsymbol{x}_{\bar{c}\bar{o}}\end{bmatrix}=\begin{bmatrix}\bar{\boldsymbol{C}}_3&\boldsymbol{0}\end{bmatrix}\begin{bmatrix}\boldsymbol{x}_{\bar{c}o}\\\boldsymbol{x}_{\bar{c}\bar{o}}\end{bmatrix}$$

式中,$\boldsymbol{x}_{\bar{c}o}$ 为不能控能观状态,$\boldsymbol{x}_{\bar{c}\bar{o}}$ 为不能控不能观状态,$\boldsymbol{R}_{o2}$ 为按式(3.51)构造的子系统 $\sum_{\bar{c}}(\bar{\boldsymbol{A}}_4\quad \boldsymbol{0}\quad \bar{\boldsymbol{C}}_2)$ 的能观性分解变换阵。

(3) 将式(3.55)中分解出的能控子系统 $\sum_{c}(\bar{\boldsymbol{A}}_1\quad \bar{\boldsymbol{B}}\quad \bar{\boldsymbol{C}}_1)$ 做状态变换

$$\boldsymbol{x}_c=\boldsymbol{R}_{o1}\begin{bmatrix}\boldsymbol{x}_{co}\\\boldsymbol{x}_{c\bar{o}}\end{bmatrix} \tag{3.57}$$

进行能观性分解。由式(3.55)有

$$\dot{\boldsymbol{x}}_c=\bar{\boldsymbol{A}}_1\boldsymbol{x}_c+\bar{\boldsymbol{A}}_2\boldsymbol{x}_{\bar{c}}+\bar{\boldsymbol{B}}\boldsymbol{u}$$

将式(3.56)和式(3.57)代入上式得

$$\boldsymbol{R}_{o1}\begin{bmatrix}\dot{\boldsymbol{x}}_{co}\\\dot{\boldsymbol{x}}_{c\bar{o}}\end{bmatrix}=\bar{\boldsymbol{A}}_1\boldsymbol{R}_{o1}\begin{bmatrix}\boldsymbol{x}_{co}\\\boldsymbol{x}_{c\bar{o}}\end{bmatrix}+\bar{\boldsymbol{A}}_2\boldsymbol{R}_{o2}\begin{bmatrix}\boldsymbol{x}_{\bar{c}o}\\\boldsymbol{x}_{\bar{c}\bar{o}}\end{bmatrix}+\bar{\boldsymbol{B}}\boldsymbol{u}$$

两边左乘 $\boldsymbol{R}_{o1}^{-1}$ 有

$$\begin{aligned}\begin{bmatrix}\dot{\boldsymbol{x}}_{co}\\\dot{\boldsymbol{x}}_{c\bar{o}}\end{bmatrix}&=\boldsymbol{R}_{o1}^{-1}\bar{\boldsymbol{A}}_1\boldsymbol{R}_{o1}\begin{bmatrix}\boldsymbol{x}_{co}\\\boldsymbol{x}_{c\bar{o}}\end{bmatrix}+\boldsymbol{R}_{o1}^{-1}\bar{\boldsymbol{A}}_2\boldsymbol{R}_{o2}\begin{bmatrix}\boldsymbol{x}_{\bar{c}o}\\\boldsymbol{x}_{\bar{c}\bar{o}}\end{bmatrix}+\boldsymbol{R}_{o1}^{-1}\bar{\boldsymbol{B}}\boldsymbol{u}=\\&\begin{bmatrix}\bar{\boldsymbol{A}}_{11}&\boldsymbol{0}\\\bar{\boldsymbol{A}}_{21}&\bar{\boldsymbol{A}}_{22}\end{bmatrix}\begin{bmatrix}\boldsymbol{x}_{co}\\\boldsymbol{x}_{c\bar{o}}\end{bmatrix}+\begin{bmatrix}\bar{\boldsymbol{A}}_{13}&\boldsymbol{0}\\\bar{\boldsymbol{A}}_{23}&\bar{\boldsymbol{A}}_{24}\end{bmatrix}\begin{bmatrix}\boldsymbol{x}_{\bar{c}o}\\\boldsymbol{x}_{\bar{c}\bar{o}}\end{bmatrix}+\begin{bmatrix}\bar{\boldsymbol{B}}_1\\\bar{\boldsymbol{B}}_2\end{bmatrix}\boldsymbol{u}\end{aligned} \tag{3.58}$$

$$\boldsymbol{y}_1=\bar{\boldsymbol{C}}\boldsymbol{R}_{o1}\begin{bmatrix}\boldsymbol{x}_{co}\\ \boldsymbol{x}_{c\bar{o}}\end{bmatrix}=\begin{bmatrix}\bar{\boldsymbol{C}}_1 & \boldsymbol{0}\end{bmatrix}\begin{bmatrix}\boldsymbol{x}_{co}\\ \boldsymbol{x}_{c\bar{o}}\end{bmatrix}$$

式中，$\boldsymbol{x}_{co}$ 为能控能观状态，$\boldsymbol{x}_{c\bar{o}}$ 为能控不能观状态，$\boldsymbol{R}_{o1}$ 为按式(3.51)构造的子系统 $\sum_c(\bar{\boldsymbol{A}}_1 \quad \bar{\boldsymbol{B}} \quad \bar{\boldsymbol{C}}_1)$ 的能观性分解变换阵。

综合以上三次变换，便可导出系统同时按能控性和能观性进行结构分解的表达式

$$\begin{cases}\begin{bmatrix}\dot{\boldsymbol{x}}_{co}\\ \dot{\boldsymbol{x}}_{c\bar{o}}\\ \dot{\boldsymbol{x}}_{\bar{c}o}\\ \dot{\boldsymbol{x}}_{\bar{c}\bar{o}}\end{bmatrix}=\begin{bmatrix}\bar{\boldsymbol{A}}_{11} & \boldsymbol{0} & \bar{\boldsymbol{A}}_{13} & \boldsymbol{0}\\ \bar{\boldsymbol{A}}_{21} & \bar{\boldsymbol{A}}_{22} & \bar{\boldsymbol{A}}_{23} & \bar{\boldsymbol{A}}_{24}\\ \boldsymbol{0} & \boldsymbol{0} & \bar{\boldsymbol{A}}_{33} & \boldsymbol{0}\\ \boldsymbol{0} & \boldsymbol{0} & \bar{\boldsymbol{A}}_{43} & \bar{\boldsymbol{A}}_{44}\end{bmatrix}\begin{bmatrix}\boldsymbol{x}_{co}\\ \boldsymbol{x}_{c\bar{o}}\\ \boldsymbol{x}_{\bar{c}o}\\ \boldsymbol{x}_{\bar{c}\bar{o}}\end{bmatrix}+\begin{bmatrix}\bar{\boldsymbol{B}}_1\\ \bar{\boldsymbol{B}}_2\\ \boldsymbol{0}\\ \boldsymbol{0}\end{bmatrix}\boldsymbol{u}\\ \boldsymbol{y}=\begin{bmatrix}\bar{\boldsymbol{C}}_1 & \boldsymbol{0} & \bar{\boldsymbol{C}}_3 & \boldsymbol{0}\end{bmatrix}\begin{bmatrix}\boldsymbol{x}_{co}\\ \boldsymbol{x}_{c\bar{o}}\\ \boldsymbol{x}_{\bar{c}o}\\ \boldsymbol{x}_{\bar{c}\bar{o}}\end{bmatrix}\end{cases} \tag{3.59}$$

其四个子系统的状态空间表达式分别是

$$\sum\nolimits_{co}:\dot{\boldsymbol{x}}_{co}=\bar{\boldsymbol{A}}_{11}\boldsymbol{x}_{co}+\bar{\boldsymbol{A}}_{13}\boldsymbol{x}_{\bar{c}o}+\bar{\boldsymbol{B}}_1\boldsymbol{u}$$

$$\boldsymbol{y}_{co}=\bar{\boldsymbol{C}}_1\boldsymbol{x}_{co}$$

$$\sum\nolimits_{c\bar{o}}:\dot{\boldsymbol{x}}_{c\bar{o}}=\bar{\boldsymbol{A}}_{21}\boldsymbol{x}_{co}+\bar{\boldsymbol{A}}_{22}\boldsymbol{x}_{c\bar{o}}+\bar{\boldsymbol{A}}_{23}\boldsymbol{x}_{\bar{c}o}+\bar{\boldsymbol{A}}_{24}\boldsymbol{x}_{\bar{c}\bar{o}}+\bar{\boldsymbol{B}}_2\boldsymbol{u}$$

$$\sum\nolimits_{\bar{c}o}:\dot{\boldsymbol{x}}_{\bar{c}o}=\bar{\boldsymbol{A}}_{33}\boldsymbol{x}_{\bar{c}o}$$

$$\boldsymbol{y}_{\bar{c}o}=\bar{\boldsymbol{C}}_3\boldsymbol{x}_{\bar{c}o}$$

$$\sum\nolimits_{\bar{c}\bar{o}}:\dot{\boldsymbol{x}}_{\bar{c}\bar{o}}=\bar{\boldsymbol{A}}_{43}\boldsymbol{x}_{\bar{c}o}+\bar{\boldsymbol{A}}_{44}\boldsymbol{x}_{\bar{c}\bar{o}}$$

系统的输出

$$\boldsymbol{y}=\boldsymbol{y}_{co}+\boldsymbol{y}_{\bar{c}o}$$

式(3.59)的分解结构图如图3.5所示。由图可见，在系统输入和输出之间只存在一条唯一的单向通道：$\boldsymbol{u}\rightarrow\boldsymbol{B}_1\rightarrow\sum_{co}\rightarrow\boldsymbol{C}_1\rightarrow\boldsymbol{y}$。显然，反映系统输入/输出特征的传递函数 $\boldsymbol{G}(s)$ 只能反映系统中既能控又能观的那个子系统的动力学行为，即

$$\boldsymbol{G}(s)=\boldsymbol{C}(s\boldsymbol{I}-\boldsymbol{A})^{-1}\boldsymbol{B}=\bar{\boldsymbol{C}}_1(s\boldsymbol{I}-\bar{\boldsymbol{A}}_{11})^{-1}\bar{\boldsymbol{B}}_1 \tag{3.60}$$

这也说明：传递函数只是对系统的一种不完全描述，如果在系统中添加或去除不能控或不能观子系统，并不影响系统的传递函数。因而，根据给定的传递函数阵求对应的状态空间表达式，将会有无穷多个解，其中维数最小的那个状态空间表达式是最常用的，称为系统的最小实现。

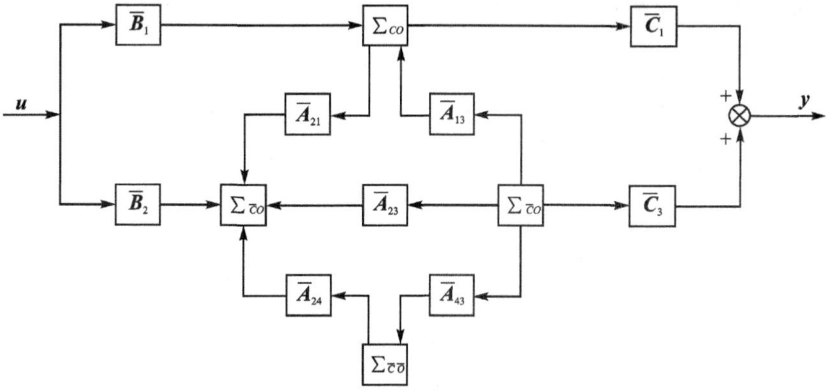

图 3.5　系统能控能观结构分解图

例 3.15　已知系统

$$\dot{\boldsymbol{x}}=\begin{bmatrix}0&0&-1\\1&0&-3\\0&1&-3\end{bmatrix}\boldsymbol{x}+\begin{bmatrix}1\\1\\0\end{bmatrix}\boldsymbol{u}$$

$$\boldsymbol{y}=\begin{bmatrix}0&1&-2\end{bmatrix}\boldsymbol{x}$$

状态不完全能控，也不完全能观，试将该系统按能控性和能观性进行结构分解。

解： 先将系统按能控性进行分解

$$\begin{bmatrix}\dot{\boldsymbol{x}}_c\\\dot{\boldsymbol{x}}_{\bar{c}}\end{bmatrix}=\left[\begin{array}{cc:c}0&-1&-1\\1&-2&-2\\\hdashline 0&0&-1\end{array}\right]\begin{bmatrix}\boldsymbol{x}_c\\\boldsymbol{x}_{\bar{c}}\end{bmatrix}+\begin{bmatrix}1\\0\\\hdashline 0\end{bmatrix}\boldsymbol{u}$$

$$\boldsymbol{y}=\left[\begin{array}{cc:c}1&-1&-2\end{array}\right]\begin{bmatrix}\boldsymbol{x}_c\\\boldsymbol{x}_{\bar{c}}\end{bmatrix}$$

由分解结果可知，系统按能控性分解后，不能控子系统 $\sum_{\bar{c}}$ 是一维的，且显然是能观的，无需再进行能观性分解。因此系统不能控能观子空间为

$$\dot{\boldsymbol{x}}_{\bar{c}}=-\boldsymbol{x}_{\bar{c}}=-\boldsymbol{x}_{\bar{c}o}$$

$$\boldsymbol{y}_2=-2\boldsymbol{x}_{\bar{c}}=-2\boldsymbol{x}_{\bar{c}o}$$

系统按能控性分解得到的能控子系统 $\sum_c$ 为

$$\dot{\boldsymbol{x}}_c=\begin{bmatrix}0&-1\\1&-2\end{bmatrix}\boldsymbol{x}_c+\begin{bmatrix}-1\\-2\end{bmatrix}\boldsymbol{x}_{\bar{c}}+\begin{bmatrix}1\\0\end{bmatrix}\boldsymbol{u}$$

$$\boldsymbol{y}_1=\begin{bmatrix}1&-1\end{bmatrix}\boldsymbol{x}_c$$

根据式(3.51)构造非奇异变换矩阵

$$\boldsymbol{R}_{o1}^{-1}=\begin{bmatrix}1&-1\\0&1\end{bmatrix}$$

将 $\sum_c$ 按能观性分解为

$$\begin{bmatrix}\dot{x}_{co}\\ \dot{x}_{c\bar{o}}\end{bmatrix}=\begin{bmatrix}1&-1\\0&1\end{bmatrix}\begin{bmatrix}0&-1\\1&-2\end{bmatrix}\begin{bmatrix}1&-1\\0&1\end{bmatrix}^{-1}\begin{bmatrix}x_{co}\\ x_{c\bar{o}}\end{bmatrix}+$$

$$\begin{bmatrix}1&-1\\0&1\end{bmatrix}\begin{bmatrix}-1\\-2\end{bmatrix}x_{\bar{c}}+\begin{bmatrix}1&-1\\0&1\end{bmatrix}^{-1}\begin{bmatrix}1\\0\end{bmatrix}u=$$

$$\begin{bmatrix}-1&0\\1&-1\end{bmatrix}\begin{bmatrix}x_{co}\\ x_{c\bar{o}}\end{bmatrix}+\begin{bmatrix}1\\-2\end{bmatrix}x_{\bar{c}}+\begin{bmatrix}1\\0\end{bmatrix}u$$

$$y_1=\begin{bmatrix}1&-1\end{bmatrix}\begin{bmatrix}1&-1\\0&1\end{bmatrix}^{-1}\begin{bmatrix}x_{co}\\ x_{c\bar{o}}\end{bmatrix}=\begin{bmatrix}1&0\end{bmatrix}\begin{bmatrix}x_{co}\\ x_{c\bar{o}}\end{bmatrix}$$

综合以上变换结果，系统按能控性和能观性分解为

$$\begin{bmatrix}\dot{x}_{co}\\ \dot{x}_{c\bar{o}}\\ \dot{x}_{\bar{c}\bar{o}}\end{bmatrix}=\begin{bmatrix}-1&0&1\\1&-1&-2\\0&0&-1\end{bmatrix}\begin{bmatrix}x_{co}\\ x_{c\bar{o}}\\ x_{\bar{c}\bar{o}}\end{bmatrix}+\begin{bmatrix}1\\0\\0\end{bmatrix}u$$

$$y=y_1+y_2=\begin{bmatrix}1&0&-2\end{bmatrix}\begin{bmatrix}x_{co}\\ x_{c\bar{o}}\\ x_{\bar{c}\bar{o}}\end{bmatrix}$$

3.6 传递函数矩阵的状态空间实现

所谓实现问题，简单地说，就是根据表征系统输入/输出关系的传递函数描述来确定表征系统内部结构特性的状态空间描述。对于某个给定的传递函数矩阵有无穷多个状态空间表达式与之对应，也就是说，同一个传递函数矩阵描述有无穷多个内部结构不同的实现。其中维数最小的一类实现即为最小实现。实现问题有助于深刻揭示系统的一些结构特征，并且可帮助工程设计人员从不同的角度去分析、研究系统的运动过程并对其进行计算机模拟。本节介绍了实现的一些基本概念和属性，并在此基础上给出了构造不同实现的一些基本方法。

3.6.1 实现问题的基本概念和属性

实现即对于线性定常系统，给定其传递函数矩阵 $G(s)$，若存在一状态空间表达式 $\sum$

$$\begin{aligned}\dot{x}&=Ax+Bu\\ y&=Cx+Du\end{aligned}\tag{3.61}$$

使
$$C(sI-A)^{-1}B+D=G(s)$$

成立，则称该状态空间表达式 $\sum(\boldsymbol{A},\boldsymbol{B},\boldsymbol{C},\boldsymbol{D})$ 为传递函数矩阵 $\boldsymbol{G}(s)$的一个实现。

实现的基本性质：

(1) 实现的复杂程度由其维数表征，一个实现的维数为其系统矩阵 $\boldsymbol{A}$ 的维数。

(2) 实现的不唯一性：同一个传递函数矩阵 $\boldsymbol{G}(s)$可以有不同维数的实现，即使维数相同，实现也可以不同。在 $\boldsymbol{G}(s)$的所有实现中，一定存在一类维数最低的实现，称之为最小实现。

(3) 通常，传递函数矩阵 $\boldsymbol{G}(s)$的各种实现间不存在代数等价关系，只有最小实现间才存在代数等价关系。

(4) 一般情况下，实现仅是真实系统结构的一种不完全表征。

(5) 若给定传递函数矩阵 $\boldsymbol{G}(s)$是严格真有理分式，则其实现 $\sum$ 具有$(\boldsymbol{A},\boldsymbol{B},\boldsymbol{C})$的形式；$\boldsymbol{G}(s)$仅为真有理分式时，其实现 $\sum$ 具有$(\boldsymbol{A},\boldsymbol{B},\boldsymbol{C},\boldsymbol{D})$的形式，且

$$\boldsymbol{D}=\lim_{s\to\infty}\boldsymbol{G}(s) \tag{3.62}$$

对于仅为真有理分式的传递函数阵，先按式(3.62)算出 $\boldsymbol{D}$ 阵，使 $\boldsymbol{G}(s)-\boldsymbol{D}$ 为严格真有理分式函数矩阵，即

$$\boldsymbol{C}(s\boldsymbol{I}-\boldsymbol{A})^{-1}\boldsymbol{B}=\boldsymbol{G}(s)-\boldsymbol{D} \tag{3.63}$$

之后再根据 $\boldsymbol{G}(s)-\boldsymbol{D}$ 寻求$(\boldsymbol{A},\boldsymbol{B},\boldsymbol{C})$形式的实现。

值得指出的是：并不是每个传递函数都能找到其实现，通常能实现的传递函数矩阵必须满足物理上可实现的条件：

(1) 传递函数矩阵 $\boldsymbol{G}(s)$中的每个元素 $G_{ij}(s)(i=1,2,\cdots,m;j=1,2,\cdots,r)$，其分子、分母多项式的系数均为实常数；

(2) 传递函数矩阵 $\boldsymbol{G}(s)$为真有理分式或严格真有理分式。

3.6.2　能控标准型实现和能观标准型实现

给定传递函数阵 $\boldsymbol{G}(s)$，如果可以找到一个状态空间描述$(\boldsymbol{A},\boldsymbol{B},\boldsymbol{C},\boldsymbol{D})$，使

$$\begin{cases}\boldsymbol{C}(s\boldsymbol{I}-\boldsymbol{A})^{-1}\boldsymbol{B}+\boldsymbol{D}=\boldsymbol{G}(s)\\(\boldsymbol{A},\boldsymbol{B})\ \text{完全能控}\end{cases}$$

成立，则称$(\boldsymbol{A},\boldsymbol{B},\boldsymbol{C},\boldsymbol{D})$为 $\boldsymbol{G}(s)$的一个能控型实现。同理，如果可以找到 $\boldsymbol{G}(s)$的一个状态空间描述$(\bar{\boldsymbol{A}},\bar{\boldsymbol{B}},\bar{\boldsymbol{C}},\bar{\boldsymbol{D}})$，使

$$\begin{cases}\bar{\boldsymbol{C}}(s\boldsymbol{I}-\bar{\boldsymbol{A}})^{-1}\bar{\boldsymbol{B}}+\bar{\boldsymbol{D}}=\boldsymbol{G}(s)\\(\bar{\boldsymbol{A}},\bar{\boldsymbol{C}})\ \text{完全能观}\end{cases}$$

成立，则称$(\bar{\boldsymbol{A}},\bar{\boldsymbol{B}},\bar{\boldsymbol{C}},\bar{\boldsymbol{D}})$为 $\boldsymbol{G}(s)$的一个能观型实现。

能控型实现和能观型实现是两类典型的实现，最常见的形式是能控标准型实现和能观标准型实现。它们是构造给定传递函数阵 $\boldsymbol{G}(s)$的最小实现的桥梁。

1. 单输入单输出系统能控标准型和能观标准型实现

设 $u(t)$、$y(t)$ 分别为单输入单输出系统的输入与输出，其传递函数

$$G(s)=\frac{Y(s)}{U(s)}=\frac{\beta_{n-1}s^{n-1}+\beta_{n-2}s^{n-2}+\cdots+\beta_1 s+\beta_0}{s^n+a_{n-1}s^{n-1}+\cdots+a_1 s+a_0}$$

根据 3.3 小节中的介绍，可直接写出其能控标准型实现

$$\begin{bmatrix}\dot{x}_1\\ \dot{x}_2\\ \vdots\\ \dot{x}_{n-1}\\ \dot{x}_n\end{bmatrix}=\begin{bmatrix}0&1&0&\cdots&0\\0&0&1&\cdots&0\\ \vdots&\vdots&\vdots&\cdots&\vdots\\0&0&0&\cdots&1\\-a_0&-a_1&-a_2&\cdots&-a_{n-1}\end{bmatrix}\begin{bmatrix}x_1\\x_2\\ \vdots\\x_{n-1}\\x_n\end{bmatrix}+\begin{bmatrix}0\\0\\ \vdots\\0\\1\end{bmatrix}u$$

$$y=\begin{bmatrix}\beta_0&\beta_1&\cdots&\beta_{n-2}&\beta_{n-1}\end{bmatrix}\begin{bmatrix}x_1\\x_2\\ \vdots\\x_{n-1}\\x_n\end{bmatrix}$$

和能观标准型实现

$$\begin{bmatrix}\dot{x}_1\\ \dot{x}_2\\ \vdots\\ \dot{x}_{n-1}\\ \dot{x}_n\end{bmatrix}=\begin{bmatrix}0&0&\cdots&0&-a_0\\1&0&\cdots&0&-a_1\\0&1&\cdots&0&-a_2\\ \vdots&\vdots&\cdots&\vdots&\vdots\\0&0&\cdots&1&-a_{n-1}\end{bmatrix}\begin{bmatrix}x_1\\x_2\\ \vdots\\x_{n-1}\\x_n\end{bmatrix}+\begin{bmatrix}\beta_0\\ \beta_1\\ \vdots\\ \beta_{n-2}\\ \beta_{n-1}\end{bmatrix}u$$

$$y=\begin{bmatrix}0&0&\cdots&0&1\end{bmatrix}\begin{bmatrix}x_1\\x_2\\ \vdots\\x_{n-1}\\x_n\end{bmatrix}$$

2. 多输入多输出系统能控标准型和能观标准型实现

下面介绍如何将单输入单输出系统的能控标准型和能观标准型实现推广到多输入多输出系统。首先必须把 $m\times r$ 维传递函数阵写为类似于单输入单输出系统的形式，即

$$\boldsymbol{G}(s)=\frac{Y(s)}{U(s)}=\frac{\boldsymbol{\beta}_{n-1}s^{n-1}+\boldsymbol{\beta}_{n-2}s^{n-2}+\cdots+\boldsymbol{\beta}_1 s+\boldsymbol{\beta}_0}{s^n+a_{n-1}s^{n-1}+\cdots+a_1 s+a_0}\tag{3.64}$$

式中，$\boldsymbol{\beta}_0,\boldsymbol{\beta}_1,\cdots,\boldsymbol{\beta}_{n-2},\boldsymbol{\beta}_{n-1}$ 为 $m\times r$ 维常数阵，分母多项式为该传递函数阵的特征多项式。

显然 $\boldsymbol{G}(s)$ 是严格真有理分式矩阵，当 $m=r=1$ 时，对应的就是单输入单输出系统的传递函数。

对于式(3.64)形式的传递函数阵,其能控标准型实现为

$$\boldsymbol{A}_c=\begin{bmatrix}\boldsymbol{0}_r & \boldsymbol{I}_r & \boldsymbol{0}_r & \cdots & \boldsymbol{0}_r\\ \boldsymbol{0}_r & \boldsymbol{0}_r & \boldsymbol{I}_r & \cdots & \boldsymbol{0}_r\\ \vdots & \vdots & \vdots & \cdots & \vdots\\ \boldsymbol{0}_r & \boldsymbol{0}_r & \boldsymbol{0}_r & \cdots & \boldsymbol{I}_r\\ -a_0\boldsymbol{I}_r & -a_1\boldsymbol{I}_r & -a_2\boldsymbol{I}_r & \cdots & -a_{n-1}\boldsymbol{I}_r\end{bmatrix} \tag{3.65}$$

$$\boldsymbol{B}_c=\begin{bmatrix}\boldsymbol{0}_r\\ \boldsymbol{0}_r\\ \vdots\\ \boldsymbol{0}_r\\ \boldsymbol{I}_r\end{bmatrix} \tag{3.66}$$

$$\boldsymbol{C}_c=[\boldsymbol{\beta}_0 \quad \boldsymbol{\beta}_1 \quad \cdots \quad \boldsymbol{\beta}_{n-2} \quad \boldsymbol{\beta}_{n-1}] \tag{3.67}$$

式中,$\boldsymbol{0}_r$ 为 $r\times r$ 阶零阵,$\boldsymbol{I}_r$ 为 $r\times r$ 阶单位矩阵,r 为输入矢量的维数,n 为式(3.64)分母多项式的阶数。

与能控标准型实现类似,传递函数阵 $\boldsymbol{G}(s)$ 的能观标准型实现为

$$\boldsymbol{A}_o=\begin{bmatrix}\boldsymbol{0}_m & \boldsymbol{0}_m & \cdots & \boldsymbol{0}_m & -a_0\boldsymbol{I}_m\\ \boldsymbol{I}_m & \boldsymbol{0}_m & \cdots & \boldsymbol{0}_m & -a_1\boldsymbol{I}_m\\ \boldsymbol{0}_m & \boldsymbol{I}_m & \cdots & \boldsymbol{0}_m & -a_2\boldsymbol{I}_m\\ \vdots & \vdots & \cdots & \vdots & \vdots\\ \boldsymbol{0}_m & \boldsymbol{0}_m & \cdots & \boldsymbol{I}_m & -a_{n-1}\boldsymbol{I}_m\end{bmatrix} \tag{3.68}$$

$$\boldsymbol{B}_o=\begin{bmatrix}\boldsymbol{\beta}_0\\ \boldsymbol{\beta}_1\\ \vdots\\ \boldsymbol{\beta}_{n-2}\\ \boldsymbol{\beta}_{n-1}\end{bmatrix} \tag{3.69}$$

$$\boldsymbol{C}_o=[\boldsymbol{0}_m \quad \boldsymbol{0}_m \quad \cdots \quad \boldsymbol{0}_m \quad \boldsymbol{I}_m] \tag{3.70}$$

式中,$\boldsymbol{0}_m$ 为 $m\times m$ 阶零阵,$\boldsymbol{I}_m$ 为 $m\times m$ 阶单位矩阵,m 为输出矢量的维数。

显然,$\boldsymbol{G}(s)$ 能控标准型实现的维数是 $n\times r$,能观标准型实现的维数是 $n\times m$。要注意的是:多输入多输出系统的能观标准型并不是能控标准型的简单转置,这点与单输入单输出系统不同。

例 3.16　试求系统传递函数矩阵

$$\boldsymbol{G}(s)=\begin{bmatrix}\dfrac{s+2}{s+1} & \dfrac{1}{s+3}\\ \dfrac{s}{s+1} & \dfrac{s+1}{s+2}\end{bmatrix}$$

的能控标准型和能观标准型实现。

解：首先将 $\boldsymbol{G}(s)$ 化为严格真有理分式函数矩阵，根据式(3.62)和式(3.63)得

$$\boldsymbol{G}(s)=\boldsymbol{C}(s\boldsymbol{I}-\boldsymbol{A})^{-1}\boldsymbol{B}+\boldsymbol{D}=\begin{bmatrix}\dfrac{1}{s+1} & \dfrac{1}{s+3}\\ -\dfrac{1}{s+1} & -\dfrac{1}{s+2}\end{bmatrix}+\begin{bmatrix}1 & 0\\ 1 & 1\end{bmatrix}$$

将 $\boldsymbol{C}(s\boldsymbol{I}-\boldsymbol{A})^{-1}\boldsymbol{B}$ 写为按 s 降幂排列的形式，即

$$\boldsymbol{C}(s\boldsymbol{I}-\boldsymbol{A})^{-1}\boldsymbol{B}=\begin{bmatrix}\dfrac{1}{s+1} & \dfrac{1}{s+3}\\ -\dfrac{1}{s+1} & -\dfrac{1}{s+2}\end{bmatrix}=$$

$$\frac{1}{(s+1)(s+2)(s+3)}\begin{bmatrix}s^2+5s+6 & s^2+3s+2\\ -(s^2+5s+6) & -(s^2+4s+3)\end{bmatrix}=$$

$$\frac{1}{s^3+6s^2+11s+6}\left\{\begin{bmatrix}1 & 1\\ -1 & -1\end{bmatrix}s^2+\begin{bmatrix}5 & 4\\ -5 & -3\end{bmatrix}s+\begin{bmatrix}6 & 2\\ -6 & -3\end{bmatrix}\right\}$$

对照式(3.64)有

$$a_0=6,\quad a_1=11,\quad a_2=6$$

$$\boldsymbol{\beta}_0=\begin{bmatrix}6 & 2\\ -6 & -3\end{bmatrix},\quad \boldsymbol{\beta}_1=\begin{bmatrix}5 & 3\\ -5 & -4\end{bmatrix},\quad \boldsymbol{\beta}_2=\begin{bmatrix}1 & 1\\ -1 & -1\end{bmatrix}$$

将上式代入式(3.65)～式(3.67)便可得到能控标准型的各系数矩阵，即

$$\boldsymbol{A}_c=\begin{bmatrix}\boldsymbol{0}_r & \boldsymbol{I}_r & \boldsymbol{0}_r\\ \boldsymbol{0}_r & \boldsymbol{0}_r & \boldsymbol{I}_r\\ -a_0\boldsymbol{I}_r & -a_1\boldsymbol{I}_r & -a_2\boldsymbol{I}_r\end{bmatrix}=\begin{bmatrix}0 & 0 & 1 & 0 & 0 & 0\\ 0 & 0 & 0 & 1 & 0 & 0\\ 0 & 0 & 0 & 0 & 1 & 0\\ 0 & 0 & 0 & 0 & 0 & 1\\ -6 & 0 & -11 & 0 & -6 & 0\\ 0 & -6 & 0 & -11 & 0 & -6\end{bmatrix}$$

$$\boldsymbol{B}_c=\begin{bmatrix}\boldsymbol{0}_r\\ \boldsymbol{0}_r\\ \boldsymbol{I}_r\end{bmatrix}=\begin{bmatrix}0 & 0\\ 0 & 0\\ 0 & 0\\ 0 & 0\\ 1 & 0\\ 0 & 1\end{bmatrix}$$

$$\boldsymbol{C}_c=[\boldsymbol{\beta}_0\quad \boldsymbol{\beta}_1\quad \boldsymbol{\beta}_2]=\begin{bmatrix}6 & 2 & 5 & 3 & 1 & 1\\ -6 & -3 & -5 & -4 & -1 & -1\end{bmatrix}$$

$$\boldsymbol{D}=\begin{bmatrix}1 & 0\\ 1 & 1\end{bmatrix}$$

同样，将 a_i 和 $\boldsymbol{\beta}_i(i=0,1,2)$ 代入式(3.68)～式(3.70)，可得系统能观标准型系

数矩阵，即

$$\boldsymbol{A}_o=\begin{bmatrix}\boldsymbol{0}_m & \boldsymbol{0}_m & -a_0\boldsymbol{I}_m\\ \boldsymbol{I}_m & \boldsymbol{0}_m & -a_1\boldsymbol{I}_m\\ \boldsymbol{0}_m & \boldsymbol{I}_m & -a_2\boldsymbol{I}_m\end{bmatrix}=\begin{bmatrix}0&0&0&0&-6&0\\0&0&0&0&0&-6\\1&0&0&0&-11&0\\0&1&0&0&0&-11\\0&0&1&0&-6&0\\0&0&0&1&0&-6\end{bmatrix}$$

$$\boldsymbol{B}_o=\begin{bmatrix}\boldsymbol{\beta}_1\\ \boldsymbol{\beta}_2\\ \boldsymbol{\beta}_3\end{bmatrix}=\begin{bmatrix}6&2\\-6&-3\\5&3\\-5&-4\\1&1\\-1&-1\end{bmatrix}$$

$$\boldsymbol{C}_o=\begin{bmatrix}\boldsymbol{0}_m & \boldsymbol{0}_m & \boldsymbol{I}_m\end{bmatrix}=\begin{bmatrix}0&0&0&0&1&0\\0&0&0&0&0&1\end{bmatrix}$$

结果表明，多变量系统的能控标准型实现与能观标准型实现之间并不是简单的转置关系，而是块阵的转置。

3.6.3 最小实现

给定传递函数矩阵 $\boldsymbol{G}(s)$ 的实现不是唯一的，而且实现的维数也不相同。在众多的实现中，维数最低的实现称为最小实现。由于最小实现结构最简单，因此无论在理论上还是在实际应用中，都有非常重要的意义。下面以定理的形式给出最小实现的一些重要特性。

定理 1：严格真传递函数矩阵 $\boldsymbol{G}(s)$ 的一个实现 $\sum$

$$\dot{\boldsymbol{x}}=\boldsymbol{A}\boldsymbol{x}+\boldsymbol{B}\boldsymbol{u}$$
$$\boldsymbol{y}=\boldsymbol{C}\boldsymbol{x}$$

为最小实现的充分必要条件是 $\sum(\boldsymbol{A},\boldsymbol{B},\boldsymbol{C})$ 状态完全能控且完全能观。

定理 2：对于给定传递函数矩阵 $\boldsymbol{G}(s)$，其最小实现也不是唯一的，但满足广义唯一性，即 $\boldsymbol{G}(s)$ 的任意两个最小实现 $(\boldsymbol{A},\boldsymbol{B},\boldsymbol{C})$ 和 $(\bar{\boldsymbol{A}},\bar{\boldsymbol{B}},\bar{\boldsymbol{C}})$ 是代数等价的，也就是说存在非奇异变换阵 $\boldsymbol{T}$ 使

$$\bar{\boldsymbol{A}}=\boldsymbol{T}^{-1}\boldsymbol{A}\boldsymbol{T},\qquad \bar{\boldsymbol{B}}=\boldsymbol{T}^{-1}\boldsymbol{B},\qquad \bar{\boldsymbol{C}}=\boldsymbol{C}\boldsymbol{T}$$

成立。

根据以上定理可以方便地求出任意一个具有严格真有理分式的传递函数矩阵 $\boldsymbol{G}(s)$ 的最小实现。具体步骤如下：

(1) 先找出给定传递函数矩阵 $\boldsymbol{G}(s)$ 的一个实现 $\sum(\boldsymbol{A},\boldsymbol{B},\boldsymbol{C})$，最方便的是能控

标准型实现或能观标准型实现。一般情况下,当系统输入维数 r 大于输出维数 m 时,采用能观标准型实现,当输入维数 r 小于输出维数 m 时,采用能控标准型实现。

(2) 对上述初选实现 $\sum(\boldsymbol{A},\boldsymbol{B},\boldsymbol{C})$,分解出其完全能控且完全能观部分,即为 $\boldsymbol{G}(s)$ 的最小实现。

若 $\sum(\boldsymbol{A},\boldsymbol{B},\boldsymbol{C})$ 为能观标准型实现,通过引入非奇异变换 $\boldsymbol{R}_c$,将其按能控性进行结构分解,即

$$\hat{\boldsymbol{A}}=\boldsymbol{R}_c^{-1}\boldsymbol{A}\boldsymbol{R}_c=\begin{bmatrix}\hat{\boldsymbol{A}}_{11} & \hat{\boldsymbol{A}}_{12}\\ \boldsymbol{0} & \hat{\boldsymbol{A}}_{22}\end{bmatrix}$$

$$\hat{\boldsymbol{B}}=\boldsymbol{R}_c^{-1}\boldsymbol{B}=\begin{bmatrix}\hat{\boldsymbol{B}}_1\\ \boldsymbol{0}\end{bmatrix}$$

$$\hat{\boldsymbol{C}}=\boldsymbol{C}\boldsymbol{R}_c=\begin{bmatrix}\hat{\boldsymbol{C}}_1 & \hat{\boldsymbol{C}}_2\end{bmatrix}$$

其中,$\sum(\boldsymbol{A},\boldsymbol{B},\boldsymbol{C})$的能控又能观子系统 $\sum(\hat{\boldsymbol{A}}_{11},\hat{\boldsymbol{B}}_1,\hat{\boldsymbol{C}}_1)$ 即为传递函数矩阵 $\boldsymbol{G}(s)$ 的最小实现。

若 $\sum(\boldsymbol{A},\boldsymbol{B},\boldsymbol{C})$为能观标准型实现,类似地,通过引入非奇异变换 $\boldsymbol{R}_o$,将其按能控性进行结构分解

$$\tilde{\boldsymbol{A}}=\boldsymbol{R}_o^{-1}\boldsymbol{A}\boldsymbol{R}_o=\begin{bmatrix}\tilde{\boldsymbol{A}}_{11} & \boldsymbol{0}\\ \tilde{\boldsymbol{A}}_{21} & \tilde{\boldsymbol{A}}_{22}\end{bmatrix}$$

$$\tilde{\boldsymbol{B}}=\boldsymbol{R}_o^{-1}\boldsymbol{B}=\begin{bmatrix}\tilde{\boldsymbol{B}}_1\\ \tilde{\boldsymbol{B}}_2\end{bmatrix}$$

$$\tilde{\boldsymbol{C}}=\boldsymbol{C}\boldsymbol{R}_o=\begin{bmatrix}\tilde{\boldsymbol{C}}_1 & \boldsymbol{0}\end{bmatrix}$$

其中,$\sum(\boldsymbol{A},\boldsymbol{B},\boldsymbol{C})$的能控又能观子系统 $\sum(\tilde{\boldsymbol{A}}_{11},\tilde{\boldsymbol{B}}_1,\tilde{\boldsymbol{C}}_1)$即为传递函数矩阵$\boldsymbol{G}(s)$的最小实现。

无论通过哪种途径,所求得的最小实现 $\sum(\hat{\boldsymbol{A}}_{11},\hat{\boldsymbol{B}}_1,\hat{\boldsymbol{C}}_1)$ 和 $\sum(\tilde{\boldsymbol{A}}_{11},\tilde{\boldsymbol{B}}_1,\tilde{\boldsymbol{C}}_1)$ 具有相同的维数。

例 3.17 试求传递函数矩阵

$$\boldsymbol{G}(s)=\begin{bmatrix}\dfrac{1}{(s+1)(s+2)} & \dfrac{1}{(s+2)(s+3)}\end{bmatrix}$$

的最小实现。

解: $\boldsymbol{G}(s)$是严格真有理分式,直接将其写为按 s 降幂排列的标准形式:

$$\boldsymbol{G}(s)=\begin{bmatrix}\frac{(s+3)}{(s+1)(s+2)(s+3)} & \frac{(s+1)}{(s+1)(s+2)(s+3)}\end{bmatrix}=$$

$$\frac{1}{(s+1)(s+2)(s+3)}\begin{bmatrix}s+3 & s+1\end{bmatrix}=$$

$$\frac{1}{s^3+6s^2+11s+6}\{\begin{bmatrix}1 & 1\end{bmatrix}s+\begin{bmatrix}3 & 1\end{bmatrix}\}$$

对照式(3.64)有

$$a_0=6,\qquad a_1=11,\qquad a_2=6$$

$$\boldsymbol{\beta}_0=\begin{bmatrix}3 & 1\end{bmatrix},\qquad \boldsymbol{\beta}_2=\begin{bmatrix}1 & 1\end{bmatrix},\qquad \boldsymbol{\beta}_2=\begin{bmatrix}0 & 0\end{bmatrix}$$

输入矢量的维数 $r=2$，输出矢量的维数 $m=1$，所以先写出 $\boldsymbol{G}(s)$ 的能观标准型实现：

$$\boldsymbol{A}_o=\begin{bmatrix}\boldsymbol{0}_m & \boldsymbol{0}_m & -a_0\boldsymbol{I}_m\\ \boldsymbol{I}_m & \boldsymbol{0}_m & -a_1\boldsymbol{I}_m\\ \boldsymbol{0}_m & \boldsymbol{I}_m & -a_2\boldsymbol{I}_m\end{bmatrix}=\begin{bmatrix}0 & 0 & -6\\ 1 & 0 & -11\\ 0 & 1 & -6\end{bmatrix}$$

$$\boldsymbol{B}_o=\begin{bmatrix}\boldsymbol{\beta}_0\\ \boldsymbol{\beta}_1\\ \boldsymbol{\beta}_2\end{bmatrix}=\begin{bmatrix}3 & 1\\ 1 & 1\\ 0 & 0\end{bmatrix}$$

$$\boldsymbol{C}_o=\begin{bmatrix}\boldsymbol{0}_m & \boldsymbol{0}_m & \boldsymbol{I}_m\end{bmatrix}=\begin{bmatrix}0 & 0 & 1\end{bmatrix}$$

下面检验所求能观标准型实现 $\sum(\boldsymbol{A}_o,\boldsymbol{B}_o,\boldsymbol{C}_o)$ 是否能控：

$$\mathrm{Rank}\begin{bmatrix}\boldsymbol{B}_o & \boldsymbol{A}_o\boldsymbol{B}_o & \boldsymbol{A}_o^2\boldsymbol{B}_o\end{bmatrix}=\mathrm{Rank}\begin{bmatrix}3 & 1 & 0 & 0 & -6 & -6\\ 1 & 1 & 3 & 1 & -11 & -11\\ 0 & 0 & 1 & 1 & -3 & -3\end{bmatrix}=3=n$$

所以，所求能观标准型实现 $\sum(\boldsymbol{A}_o,\boldsymbol{B}_o,\boldsymbol{C}_o)$ 也能控，为最小实现。

3.6.4　能控性和能观性与传递函数(阵)的关系

线性定常系统既可以用传递函数(阵)进行外部描述，也可以用状态空间方程进行内部描述，对于系统的能控性能观性与传递函数(阵)，两者之间有何关系？

1. 单输入单输出系统

$$\begin{aligned}\dot{\boldsymbol{x}}&=\boldsymbol{A}\boldsymbol{x}+\boldsymbol{b}u\\ y&=\boldsymbol{c}\boldsymbol{x}\end{aligned}\tag{3.71}$$

能控且能观的充分必要条件是其传递函数

$$G(s)=\boldsymbol{c}(s\boldsymbol{I}-\boldsymbol{A})^{-1}\boldsymbol{b}\tag{3.72}$$

的分子、分母间没有零极点对消。

证明：先用反证法证明必要性。

假设系统不完全能控能观，即 $\sum(\boldsymbol{A},\boldsymbol{b},\boldsymbol{c})$ 不是 $G(s)$ 的最小实现，则必然存在

另一维数更少的系统 $\sum(\tilde{\boldsymbol{A}},\tilde{\boldsymbol{b}},\tilde{\boldsymbol{c}})$

$$\begin{aligned}\dot{\tilde{\boldsymbol{x}}} &= \tilde{\boldsymbol{A}}\tilde{\boldsymbol{x}} + \tilde{\boldsymbol{b}}u \\ y &= \tilde{\boldsymbol{c}}\tilde{\boldsymbol{x}}\end{aligned} \tag{3.73}$$

使

$$\tilde{\boldsymbol{c}}(s\boldsymbol{I}-\tilde{\boldsymbol{A}})^{-1}\tilde{\boldsymbol{b}} = \boldsymbol{c}(s\boldsymbol{I}-\boldsymbol{A})^{-1}\boldsymbol{b} = \boldsymbol{G}(s) \tag{3.74}$$

由于 $\tilde{\boldsymbol{A}}$ 的阶次低于 $\boldsymbol{A}$，多项式 $\det(s\boldsymbol{I}-\tilde{\boldsymbol{A}})$的阶次也一定低于 $\det(s\boldsymbol{I}-\boldsymbol{A})$，要使式(3.74)成立，$\boldsymbol{c}(s\boldsymbol{I}-\boldsymbol{A})^{-1}\boldsymbol{b}$ 的分子、分母间必然存在零极点对消，假设不成立，必要性得证。

再证充分性：仍然用反证法。

假设 $\boldsymbol{c}(s\boldsymbol{I}-\boldsymbol{A})^{-1}\boldsymbol{b}$ 的分子、分母间存在可以对消的零极点，则 $\boldsymbol{c}(s\boldsymbol{I}-\boldsymbol{A})^{-1}\boldsymbol{b}$ 将退化为一个降阶的且没有零极点对消的传递函数，根据该传递函数，可找到 $\boldsymbol{G}(s)$的一个更小维数的实现。现 $\boldsymbol{c}(s\boldsymbol{I}-\boldsymbol{A})^{-1}\boldsymbol{b}$ 分子、分母间不存在零极点对消，于是相应的 $\sum(\boldsymbol{A},\boldsymbol{b},\boldsymbol{c})$一定是最小实现，即 $\sum(\boldsymbol{A},\boldsymbol{b},\boldsymbol{c})$能控且能观。充分性得证。

利用以上关系可以根据系统传递函数的分子和分母间是否存在可对消的零极点方便地判断相应的实现是否能控且能观。但是，如果系统传递函数中出现了可对消的零极点，只能判断出系统不是既能控又能观的，却不能断定系统究竟是不能控还是不能观，亦或既不能控又不能观。

例 3.18 系统传递函数为

$$G(s) = \frac{s+2.5}{(s+2.5)(s-1)}$$

试分析系统的实现。

解：系统传递函数的分子和分母具有相同因子 $s+2.5$，系统状态是不完全能控，或不完全能观，或既不完全能控又不完全能观的。该传递函数的一个实现是

$$\dot{\boldsymbol{x}} = \begin{bmatrix}1 & 0\\0 & -2.5\end{bmatrix}\boldsymbol{x} + \begin{bmatrix}1\\1\end{bmatrix}\boldsymbol{u}$$

$$\boldsymbol{y} = \begin{bmatrix}1 & 0\end{bmatrix}\boldsymbol{x}$$

显然该实现是状态能控，但不能观的，因此不是最小实现。题中传递函数的另一种实现是

$$\dot{\boldsymbol{x}} = \begin{bmatrix}1 & 0\\0 & -2.5\end{bmatrix}\boldsymbol{x} + \begin{bmatrix}1\\0\end{bmatrix}\boldsymbol{u}$$

$$\boldsymbol{y} = \begin{bmatrix}1 & 1\end{bmatrix}\boldsymbol{x}$$

此实现状态不能控但能观。题中传递函数的实现还可以是

$$\dot{\boldsymbol{x}} = \begin{bmatrix}1 & 0\\0 & -2.5\end{bmatrix}\boldsymbol{x} + \begin{bmatrix}1\\0\end{bmatrix}\boldsymbol{u}$$

$$\boldsymbol{y} = \begin{bmatrix}1 & 0\end{bmatrix}\boldsymbol{x}$$

该实现既不能控也不能观。

2. 多输入多输出系统

对于多输入多输出系统

$$
\begin{aligned}
\dot{\boldsymbol{x}} &= \boldsymbol{A}\boldsymbol{x} + \boldsymbol{B}\boldsymbol{u} \\
\boldsymbol{y} &= \boldsymbol{C}\boldsymbol{x}
\end{aligned} \tag{3.75}
$$

传递函数阵中没有零极点对消仅是系统能控能观的充分条件而非必要条件。以下讨论多输入多输出系统的能控性和能观性。

$$
\dot{\boldsymbol{x}} = \begin{bmatrix} 1 & 0 \\ 0 & 1 \end{bmatrix} \boldsymbol{x} + \begin{bmatrix} 1 & 0 \\ 0 & 1 \end{bmatrix} \boldsymbol{u}
$$

$$
\boldsymbol{y} = \begin{bmatrix} 1 & 0 \\ 0 & 1 \end{bmatrix} \boldsymbol{x}
$$

系统的传递函数阵为

$$
\boldsymbol{G}(s) = \boldsymbol{C}(s\boldsymbol{I} - \boldsymbol{A})^{-1}\boldsymbol{B} = \begin{bmatrix} \dfrac{s-1}{(s-1)^2} & 0 \\ 0 & \dfrac{s-1}{(s-1)^2} \end{bmatrix}
$$

很明显,系统的零极点具有对消因子,但不能和单输入单输出系统一样就判定系统不可能为能控且能观,须利用能控性和能观性判别矩阵判断。由

$$
\boldsymbol{Q}_c = [\boldsymbol{B} \quad \boldsymbol{A}\boldsymbol{B}] = \begin{bmatrix} 1 & 0 & 1 & 0 \\ 0 & 1 & 0 & 1 \end{bmatrix}
$$

可知 Rank $\boldsymbol{Q}_c = 2$,说明系统完全能控。由

$$
\boldsymbol{Q}_o = \begin{bmatrix} \boldsymbol{C} \\ \boldsymbol{C}\boldsymbol{A} \end{bmatrix} = \begin{bmatrix} 1 & 0 \\ 0 & 1 \\ 1 & 0 \\ 0 & 1 \end{bmatrix}
$$

可知 Rank $\boldsymbol{Q}_o = 2$,说明系统完全能观。

通过以上分析,该系统能控且能观,但其零极点具有对消因子,说明多输入多输出系统传递函数阵中没有零极点对消并非是系统能控且能观的必要条件。至于充分性部分,读者也可以自行举例验证。

3.7 系统能控性和能观性的 MATLAB 分析

利用表 3.1 中所列的 MATLAB 控制系统工具箱中的模型属性函数,不仅可以分析系统的能控性和能观性,还能对不完全能控能观的系统按能控性和能观性进行结构分解。

表 3.1 模型属性函数

函数名	功能
ctrb()	求能控性矩阵
obsv()	求能观性矩阵
gram()	求能控性或能观性 Gram 矩阵
dgram()	求离散系统的能控性或能观性 Gram 矩阵
ctrbf()	将系统按能控性进行分解
obsvf()	将系统按能观性进行分解

3.7.1 系统的能控性和能观性分析

通过前面的章节已知,系统的能控性是指系统输入对系统状态的控制能力,而系统的能观性是指系统状态的变化能否通过系统的输出反映出来。对于 n 阶线性定常系统

$$\dot{\boldsymbol{x}} = \boldsymbol{A}\boldsymbol{x} + \boldsymbol{B}\boldsymbol{u}$$
$$\boldsymbol{y} = \boldsymbol{C}\boldsymbol{x} + \boldsymbol{D}\boldsymbol{u}$$

系统状态是否完全能控是通过检测其能控矩阵 $\boldsymbol{Q}_c = [\boldsymbol{B} \quad \boldsymbol{AB} \quad \cdots \quad \boldsymbol{A}^{n-1}\boldsymbol{B}]$ 是否满秩来判断的:若 $\boldsymbol{Q}_c$ 满秩,系统状态完全能控;否则系统状态不完全能控。系统状态是否完全能观则是通过检测其能观矩阵 $\boldsymbol{Q}_o = [\boldsymbol{C} \quad \boldsymbol{CA} \quad \cdots \quad \boldsymbol{CA}^{n-1}]^{\mathrm{T}}$ 是否满秩来判断的:若 $\boldsymbol{Q}_o$ 满秩,系统状态完全能观;否则系统状态不完全能观。

在 MATLAB 中,可用函数 ctrb()和 obsv()直接求出系统的能控性矩阵和能观性矩阵,从而确定系统状态的能控性和能观性,函数的调用格式为

```
Qc = ctrb(A,B)
Qo = obsv(A,C)
```

例 3.19 已知线性定常系统

$$\dot{\boldsymbol{x}} = \begin{bmatrix} -3 & 1 \\ 1 & -3 \end{bmatrix} \boldsymbol{x} + \begin{bmatrix} 1 & 1 \\ 1 & 1 \end{bmatrix} \boldsymbol{u}$$

$$\boldsymbol{y} = \begin{bmatrix} 1 & 1 \\ 1 & -1 \end{bmatrix} \boldsymbol{x}$$

试判断系统的能控性和能观性。

解:MATLAB 程序如下:

```
A = [-3  1;1  -3];B = [1  1;1  1];C = [1  1;1  -1];D = [0];
n = 2;Qc = ctrb(A,B);Qo = obsv(A,C);
if(rank(Qc) = = n)
    if(rank(Qo) = = n)
```

```
        disp('系统状态既能控又能观')
        else disp('系统状态能控,但不能观')
        end
else if(rank(Qo) = = n)
        disp('系统状态不能控但能观')
    else disp('系统状态不能控也不能观')
    end
end
```

执行结果显示,系统状态不能控,但能观。

3.7.2　系统能控性分解

若系统 $\sum(\boldsymbol{A},\boldsymbol{B},\boldsymbol{C},\boldsymbol{D})$不完全能控,则存在非奇异变换矩阵 $\boldsymbol{R}_c$,将系统变换为

$$\hat{\boldsymbol{A}}=\boldsymbol{R}_c\boldsymbol{A}\boldsymbol{R}_c^{-1}=\begin{bmatrix}\boldsymbol{A}_{\bar{c}} & \boldsymbol{0}\\ \boldsymbol{A}_{21} & \boldsymbol{A}_c\end{bmatrix},\qquad \hat{\boldsymbol{B}}=\boldsymbol{R}_c\boldsymbol{B}=\begin{bmatrix}\boldsymbol{0}\\ \boldsymbol{B}_c\end{bmatrix},\qquad \hat{\boldsymbol{C}}=\boldsymbol{C}\boldsymbol{R}_c^{-1}=\begin{bmatrix}\boldsymbol{C}_{\bar{c}} & \boldsymbol{C}_c\end{bmatrix}$$

其中,$\sum(\boldsymbol{A}_c,\boldsymbol{B}_c)$为能控子系统。

MATLAB 控制系统工具箱中提供了将系统按能控性进行分解的函数 ctrbf(),其调用格式为

```
[Ac,Bc,Cc,Rc,Kc] = ctrbf(A,B,C)
```

其中,R_c 为非奇异变换矩阵,K_c 是长度为 n 的一个矢量,其元素为分解后各块的秩。A_c、B_c、C_c 为变换后系统的各矩阵。

例 3.20　已知系统的状态空间表达式为

$$\dot{\boldsymbol{x}}=\begin{bmatrix}0 & 0 & -1\\ 1 & 0 & -3\\ 0 & 1 & -3\end{bmatrix}\boldsymbol{x}+\begin{bmatrix}1\\ 1\\ 0\end{bmatrix}\boldsymbol{u}$$

$$\boldsymbol{y}=\begin{bmatrix}0 & 1 & -2\end{bmatrix}\boldsymbol{x}$$

判断系统是否为状态完全能控,若系统状态不完全能控,则将它按能控性进行分解。

解: MATLAB 程序为

```
A=[0  0  -1;1  0  -3;0  1  -3];  B=[1;1;0];  C=[0  1  -2];
n=rank(A);  Qc=ctrb(A,B);
if(rank(Qc) = = n)
    disp('系统状态完全能控')
else
    [Ac,Bc,Cc,Rc,Kc] = ctrbf(A,B,C)
end
```

程序运行结果为

```
Ac =
 -1.0000   0.0000   -0.0000
 -2.1213  -2.5000    0.8600
 -1.2247  -2.5981    0.5000
Bc =
        0
        0
  -1.4142
Ac =
   1.7321  1.2247  -0.7071
Rc =
   -0.5774   0.5774   -0.5774
    0.4082  -0.4082   -0.8156
   -0.7071  -0.7071        0
Kc =
   1  1  0
```

3.7.3 系统能观性分解

若系统 $\sum(\boldsymbol{A},\boldsymbol{B},\boldsymbol{C},\boldsymbol{D})$不完全能观，则存在非奇异变换矩阵 $\boldsymbol{R}_o$，将系统变换为

$$\hat{\boldsymbol{A}}=\boldsymbol{R}_o\boldsymbol{A}\boldsymbol{R}_o^{-1}=\begin{bmatrix}\boldsymbol{A}_{\bar{o}} & \boldsymbol{A}_{12}\\ \boldsymbol{0} & \boldsymbol{A}_o\end{bmatrix},\quad \hat{\boldsymbol{B}}=\boldsymbol{R}_o\boldsymbol{B}=\begin{bmatrix}\boldsymbol{B}_{\bar{o}}\\ \boldsymbol{B}_o\end{bmatrix},\quad \hat{\boldsymbol{C}}=\boldsymbol{C}\boldsymbol{R}_o^{-1}=[\boldsymbol{0}\quad \boldsymbol{C}_o]$$

其中，$\sum(\boldsymbol{A}_o,\boldsymbol{C}_o)$为能观子系统。

MATLAB 控制系统工具箱中提供了将系统按能观性进行分解的函数 obsvf()，其调用格式为

```
[Ao,Bo,Co,Ro,Ko] = obsvf(A,B,C)
```

其中，R_o 为非奇异变换阵；K_o 是长度为 n 的一个矢量，其元素为分解后各块的秩。A_o、B_o、C_o 为变换后系统的各矩阵。

例 3.21 试判断例 3.20 系统的状态能观性，若系统状态不完全能观，则将它按能观性进行分解。

解： MATLAB 程序为

```
A=[0  0  -1;1  0  -3;0  1  -3];  B=[1;1;0];  C=[0  1  -2];
n=rank(A);  Qo=obsv(A,C);
if(rank(Qo)==n)
    disp('系统状态完全能观')
else
    [Ao,Bo,Co,Ro,Ko]=obsvf(A,B,C)
end
```

程序运行结果：

```
Ao =
      -1.0000   -1.3416   -3.8341
       0.0000   -0.4000   -0.7348
         0       0.4899   -1.6000
Bo =
       1.2247
      -0.5477
      -0.4472
Co =
      0  0.0000   -2.2361
To =
       0.4082    0.8165   0.4082
      -0.9129    0.3651   0.1826
         0      -0.4472   0.8944
Ro =
      1   1   0
```

习 题

3.1 已知线性定常系统的状态方程及输出方程分别为

$$\dot{\boldsymbol{x}}=\begin{bmatrix}-4 & 5\\ 1 & 0\end{bmatrix}\boldsymbol{x}+\begin{bmatrix}-5\\ 1\end{bmatrix}\boldsymbol{u}$$

$$\boldsymbol{y}=\begin{bmatrix}1 & -1\end{bmatrix}\boldsymbol{x}$$

试判别系统的状态能控性和输出能控性。

3.2 设线性系统的运动方程为

$$\ddot{y}+2\dot{y}+y=\dot{u}+u$$

选状态变量为

$$x_1=y$$

$$x_2=\dot{y}-u$$

试列写系统的状态方程与输出方程，并分析其能控性和能观性。

3.3 已知线性定常系统的状态方程及输出方程分别为

$$\dot{\boldsymbol{x}}=\begin{bmatrix}a & b\\ c & d\end{bmatrix}\boldsymbol{x}+\begin{bmatrix}1\\ 1\end{bmatrix}\boldsymbol{u}$$

$$\boldsymbol{y}=\begin{bmatrix}1 & 0\end{bmatrix}\boldsymbol{x}$$

试确定系统完全能控与完全能观时的 a、b、c、d 的值。

3.4 已知能控系统状态方程的 $\boldsymbol{A}$、$\boldsymbol{b}$ 阵为

$$A=\begin{bmatrix}1 & -2\\ 3 & 4\end{bmatrix},\qquad b=\begin{bmatrix}1\\ 1\end{bmatrix}$$

试将该状态方程变换为能控标准型。

3.5 已知能观系统的 $\boldsymbol{A}$、$\boldsymbol{b}$、$\boldsymbol{C}$ 阵分别为

$$A=\begin{bmatrix}1 & -1\\ 1 & 1\end{bmatrix},\qquad b=\begin{bmatrix}2\\ 1\end{bmatrix},\qquad C=\begin{bmatrix}-1 & 1\end{bmatrix}$$

试将该状态空间表达式变换为能观标准型。

3.6 已知线性定常系统

$$\dot{x}=\begin{bmatrix}1 & 0 & 0\\ 0 & 2 & 0\\ 0 & 0 & 3\end{bmatrix}x+\begin{bmatrix}1\\ 1\\ 0\end{bmatrix}u$$

$$y=\begin{bmatrix}1 & 0 & 1\end{bmatrix}x$$

试对其进行结构分解。

3.7 试将下列系统按能控性和能观性进行结构分解。

(1) $A=\begin{bmatrix}1 & 0 & 0\\ 2 & 2 & 3\\ -2 & 0 & 1\end{bmatrix}$, $b=\begin{bmatrix}1\\ 2\\ 3\end{bmatrix}$, $C=\begin{bmatrix}1 & 1 & 2\end{bmatrix}$

(2) $A=\begin{bmatrix}1 & 0 & 0 & 0\\ 2 & -3 & 0 & 0\\ 1 & 0 & -2 & 0\\ -4 & -1 & -2 & -4\end{bmatrix}$, $b=\begin{bmatrix}0\\ 0\\ 1\\ 2\end{bmatrix}$, $C=\begin{bmatrix}3 & 0 & 1 & 0\end{bmatrix}$

3.8 已知系统的传递函数为

$$G(s)=\frac{s^2+6s+8}{s^2+4s+3}$$

试求其能控标准型和能观标准型。

3.9 已知系统的传递函数为

$$G(s)=\begin{bmatrix}\dfrac{1}{s+1} & \dfrac{1}{s+1}\\ \dfrac{1}{s+1} & \dfrac{1}{s+1}\end{bmatrix}$$

试求其最小实现。

第 4 章　李雅普诺夫稳定性分析

一个控制系统要能正常工作，首先必须是一个稳定的系统。稳定性的定义为：系统受到扰动后其运动能保持在有限边界的区域内或恢复到原平衡状态的性能。也就是说，系统的稳定性是系统在受到外界干扰后，系统状态变量或输出变量的偏差量（被调量偏离平衡位置的数值）过渡过程的收敛性，用数学方法表示为

$$\lim_{t\to\infty} |\Delta x(t)| \leqslant \varepsilon$$

式中，$\Delta x(t)$为系统被调量偏离其平衡位置的变化量，ε 为任意小的规定量。

具有稳定性的系统称为稳定系统。反之，不具有稳定性的系统称为不稳定系统。

分析一个控制系统的稳定性，一直是控制理论中所关注的最重要问题。在经典控制理论中，经常用劳斯-赫尔维茨（Routh - Hurwitz）判据和奈奎斯特判据来判断线性定常系统的稳定性。对于非线性或时变系统，虽然可以通过系统转化后，上述稳定判据尚能在某些特定的系统上应用，但很难胜任结构复杂的现代控制系统。而且现代控制系统大都存在非线性和时变因素，系统结构本身也往往需要根据性能指标的要求而加以改变才能适应新的情况，保证系统的正常运行。在解决这类复杂情况时，经典控制理论的方法就无能为力了，最通常的方法就是应用李雅普诺夫稳定性定理。

1892 年，俄国数学家和力学家李雅普诺夫（Aleksandr Mikhailovich Lyapunov，1857—1918）发表了题为“运动稳定性一般问题”的著名文献，建立了关于运动稳定性研究的一般理论。李雅普诺夫稳定性理论能同时适用于分析线性系统和非线性系统、定常系统和时变系统的稳定性，是更为一般的稳定性分析方法。

4.1　李雅普诺夫稳定性定义

4.1.1　系统的平衡状态

系统的李雅普诺夫稳定性指的是系统在平衡状态下受到扰动时，经过“足够长”的时间以后，系统恢复到平衡状态的能力。因此，系统的稳定性是相对系统的平衡状态而言的。

设系统的齐次状态方程为

$$\dot{\boldsymbol{x}} = \boldsymbol{f}(\boldsymbol{x}, t) \tag{4.1}$$

若对所有 t，状态 $\boldsymbol{x}$ 满足 $\dot{\boldsymbol{x}}=0$，则称该状态 $\boldsymbol{x}$ 为平衡状态，记为 $\boldsymbol{x}_e$，故有下式成立

$$\boldsymbol{f}(\boldsymbol{x}_e, t) \equiv 0 \tag{4.2}$$

由式(4.2)在状态空间中所确定的点称为平衡状态或平衡状态点。

线性定常系统的平衡状态求法如下：

将方程 $\dot{\boldsymbol{x}}=\boldsymbol{f}(\boldsymbol{x},t)$ 化为 $\dot{\boldsymbol{x}}=\boldsymbol{A}\boldsymbol{x}$，其平衡状态 $\boldsymbol{x}_e$ 应满足代数方程 $\boldsymbol{A}\boldsymbol{x}=0$。解此方程，当 $\boldsymbol{A}$ 为非奇异时，则系统存在唯一的一个平衡点 $\boldsymbol{x}_e=0$。当 $\boldsymbol{A}$ 为奇异时，则系统的平衡点可能不止一个。

对于非线性系统，通常有一个或多个平衡状态。平衡状态的求法可按式(4.2)求解。如系统

$$\dot{x}_1=-x_1$$
$$\dot{x}_2=x_1+x_2-x_2^3$$

就有 3 个平衡状态

$$\boldsymbol{x}_{e1}=\begin{bmatrix}0\\0\end{bmatrix},\qquad \boldsymbol{x}_{e2}=\begin{bmatrix}0\\-1\end{bmatrix},\qquad \boldsymbol{x}_{e3}=\begin{bmatrix}0\\1\end{bmatrix}$$

任意一个孤立的平衡状态(即彼此孤立的平衡状态)或给定运动 $\boldsymbol{x}=\boldsymbol{g}(t)$ 都可通过坐标变换统一化为扰动方程 $\dot{\tilde{\boldsymbol{x}}}=\tilde{\boldsymbol{f}}(\tilde{\boldsymbol{x}},t)$ 的坐标原点，即 $\boldsymbol{f}(0,t)=0$ 或 $\boldsymbol{x}_e=0$。在本章中，除非特别申明，将仅讨论扰动方程关于原点($\boldsymbol{x}_e=0$)处的平衡状态的稳定性问题。这种“原点稳定性问题”由于使问题得到极大简化，而不会丧失一般性，从而为稳定性理论的建立奠定了坚实的基础，这是李雅普诺夫的一个重要贡献。

4.1.2 李雅普诺夫意义下的稳定

n 维状态空间中，向量 $\boldsymbol{x}$ 的长度称为向量 $\boldsymbol{x}$ 的范数，用 $\|\boldsymbol{x}\|$ 表示，即

$$\|\boldsymbol{x}\|=[x_1^2+x_2^2+\cdots+x_n^2]^{\frac{1}{2}}=(\boldsymbol{x}^{\mathrm{T}}\boldsymbol{x})^{\frac{1}{2}} \tag{4.3}$$

应用范数表示以平衡状态 $\boldsymbol{x}_e$ 为圆心、半径为 R 的球域时，可写为

$$\|\boldsymbol{x}-\boldsymbol{x}_e\|\leqslant R \tag{4.4}$$

其中，$\|\boldsymbol{x}-\boldsymbol{x}_e\|$ 被称为欧几里德范数，表示矢量 $\boldsymbol{x}$ 到平衡状态 $\boldsymbol{x}_e$ 之间的距离，表达式为

$$\|\boldsymbol{x}-\boldsymbol{x}_e\|=[(x_1-x_{e1})^2+(x_2-x_{e2})^2+\cdots(x_n-x_{en})^2]^{\frac{1}{2}} \tag{4.5}$$

设对应于系统的初始状态可以画出一个球域 $s(\delta)$，表示为

$$\|\boldsymbol{x}_0-\boldsymbol{x}_e\|\leqslant\delta(\varepsilon,t_0) \tag{4.6}$$

$s(\varepsilon)$ 是含有方程 $\dot{\boldsymbol{x}}=\boldsymbol{f}(\boldsymbol{x},t)$ 的解 $\boldsymbol{x}(t;x_0,t_0)$ 的所有各点的球域，表示为

$$\|\boldsymbol{x}(t;x_0,t_0)-\boldsymbol{x}_e\|\leqslant\varepsilon \tag{4.7}$$

其中，$t\geqslant t_0$，δ，ε 为给定的常数。

根据系统初始状态 x_0 和系统的自由响应是否有界可把系统的稳定性定义为以下四种情况：李雅普诺夫意义下稳定、渐近稳定、大范围渐近稳定和不稳定。

1. 李雅普诺夫意义下稳定

如图 4.1 所示，用 $s(\varepsilon)$ 表示状态空间中以原点为球心、ε 为半径的一个球域，s

(δ)表示另一个半径为 δ 的球域。如果对于任意选定的一个域 $s(\varepsilon)$，必然存在相应的一个域 $s(\delta)$，其中 $\delta<\varepsilon$，使得在所考虑的整个时间区间内，从域 $s(\delta)$ 内任一点 x_0 出发的受扰运动 $\boldsymbol{x}(t;x_0,t_0)$的轨线都不越出域 $s(\varepsilon)$，那么称原点平衡状态 $\boldsymbol{x}_e=0$ 为李雅普诺夫意义下的稳定，简称稳定。

2. 渐进稳定

如果原点平衡状态是李雅普诺夫意义下稳定的，而且在时间 t 趋于无穷大时，受扰运动 $\boldsymbol{x}(t;x_0,t_0)$的轨线不仅不超过 $s(\varepsilon)$，而且最终收敛到 $\boldsymbol{x}_e$，则称平衡状态是渐进稳定的，如图 4.2 所示。从实用观点看，渐进稳定比稳定重要。但渐进稳定只是一个局部概念，通常只确定系统的渐进稳定并不能代表整个系统就能正常运行。因此，如何确定渐进稳定的最大区域，并且尽量扩大其范围是尤为重要的。

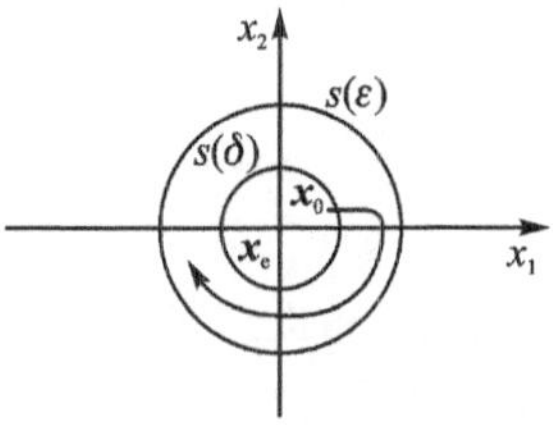

图 4.1　稳定的平衡状态及状态轨迹

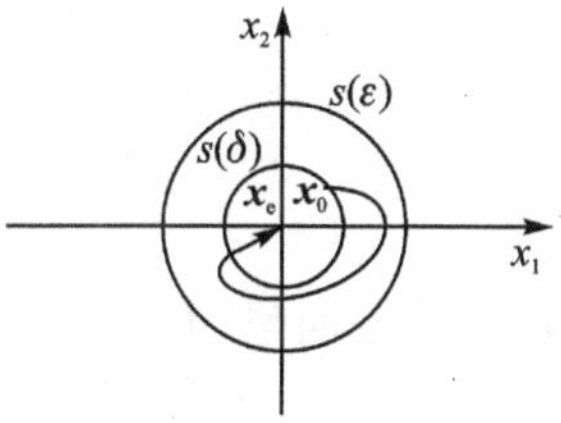

图 4.2　渐进稳定的平衡状态及状态轨迹

3. 大范围内渐进稳定

大范围内渐进稳定又称全局渐进稳定，如果平衡状态是稳定的，而且从状态空间中所有初始状态出发的受扰运动 $\boldsymbol{x}(t;x_0,t_0)$的轨线都具有渐进稳定性，则称这种平衡状态 $\boldsymbol{x}_e$ 为大范围内渐进稳定。在控制工程中总是希望系统具有大范围渐进稳定的特性。系统为大范围渐进稳定的必要条件是整个状态空间中只有一个平衡状态。对于线性系统来说，如果平衡状态是渐进稳定的，则必然是大范围渐进稳定的。

4. 不稳定

如图 4.3 所示，如果存在一个选定的球域 $s(\varepsilon)$，不管把域 $s(\delta)$ 的半径取得多么小，在 $s(\delta)$内总存在至少一个 x_0，使由这一状态出发的受扰运动轨线脱离域 $s(\varepsilon)$，则称系统原点平衡状态 $\boldsymbol{x}_e=0$ 是不稳定的。

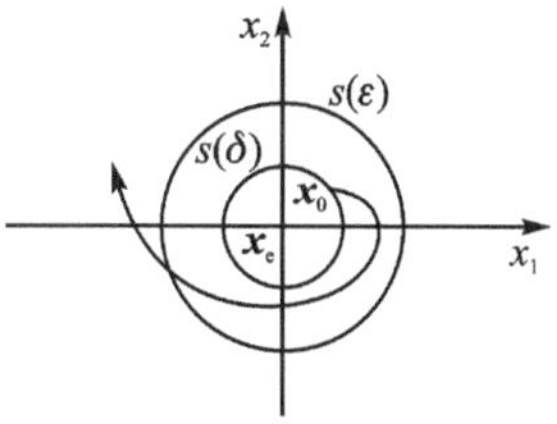

图 4.3　不稳定的平衡状态及状态轨迹

简单地说，球域 $s(\delta)$限制了初始状态的取值，球域 $s(\varepsilon)$则规定了系统受扰运动 $\boldsymbol{x}(t;x_0,t_0)$的边界。如果 $\boldsymbol{x}(t;x_0,t_0)$有界，则称 $\boldsymbol{x}_e$ 稳定。如果 $\boldsymbol{x}(t;x_0,t_0)$不仅有界，而且随着时间 t 的变化收敛于原点，则称 $\boldsymbol{x}_e$ 为渐进稳定。如果 $\boldsymbol{x}(t;x_0,t_0)$无界，则称 $\boldsymbol{x}_e$ 不稳定。

4.2 李雅普诺夫第一法

判断控制系统稳定性的李雅普诺夫方法有两种，李雅普诺夫第一法和李雅普诺夫第二法。李雅普诺夫第一法又称为间接法，它是研究动态系统的一次近似数学模型（线性化模型）稳定性的方法。基本思路是通过系统状态方程的解来判断系统的稳定性。

对于线性定常系统，只需解出特征方程的根即可做出稳定性判断。对于非线性系统，可将非线性状态方程在平衡点附近进行线性化，然后解出线性状态方程的特征值，根据全部特征值在复平面上的分布情况来判断系统在零输入情况下的稳定性。由于李雅普诺夫第一法需要求解线性化后系统的特征值，因此其仅适用于非线性定常系统或线性定常系统，而不能推广至时变系统。

设系统方程为

$$\dot{\boldsymbol{x}} = \boldsymbol{f}(\boldsymbol{x}, t) \tag{4.8}$$

式中，$\boldsymbol{x}$ 为 n 维状态向量；$\boldsymbol{f}(\boldsymbol{x}, t)$ 是 n 维向量函数，且对向量 $\boldsymbol{x}$ 连续可微。

将 $\boldsymbol{f}(\boldsymbol{x}, t)$ 在系统的平衡状态 $\boldsymbol{x}_e$ 附近展开为 Taylor 级数，得

$$\dot{\boldsymbol{x}} = \left.\frac{\partial \boldsymbol{f}(\boldsymbol{x}, t)}{\partial \boldsymbol{x}^{\mathrm{T}}}\right|_{x=x_e} \boldsymbol{x} + \boldsymbol{R}(\boldsymbol{x}) \tag{4.9}$$

其中，$\boldsymbol{R}(\boldsymbol{x})$ 是级数展开中的高次项，而 $\boldsymbol{A} = \left.\frac{\partial \boldsymbol{f}(\boldsymbol{x}, t)}{\partial \boldsymbol{x}^{\mathrm{T}}}\right|_{x=x_e}$ 为雅可比矩阵，即

$$\boldsymbol{A} = \left.\frac{\partial \boldsymbol{f}(\boldsymbol{x}, t)}{\partial \boldsymbol{x}^{\mathrm{T}}}\right|_{x=x_e} = \begin{bmatrix} \frac{\partial f_1}{\partial x_1} & \frac{\partial f_1}{\partial x_2} & \cdots & \frac{\partial f_1}{\partial x_n} \\ \frac{\partial f_2}{\partial x_1} & \frac{\partial f_2}{\partial x_2} & \cdots & \frac{\partial f_2}{\partial x_n} \\ \vdots & \vdots & \vdots & \vdots \\ \frac{\partial f_n}{\partial x_1} & \frac{\partial f_n}{\partial x_1} & \cdots & \frac{\partial f_n}{\partial x_n} \end{bmatrix}$$

式(4.9)的一次项近似式即为系统的线性化方程 $\dot{\boldsymbol{x}} = \boldsymbol{A}\boldsymbol{x}$。

根据稳定性定义，若系统在平衡状态 $\boldsymbol{x}_e = 0$ 是渐进稳定的，那么它在任何初始状态 $\boldsymbol{x}_0$ 下都满足

$$\lim_{t \to \infty} \| \boldsymbol{x}(t) - \boldsymbol{x}_e \| = \lim_{t \to \infty} \| \mathrm{e}^{\boldsymbol{A}t} \boldsymbol{x}(0) - \boldsymbol{x}_e \| = 0$$

即

$$\lim_{t \to \infty} \| \boldsymbol{x}(t) \| = 0$$

也就要求

$$\lim_{t \to \infty} \| \mathrm{e}^{\boldsymbol{A}t} \| = 0 \tag{4.10}$$

显然，只有当 $\boldsymbol{A}$ 的特征值具有负实部才能成立。

通过以上分析，可得出李雅普诺夫第一法的基本结论是：

(1) 若线性化系统的状态方程的系统矩阵 $\boldsymbol{A}$ 的所有特征值都具有负实部，则原非线性系统的平衡态 $\boldsymbol{x}_e$ 渐近稳定，而且系统的稳定性与高阶项 $\boldsymbol{R}(\boldsymbol{x})$ 无关。

(2) 若线性化系统的系统矩阵 $\boldsymbol{A}$ 的特征值中至少有一个具有正实部，则原非线性系统的平衡态 $\boldsymbol{x}_e$ 不稳定，而且该平衡态的稳定性与高阶项 $\boldsymbol{R}(\boldsymbol{x})$ 无关。

(3) 若线性化系统的系统矩阵 $\boldsymbol{A}$ 除有实部为零的特征值外，其余特征值都具有负实部，则原非线性系统的平衡态 $\boldsymbol{x}_e$ 的稳定性由高阶项 $\boldsymbol{R}(\boldsymbol{x})$ 决定。

值得指出的是，在经典控制理论中讨论的是输出稳定性，输出稳定的充分必要条件为系统的极点全部位于 s 平面的左半平面，而李雅普诺夫方法讨论的是状态稳定性问题。对于同一个线性系统，只有在满足一定的条件下两种定义才具有等价性。如只有当系统的传递函数没有零、极点对消现象，并且矩阵 $\boldsymbol{A}$ 的特征值与系统传递函数的极点相同，此时系统的状态稳定性才与其输出稳定性相一致。

例 4.1　设系统的状态空间表达式为

$$\dot{\boldsymbol{x}} = \begin{bmatrix} -1 & 0 \\ 0 & 1 \end{bmatrix} \boldsymbol{x} + \begin{bmatrix} 1 \\ 1 \end{bmatrix} \boldsymbol{u}$$

$$\boldsymbol{y} = \begin{bmatrix} 1 & 0 \end{bmatrix} \boldsymbol{x}$$

试分析系统的状态稳定性。

解：矩阵 $\boldsymbol{A}$ 的特征方程为

$$\det[\lambda \boldsymbol{I} - \boldsymbol{A}] = (\lambda + 1)(\lambda - 1) = 0$$

可得特征值 $\lambda_1 = -1, \lambda_2 = +1$。故系统的平衡状态不是渐进稳定的。

例 4.2　设系统状态方程为

$$\dot{x}_1 = x_1 - x_1 x_2$$

$$\dot{x}_2 = -x_2 + x_1 x_2$$

试分析系统在平衡状态处的稳定性。

解：系统有两个平衡状态

$$\boldsymbol{x}_{e1} = \begin{bmatrix} 0 \\ 0 \end{bmatrix}, \quad \boldsymbol{x}_{e2} = \begin{bmatrix} 1 \\ 1 \end{bmatrix}$$

对系统进行线性化，有

$$\boldsymbol{A} = \begin{bmatrix} \dfrac{\partial f_1}{\partial x_1} & \dfrac{\partial f_1}{\partial x_2} \\ \dfrac{\partial f_2}{\partial x_1} & \dfrac{\partial f_2}{\partial x_2} \end{bmatrix} = \begin{bmatrix} 1 - x_2 & -x_1 \\ x_2 & -1 + x_1 \end{bmatrix}$$

当 $\boldsymbol{x}_{e1} = \begin{bmatrix} 0 \\ 0 \end{bmatrix}$ 时，$\boldsymbol{A} = \begin{bmatrix} 1 & 0 \\ 0 & -1 \end{bmatrix}$，此时特征值为 $\lambda_1 = -1, \lambda_2 = 1$，可见原非线性系统在 $\boldsymbol{x}_{e1}$ 处是不稳定的。

当 $\boldsymbol{x}_{e2} = \begin{bmatrix} 1 \\ 1 \end{bmatrix}$ 时，$\boldsymbol{A} = \begin{bmatrix} 0 & -1 \\ 1 & 0 \end{bmatrix}$，此时特征值为 $\pm \mathrm{j}1$，实部为零，因而不能由线性化

方程得出原系统在 $\boldsymbol{x}_{e2}$ 处稳定性的结论。这种情况要应用李雅普诺夫第二法来判定系统的稳定性。

4.3 李雅普诺夫第二法

李雅普诺夫第二法又称为直接法。它是在用能量观点分析稳定性的基础上建立起来的。如果一个系统经激励后，其储存的能量将随着时间推移而衰减，当趋于平衡状态时，其能量达到最小值，那么该系统是渐进稳定。反之，若平衡状态不稳定，则系统将不断地从外界吸收能量，其储存的能量将越来越大。如果系统的储存能量既不增加也不减少，那么这个平衡状态为李雅普诺夫意义下稳定。基于这样的观点，只要能找出一个能合理描述动态系统的 n 维状态的某种形式的能量函数，通过考察该函数随时间推移是否衰减，就可判断系统平衡状态的稳定性。实际上，由于系统的复杂性和多样性，往往不能直接找到一种能够定义能量函数的统一形式和简便方法。于是李雅普诺夫定义了一个正定的标量函数 $V(\boldsymbol{x})$ 作为虚拟的能量函数，称为李雅普诺夫函数。

李雅普诺夫第二方法可用于任意阶的系统，运用这一方法可以不必求解系统状态方程而直接判定稳定性。对非线性系统和时变系统，状态方程的求解常常是很困难的，因此李雅普诺夫第二方法就显示出很大的优越性。在现代控制理论中，李雅普诺夫第二方法是研究稳定性的主要方法，既是研究控制系统理论问题的一种基本工具，又是分析具体控制系统稳定性的一种常用方法。李雅普诺夫第二方法的局限性是运用时需要有相当的经验和技巧，而且所给出的结论只是系统为稳定或不稳定的充分条件。现在，随着计算机技术的发展，借助计算机不仅可以找到所需要的李雅普诺夫函数，而且还能确定系统的稳定区域。

4.3.1 标量函数的符号特性

$V(\boldsymbol{x})$ 为由 n 维状态 $\boldsymbol{x}$ 所定义的标量函数，在 $\boldsymbol{x}=0$ 处 $V(\boldsymbol{x})\equiv 0$。对所有在域 $\boldsymbol{\Omega}$ 中的非零状态 $\boldsymbol{x}$，如果

(1) $V(\boldsymbol{x})>0$，则称 $V(\boldsymbol{x})$ 称为正定。例如，$V(\boldsymbol{x})=(x_1-2x_2)^2+x_2^2$。

(2) $V(\boldsymbol{x})<0$，则称 $V(\boldsymbol{x})$ 称为负定。例如，$V(\boldsymbol{x})=-(x_1-2x_2)^2-5x_2^2$。

(3) $V(\boldsymbol{x})\geqslant 0$，则称 $V(\boldsymbol{x})$ 称为半正定（或非负定）。例如，$V(\boldsymbol{x})=2x_2^2$，$V(\boldsymbol{x})=(x_1-2x_2)^2$，其中，$\boldsymbol{x}=[x_1 \quad x_2]^{\mathrm{T}}$。

(4) $V(\boldsymbol{x})\leqslant 0$，则称 $V(\boldsymbol{x})$ 称为半负定（或非正定）。例如，$V(\boldsymbol{x})=-2x_2^2$，$V(\boldsymbol{x})=-(x_1-2x_2)^2$，其中，$\boldsymbol{x}=[x_1 \quad x_2]^{\mathrm{T}}$。

(5) 不定性。$V(\boldsymbol{x})>0$ 或 $V(\boldsymbol{x})<0$，则称 $V(\boldsymbol{x})$ 为不定的。

4.3.2　二次型标量函数

符合下述关系的 $V(\boldsymbol{x})$ 为二次型函数：

$$V(\boldsymbol{x})=\boldsymbol{x}^{\mathrm{T}}\boldsymbol{P}\boldsymbol{x}=[x_1,\quad x_2,\quad \cdots,\quad x_n]\begin{bmatrix}p_{11} & p_{12} & \cdots & p_{1n}\\ p_{21} & p_{22} & \cdots & p_{2n}\\ \vdots & \vdots & \vdots & \vdots\\ p_{n1} & p_{n2} & \cdots & p_{nn}\end{bmatrix}\begin{bmatrix}x_1\\ x_2\\ \vdots\\ x_n\end{bmatrix} \tag{4.11}$$

如果 $p_{ij}=p_{ji}$，则称 $\boldsymbol{P}$ 为实对称矩阵。

对于二次型函数，设 $\boldsymbol{P}$ 为实对称矩阵，则必然存在正交矩阵 $\boldsymbol{T}$，通过变换 $\boldsymbol{x}=\boldsymbol{T}\bar{\boldsymbol{x}}$ 使之变换为二次型函数的标准型。

$$V(\boldsymbol{x})=\boldsymbol{x}^{\mathrm{T}}\boldsymbol{P}\boldsymbol{x}=\bar{\boldsymbol{x}}^{\mathrm{T}}\boldsymbol{T}^{\mathrm{T}}\boldsymbol{P}\boldsymbol{T}\bar{\boldsymbol{x}}=\bar{\boldsymbol{x}}^{\mathrm{T}}(\boldsymbol{T}^{-1}\boldsymbol{P}\boldsymbol{T})\bar{\boldsymbol{x}}=$$

$$\bar{\boldsymbol{x}}^{\mathrm{T}}\overline{\boldsymbol{P}}\bar{\boldsymbol{x}}=\bar{\boldsymbol{x}}^{\mathrm{T}}\begin{bmatrix}\lambda_1 & 0 & \cdots & 0\\ 0 & \lambda_2 & \cdots & 0\\ \vdots & \vdots & \ddots & \vdots\\ 0 & 0 & \cdots & \lambda_n\end{bmatrix}\bar{\boldsymbol{x}}=\sum_{i=1}^{n}\lambda_i\bar{\boldsymbol{x}}_i^2 \tag{4.12}$$

4.3.3　二次型标量函数的符号特性

二次型标量函数 $V(\boldsymbol{x})=\boldsymbol{x}^{\mathrm{T}}\boldsymbol{P}\boldsymbol{x}$ 的符号特性和实对称矩阵 $\boldsymbol{P}$ 的符号特性完全一致。矩阵 $\boldsymbol{P}$ 的符号特性的判别方法主要有如下几种：

1. 希尔维斯特判别法

设实对称矩阵

$$\boldsymbol{P}=\begin{bmatrix}p_{11} & p_{12} & \cdots & p_{1n}\\ p_{21} & p_{22} & \cdots & p_{2n}\\ \vdots & \vdots & \vdots & \vdots\\ p_{n1} & p_{n2} & \cdots & p_{nn}\end{bmatrix},\qquad p_{ij}=p_{ji}$$

$\Delta_i(i=1,2,\cdots,n)$ 为其各阶顺序主子行列式，其式为

$$\Delta_1=p_{11},\Delta_2=\begin{vmatrix}p_{11} & p_{12}\\ p_{21} & p_{22}\end{vmatrix},\cdots,\Delta_n=|\boldsymbol{P}|$$

矩阵 $\boldsymbol{P}$ 符号特性规则如下：

(1) 若 $\Delta_i>0(i=1,2,\cdots,n)$，则 $\boldsymbol{P}$ 为正定的。

(2) 若 $\begin{cases}\Delta_i>0, i\text{ 为偶数}\\ \Delta_i<0, i\text{ 为奇数}\end{cases}$，则 $\boldsymbol{P}$ 为负定的。

(3) 若 $\begin{cases}\Delta_i\geqslant 0, i=(1,2,\cdots,n-1)\\ \Delta_i=0, i=n\end{cases}$，则 $\boldsymbol{P}$ 为半正定(或非负定)的。

(4) 若$\begin{cases}\Delta_i \geqslant 0, i \text{ 为偶数} \\ \Delta_i \leqslant 0, i \text{ 为奇数} \\ \Delta_i = 0, i = n\end{cases}$，则 $\boldsymbol{P}$ 为半负定(或非正定)的。

2. 矩阵特征值判别法

实对称矩阵 $\boldsymbol{P}$ 为正定、负定、半正定与半负定的充分必要条件是 $\boldsymbol{P}$ 的所有特征值分别大于零、小于零、大于等于零与小于等于零。

3. 合同变换法

实对称矩阵 $\boldsymbol{P}$ 必定可经合同变换化成对角线矩阵，则 $\boldsymbol{P}$ 为正定、负定、半正定与半负定的充分必要条件是所有对角线元素分别大于零、小于零、大于等于零与小于等于零。

例 4.3 试用合同变换法判别下列矩阵的符号特性：

$$\boldsymbol{P} = \begin{bmatrix} 1 & -1 & -1 \\ -1 & 3 & 2 \\ -1 & 2 & 5 \end{bmatrix}$$

解：

$$\boldsymbol{P} = \begin{bmatrix} 1 & -1 & -1 \\ -1 & 3 & 2 \\ -1 & 2 & 5 \end{bmatrix} \xrightarrow[\text{列：}(2)+(1)\to(2)]{\text{行：}(2)+(1)\to(2)} \begin{bmatrix} 1 & 0 & -1 \\ 0 & 2 & 1 \\ -1 & 1 & 5 \end{bmatrix}$$

$$\xrightarrow[\text{列：}(3)+(1)\to(3)]{\text{行：}(3)+(1)\to(3)} \begin{bmatrix} 1 & 0 & 0 \\ 0 & 2 & 1 \\ 0 & 1 & 4 \end{bmatrix} \xrightarrow[\text{列：}(3)-\frac{1}{2}(2)\to(3)]{\text{行：}(3)-\frac{1}{2}(2)\to(3)} \begin{bmatrix} 1 & 0 & 0 \\ 0 & 2 & 0 \\ 0 & 0 & 3.5 \end{bmatrix}$$

根据合同变换法可知矩阵 $\boldsymbol{P}$ 的符号特性为正定。

4.3.4 稳定性判据

设系统的状态方程为

$$\dot{\boldsymbol{x}} = \boldsymbol{f}(\boldsymbol{x}, t)$$

平衡状态为 $\boldsymbol{x}_e = 0$，如果存在一个正定的标量函数 $V(\boldsymbol{x})$，$V(\boldsymbol{x})$对所有的 $\boldsymbol{x}$ 都具有连续的一阶偏导数 $\dot{V}(\boldsymbol{x}) = \dfrac{\mathrm{d}V(t)}{\mathrm{d}t}$，则

(1) 若 $\dot{V}(\boldsymbol{x})$为半负定，则系统在平衡状态点处为李雅普诺夫意义下稳定，简称稳定，$V(\boldsymbol{x})$ 为李雅普诺夫函数。

(2) 若 $\dot{V}(\boldsymbol{x})$为负定，则系统在平衡状态点处为渐进稳定。如果当$\|\boldsymbol{x}\| \to \infty$，有 $V(\boldsymbol{x}) \to \infty$，则系统是大范围内渐进稳定的。

例 4.4 试确定用如下状态方程描述的系统的平衡态稳定性：

$$\begin{cases} \dot{x}_1 = x_2 - x_1(x_1^2 + x_2^2) \\ \dot{x}_2 = -x_1 - x_2(x_1^2 + x_2^2) \end{cases}$$

解：显然，原点 $\boldsymbol{x}_e=0$ 是给定系统的唯一平衡状态。如果选择正定函数 $V(\boldsymbol{x})=x_1^2+x_2^2$ 为李雅普诺夫函数，那么沿任意轨迹 $\boldsymbol{x}(t)$，$V(\boldsymbol{x})$ 对时间的全导数

$$\dot{V}(\boldsymbol{x})=2x_1\dot{x}_1+2x_2\dot{x}_2=-2(x_1^2+x_2^2)^2<0$$

是负定的，根据李雅普诺夫第二法的判别准则，系统在平衡状态为渐进稳定的。且当 $\|\boldsymbol{x}\|\to\infty$，有 $V(\boldsymbol{x})\to\infty$，所以系统在平衡状态点处是大范围内渐进稳定的。

(3) 若 $\dot{V}(\boldsymbol{x})$ 为半负定，并且当 $\boldsymbol{x}\neq 0$ 时，$\dot{V}(\boldsymbol{x})$ 不恒等于 0，则系统在平衡状态点处为渐进稳定。如果当 $\|\boldsymbol{x}\|\to\infty$，有 $V(\boldsymbol{x})\to\infty$，则系统是大范围内渐进稳定的。

例 4.5　试确定用如下状态方程描述的系统的平衡态稳定性：

$$\dot{x}_1=x_2$$

$$\dot{x}_2=-x_1-x_2$$

解：显然，原点 $\boldsymbol{x}_e=0$ 是给定系统的唯一平衡状态。如果选择正定函数 $V(\boldsymbol{x})=x_1^2+x_2^2$ 为李雅普诺夫函数，那么沿任意轨迹 $\boldsymbol{x}(t)$，$V(\boldsymbol{x})$ 对时间的全导数

$$\dot{V}(\boldsymbol{x})=2x_1\dot{x}_1+2x_2\dot{x}_2=-2x_2^2\leqslant 0$$

为半负定。根据判据(1)，系统在平衡状态点处为李雅普诺夫意义下稳定。

考虑系统是否为渐进稳定：

由 $\dot{V}(\boldsymbol{x})=-2x_2^2$ 可知，当 $x_2\neq 0$ 时，$\dot{V}(\boldsymbol{x})$ 不恒等于 0，根据判据(3)可知，系统在平衡状态为渐进稳定。且当 $\|\boldsymbol{x}\|\to\infty$，有 $V(\boldsymbol{x})\to\infty$，所以系统在平衡状态点处是大范围内渐进稳定的。

该例也可以选取其他的正定的标量函数作为李雅普诺夫函数。如果有

$$V(\boldsymbol{x})=[x_1\quad x_2]\begin{bmatrix}2 & 1\\1 & 3\end{bmatrix}\begin{bmatrix}x_1\\x_2\end{bmatrix}=2x_1^2+2x_1x_2+3x_2^2$$

则

$$\dot{V}(\boldsymbol{x})=4x_1\dot{x}_1+2x_1\dot{x}_2+2\dot{x}_1x_2+6x_2\dot{x}_2=-2x_1^2-4x_2^2-4x_1x_2=$$

$$[x_1\quad x_2]\begin{bmatrix}-2 & -2\\-2 & -4\end{bmatrix}\begin{bmatrix}x_1\\x_2\end{bmatrix}$$

根据希尔维斯特判据可知 $\dot{V}(\boldsymbol{x})$ 的符号特性为负定，因此系统在平衡状态点处为渐进稳定，又因该系统为线性定常系统，故而为大范围内渐进稳定。

(4) 若 $\dot{V}(\boldsymbol{x})$ 为正定，则系统在平衡状态点处为不稳定。

例 4.6　试确定用如下状态方程描述系统的平衡状态稳定性。

$$\begin{cases}\dot{x}_1=x_2\\\dot{x}_2=-x_1+x_2\end{cases}$$

解：显然，原点 $\boldsymbol{x}_e=0$ 是给定系统的唯一平衡态。如果选择正定函数 $V(\boldsymbol{x})=x_1^2+x_2^2$ 为李雅普诺夫函数，那么沿任意轨迹 $\boldsymbol{x}(t)$，$V(\boldsymbol{x})$ 对时间的全导数

$$\dot{V}(\boldsymbol{x})=2x_1\dot{x}_1+2x_2\dot{x}_2=2x_2^2\geqslant 0$$

为正定。根据判据(4)，系统在平衡状态点处为不稳定的。

从以上几个判据可以看出：

① 系统必须是李雅普诺夫意义下稳定，才需要考察是否为渐进稳定，有了渐进稳定，才有可能为大范围内渐进稳定。对于线性系统而言，为渐进稳定则必为大范围内渐进稳定，因为线性系统稳定性与初始条件无关。非线性系统的稳定性一般与初始条件的大小密切相关，通常只能在小范围内稳定。

② 李雅普诺夫函数的选取非唯一，只要是正定的标量函数都可以作为虚拟的能量函数，通常选取 $V(\boldsymbol{x})=\boldsymbol{x}^{\mathrm{T}}\boldsymbol{P}\boldsymbol{x}$ 作为李雅普诺普函数，其中 $\boldsymbol{P}$ 为方阵。但为了简单起见，可以选择标准二次型 $V(\boldsymbol{x})=\boldsymbol{x}^{\mathrm{T}}\boldsymbol{x}$ 作为李雅普诺夫函数。

③ 李雅普诺夫函数的实际几何意义为：$V(\boldsymbol{x})$表示系统状态 $\boldsymbol{x}$ 到状态空间原点的距离，而 $\dot{V}(\boldsymbol{x})$则表示随着时间的推移状态 $\boldsymbol{x}$ 趋向原点的速度。若这个距离随着时间的推移非增，即 $\dot{V}(\boldsymbol{x})\leqslant 0$，则原点是李雅普诺夫意义下稳定，从能量的角度上来说，能量既不增加也不减少。若这个距离随着时间的推移而减小，即 $\dot{V}(\boldsymbol{x})<0$，状态必然趋近于原点，则原点是渐进稳定的，从能量的角度来说，能量是越来越少的，最终趋近于 0。若这个距离随着时间的推移而增加，即 $\dot{V}(\boldsymbol{x})>0$，则原点是不稳定的，从能量的角度来说，能量是越来越多的。

4.4 线性定常系统的稳定性分析

考虑线性定常系统 $\dot{\boldsymbol{x}}=\boldsymbol{A}\boldsymbol{x}$，其中 $\boldsymbol{x}\in\boldsymbol{R}^{n}$，$\boldsymbol{A}\in\boldsymbol{R}^{n\times n}$。假设 $\boldsymbol{A}$ 为非奇异矩阵，则系统有唯一的平衡状态 $\boldsymbol{x}_{\mathrm{e}}=0$，下面通过李雅普诺夫第二法对系统的稳定性进行研究。

选取二次型李雅普诺夫函数

$$V(\boldsymbol{x})=\boldsymbol{x}^{\mathrm{T}}\boldsymbol{P}\boldsymbol{x} \tag{4.13}$$

$V(\boldsymbol{x})$沿任一轨迹的时间导数为

$$\begin{aligned}\dot{V}(\boldsymbol{x})&=\dot{\boldsymbol{x}}^{\mathrm{T}}\boldsymbol{P}\boldsymbol{x}+\boldsymbol{x}^{\mathrm{T}}\boldsymbol{P}\dot{\boldsymbol{x}}=(\boldsymbol{A}\boldsymbol{x})^{\mathrm{T}}\boldsymbol{P}\boldsymbol{x}+\boldsymbol{x}^{\mathrm{T}}\boldsymbol{P}\boldsymbol{A}\boldsymbol{x}=\\&\boldsymbol{x}^{\mathrm{T}}\boldsymbol{A}^{\mathrm{T}}\boldsymbol{P}\boldsymbol{x}+\boldsymbol{x}^{\mathrm{T}}\boldsymbol{P}\boldsymbol{A}\boldsymbol{x}=\boldsymbol{x}^{\mathrm{T}}(\boldsymbol{A}^{\mathrm{T}}\boldsymbol{P}+\boldsymbol{P}\boldsymbol{A})\boldsymbol{x}\end{aligned}$$

由于 $V(\boldsymbol{x})$为正定，对于渐近稳定，则要求 $\dot{V}(\boldsymbol{x})$为负定，因此有

$$\dot{V}(\boldsymbol{x})=-\boldsymbol{x}^{\mathrm{T}}\boldsymbol{Q}\boldsymbol{x} \tag{4.14}$$

其中，$\boldsymbol{Q}=-(\boldsymbol{A}^{\mathrm{T}}\boldsymbol{P}+\boldsymbol{P}\boldsymbol{A})$为正定矩阵。在实际应用中，为了方便，先指定一个正定实对称矩阵 $\boldsymbol{Q}$，然后代入 $\boldsymbol{Q}=-(\boldsymbol{A}^{\mathrm{T}}\boldsymbol{P}+\boldsymbol{P}\boldsymbol{A})$中，确定 $\boldsymbol{P}$ 的符号特性，从而确定系统的稳定性。

结论：线性定常连续系统 $\dot{\boldsymbol{x}}=\boldsymbol{A}\boldsymbol{x}$ 的平衡状态 $\boldsymbol{x}_{\mathrm{e}}=0$ 为大范围内渐近稳定的充要条件为：对任意给定的一个正定实对称矩阵 $\boldsymbol{Q}$，必存在正定的实对称矩阵 $\boldsymbol{P}$ 满足李雅普诺夫方程

$$\boldsymbol{A}^{\mathrm{T}}\boldsymbol{P}+\boldsymbol{P}\boldsymbol{A}=-\boldsymbol{Q} \tag{4.15}$$

并且 $V(\boldsymbol{x})=\boldsymbol{x}^{\mathrm{T}}\boldsymbol{P}\boldsymbol{x}$ 为系统的李雅普诺夫函数。

从上面的分析过程可知：

(1) 在应用过程中，$\boldsymbol{Q}$ 可取任意正定的实对称矩阵，代入李雅普诺夫方程中，求出 $\boldsymbol{P}$ 的符号特性，如果 $\boldsymbol{P}$ 是正定实对称矩阵，则系统平衡状态为大范围内渐进稳定。但为了简单起见，通常可取 $\boldsymbol{Q}=\boldsymbol{I}$，$\boldsymbol{I}$ 为单位矩阵。

(2) 如果 $\dot{V}(\boldsymbol{x})=-\boldsymbol{x}^{\mathrm{T}}\boldsymbol{Q}\boldsymbol{x}$ 沿任一轨迹不恒等于零，则 $\boldsymbol{Q}$ 可取半正定矩阵。

(3) 只要选择的矩阵 $\boldsymbol{Q}$ 为正定的(或根据情况选为半正定的)，则最终的判定结果将与矩阵 $\boldsymbol{Q}$ 的不同选择无关。

例 4.7　设二阶线性定常系统的状态方程为

$$\begin{bmatrix}\dot{x}_1\\ \dot{x}_2\end{bmatrix}=\begin{bmatrix}0 & 1\\ -1 & -1\end{bmatrix}\begin{bmatrix}x_1\\ x_2\end{bmatrix}$$

试确定该系统的稳定性。

解： 显然，原点 $\boldsymbol{x}_{\mathrm{e}}=0$ 是给定系统的唯一平衡态。

取 Lyapunov 函数为

$$V(\boldsymbol{x})=\boldsymbol{x}^{\mathrm{T}}\boldsymbol{P}\boldsymbol{x}$$

设 $\boldsymbol{P}=\begin{bmatrix}p_{11} & p_{12}\\ p_{12} & p_{22}\end{bmatrix}$，$\boldsymbol{Q}=\boldsymbol{I}$，代入李雅普诺夫方程

$$\boldsymbol{A}^{\mathrm{T}}\boldsymbol{P}+\boldsymbol{P}\boldsymbol{A}=-\boldsymbol{Q}$$

中，有

$$\begin{bmatrix}0 & -1\\ 1 & -1\end{bmatrix}\begin{bmatrix}p_{11} & p_{12}\\ p_{12} & p_{22}\end{bmatrix}+\begin{bmatrix}p_{11} & p_{12}\\ p_{12} & p_{22}\end{bmatrix}\begin{bmatrix}0 & 1\\ -1 & -1\end{bmatrix}=\begin{bmatrix}-1 & 0\\ 0 & -1\end{bmatrix}$$

将矩阵方程展开，可得联立方程组为

$$\begin{cases}-2p_{12}=-1\\ p_{11}-p_{12}-p_{22}=0\\ 2p_{12}-2p_{22}=-1\end{cases}$$

从方程组中解出 p_{11}，p_{12}，p_{22}，可得

$$\begin{bmatrix}p_{11} & p_{12}\\ p_{12} & p_{22}\end{bmatrix}=\begin{bmatrix}\frac{3}{2} & \frac{1}{2}\\ \frac{1}{2} & 1\end{bmatrix}$$

通过校核各主子行列式

$$\Delta_1=\frac{3}{2}>0,\qquad \Delta_2=\begin{vmatrix}\frac{3}{2} & \frac{1}{2}\\ \frac{1}{2} & 1\end{vmatrix}>0$$

检验 $\boldsymbol{P}$ 的正定性。

显然，$\boldsymbol{P}$ 是正定的。因此，在原点处的平衡状态是大范围渐近稳定的，且李雅普诺夫函数为

$$V(\boldsymbol{x})=\boldsymbol{x}^{\mathrm{T}}\boldsymbol{P}\boldsymbol{x}=\frac{1}{2}(3x_1^2+2x_1x_2+2x_2^2)$$

且

$$\dot{V}(\boldsymbol{x})=-\boldsymbol{x}^{\mathrm{T}}\boldsymbol{Q}\boldsymbol{x}=-(x_1^2+x_2^2)$$

例 4.8 试确定以下系统增益 K 的稳定范围：

$$\dot{\boldsymbol{x}}=\begin{bmatrix}0 & 1 & 0\\ 0 & -2 & 1\\ -K & 0 & -1\end{bmatrix}\boldsymbol{x}$$

解：显然系统矩阵为非奇异矩阵，故原点是平衡状态。假设取半正定的实对称矩阵 $\boldsymbol{Q}$ 为

$$\boldsymbol{Q}=\begin{bmatrix}0 & 0 & 0\\ 0 & 0 & 0\\ 0 & 0 & 1\end{bmatrix}$$

由于除原点外 $\dot{V}(\boldsymbol{x})=-\boldsymbol{x}^{\mathrm{T}}\boldsymbol{Q}\boldsymbol{x}=-x_3^2$ 不恒等于零，因此可选上式的 $\boldsymbol{Q}$。

把 $\boldsymbol{Q}$ 代入 Lyapunov 方程

$$\boldsymbol{A}^{\mathrm{T}}\boldsymbol{P}+\boldsymbol{P}\boldsymbol{A}=-\boldsymbol{Q}$$

有

$$\begin{bmatrix}0 & 0 & -K\\ 1 & -2 & 0\\ 0 & 1 & -1\end{bmatrix}\begin{bmatrix}p_{11} & p_{12} & p_{13}\\ p_{12} & p_{22} & p_{23}\\ p_{13} & p_{23} & p_{33}\end{bmatrix}+\begin{bmatrix}p_{11} & p_{12} & p_{13}\\ p_{12} & p_{22} & p_{23}\\ p_{13} & p_{23} & p_{33}\end{bmatrix}\begin{bmatrix}0 & 1 & 0\\ 0 & -2 & 1\\ -K & 0 & -1\end{bmatrix}=\begin{bmatrix}0 & 0 & 0\\ 0 & 0 & 0\\ 0 & 0 & -1\end{bmatrix}$$

对 $\boldsymbol{P}$ 的各元素求解，可得

$$\boldsymbol{P}=\begin{bmatrix}\dfrac{K^2+12K}{12-2K} & \dfrac{6K}{12-2K} & 0\\ \dfrac{6K}{12-2K} & \dfrac{3K}{12-2K} & \dfrac{K}{12-2K}\\ 0 & \dfrac{K}{12-2K} & \dfrac{6K}{12-2K}\end{bmatrix}$$

为使 $\boldsymbol{P}$ 成为正定矩阵，其充要条件为

$$12-2K>0 \qquad \text{和} \qquad K>0$$

即

$$0<K<6$$

因此，当 $0<K<6$ 时，系统原点是大范围渐近稳定的。

4.5 线性定常离散时间系统状态稳定性分析

线性定常离散时间系统的状态方程为

$$x(k+1)=Gx(k) \tag{4.16}$$

下面分析系统在平衡点 $x_e=0$ 处大范围内渐近稳定的充分必要条件。

取系统的李雅普诺夫函数为

$$V[x(k)]=x^{T}(k)Px(k) \tag{4.17}$$

式中，P 为正定实对称矩阵，则

$$\Delta V[x(k)]=V[x(k+1)]-V[x(k)]=$$
$$x^{T}(k+1)Px(k+1)-x^{T}(k)Px(k)=$$
$$[Gx(k)]^{T}P[Gx(k)]-x^{T}(k)Px(k)=x^{T}(k)(G^{T}PG-P)x(k)$$

由于 $V[x(k)]$ 为正定，对于大范围内渐进稳定，则要求 $\dot{V}(x)$ 为负定的，因此有

$$\Delta V[x(k)]=-x^{T}(k)Qx(k) \tag{4.18}$$

其中

$$Q=-(G^{T}PG-P) \tag{4.19}$$

为正定矩阵。在实际应用中，与线性定常连续系统一样，为了方便，先指定一个正定矩阵 Q，然后代入式(4.19)中，确定 P 的符号特性，从而确定系统的稳定性。

结论：线性定常离散系统 $x(k+1)=Gx(k)$ 的平衡状态 $x_e=0$ 为大范围内渐近稳定的充要条件为：对任意给定的一个正定实对称矩阵 Q，都存在一个正定的实对称矩阵 P 满足李雅普诺夫方程

$$Q=-(G^{T}PG-P)$$

并且 $V[x(k)]=x^{T}(k)Px(k)$ 为系统的李雅普诺夫函数。

从上面的分析过程可知：

(1) 在应用过程中，Q 可取任意正定的矩阵，代入李雅普诺夫方程中，求出 P 的符号特性，如果 P 是正定实对称矩阵，则系统平衡状态为大范围内渐进稳定。但为了简单起见，通常可取 $Q=I$，I 为单位矩阵。

(2) 如果 $\Delta V[x(k)]=-x^{T}(k)Qx(k)$ 沿任一轨迹不恒等于零，则 Q 可取半正定矩阵。

(3) 只要选择的矩阵 Q 为正定的(或根据情况选为半正定的)，则最终的判定结果将与矩阵 Q 的不同选择无关。

例 4.9　试确定用如下状态方程描述的离散系统的平衡状态稳定性：

$$x(k+1)=\begin{bmatrix}0 & 1\\ -0.5 & -1\end{bmatrix}x(k)$$

解：设 $\boldsymbol{P}=\begin{bmatrix}p_{11} & p_{12}\\ p_{12} & p_{22}\end{bmatrix}$ 为实对称矩阵，$\boldsymbol{Q}=\boldsymbol{I}$ 代入李雅普诺夫方程式(4.19)中，有

$$\begin{bmatrix}0 & -0.5\\ 1 & -1\end{bmatrix}\begin{bmatrix}p_{11} & p_{12}\\ p_{12} & p_{22}\end{bmatrix}\begin{bmatrix}0 & 1\\ -0.5 & -1\end{bmatrix}-\begin{bmatrix}p_{11} & p_{12}\\ p_{12} & p_{22}\end{bmatrix}=-\begin{bmatrix}1 & 0\\ 0 & 1\end{bmatrix}$$

展开后得如下方程组：

$$\begin{cases}0.25p_{22}-p_{11}=-1\\ 0.5p_{22}-1.5p_{12}=0\\ p_{11}-2p_{12}=-1\end{cases}$$

可解出
$$\boldsymbol{P}=\begin{bmatrix}p_{11} & p_{12}\\ p_{12} & p_{22}\end{bmatrix}=\frac{1}{5}\begin{bmatrix}11 & 8\\ 8 & 24\end{bmatrix}$$

由于 $\boldsymbol{P}$ 为正定实对称矩阵，因此系统在平衡状态点处为大范围内渐进稳定。

4.6 线性时变连续系统的稳定性分析

设线性时变连续系统的状态方程为

$$\dot{\boldsymbol{x}}=\boldsymbol{A}(t)\boldsymbol{x}(t) \tag{4.20}$$

下面分析系统在平衡点 $\boldsymbol{x}_e=0$ 处大范围内渐近稳定的充要条件。

取系统的李雅普诺夫函数为

$$V(\boldsymbol{x},t)=\boldsymbol{x}^{\mathrm{T}}(t)\boldsymbol{P}(t)\boldsymbol{x}(t) \tag{4.21}$$

其中，$\boldsymbol{P}(t)$ 为正定实对称矩阵。

取 $V(\boldsymbol{x},t)$ 对时间的全导数，得

$$\begin{aligned}\dot{V}(\boldsymbol{x},t)=&\dot{\boldsymbol{x}}^{\mathrm{T}}(t)\boldsymbol{P}(t)\boldsymbol{x}(t)+\boldsymbol{x}^{\mathrm{T}}(t)\dot{\boldsymbol{P}}(t)\boldsymbol{x}(t)+\boldsymbol{x}^{\mathrm{T}}(t)\boldsymbol{P}(t)\dot{\boldsymbol{x}}(t)=\\ &[\boldsymbol{A}(t)\boldsymbol{x}(t)]^{\mathrm{T}}\boldsymbol{P}(t)\boldsymbol{x}(t)+\boldsymbol{x}^{\mathrm{T}}(t)\dot{\boldsymbol{P}}(t)\boldsymbol{x}(t)+\boldsymbol{x}^{\mathrm{T}}(t)\boldsymbol{P}(t)[\boldsymbol{A}(t)\boldsymbol{x}(t)]=\\ &\boldsymbol{x}^{\mathrm{T}}(t)[\boldsymbol{A}^{\mathrm{T}}(t)\boldsymbol{P}(t)+\dot{\boldsymbol{P}}(t)+\boldsymbol{P}(t)\boldsymbol{A}(t)]\boldsymbol{x}(t)\end{aligned}$$

由于 $V[\boldsymbol{x},t]$ 为正定，对于大范围内渐进稳定，则要求 $\dot{V}(\boldsymbol{x},t)$ 为负定的，因此有

$$\dot{V}(\boldsymbol{x},t)=-\boldsymbol{x}^{\mathrm{T}}(t)\boldsymbol{Q}(t)\boldsymbol{x}(t) \tag{4.22}$$

其中
$$\boldsymbol{Q}(t)=-[\boldsymbol{A}^{\mathrm{T}}(t)\boldsymbol{P}(t)+\dot{\boldsymbol{P}}(t)+\boldsymbol{P}(t)\boldsymbol{A}(t)] \tag{4.23}$$

为正定矩阵。在实际应用中，为了方便，先指定一个正定矩阵 $\boldsymbol{Q}$，然后代入式(4.23)中，确定 $\boldsymbol{P}$ 的符号特性，从而确定系统的稳定性。

结论：线性时变连续系统 $\dot{\boldsymbol{x}}=\boldsymbol{A}(t)\boldsymbol{x}(t)$ 的平衡状态 $\boldsymbol{x}_e=0$ 为大范围内渐近稳定的充要条件为：对任意给定的一个对称正定矩阵 $\boldsymbol{Q}(t)$，必存在一个正定的实对称矩阵 $\boldsymbol{P}$ 满足李雅普诺夫方程

$$\boldsymbol{Q}(t)=-[\boldsymbol{A}^{\mathrm{T}}(t)\boldsymbol{P}(t)+\dot{\boldsymbol{P}}(t)+\boldsymbol{P}(t)\boldsymbol{A}(t)]$$

并且 $V(\boldsymbol{x},t)=\boldsymbol{x}^{\mathrm{T}}(t)\boldsymbol{P}(t)\boldsymbol{x}(t)$ 为系统的李雅普诺夫函数。

从上面的分析过程可知：在应用过程中，$\boldsymbol{Q}$ 可取任意正定的实对称矩阵，代入李雅普诺夫方程中，求出 $\boldsymbol{P}$ 的符号特性，如果 $\boldsymbol{P}$ 是正定实对称矩阵，则系统平衡状态为大范围内渐进稳定。但为了简单起见，通常可取 $\boldsymbol{Q}=\boldsymbol{I}$，$\boldsymbol{I}$ 为单位矩阵。

4.7　非线性系统的李雅普诺夫稳定性分析

非线性系统稳定性分析方法主要有：克拉索夫斯基法、变量梯度法、阿依捷尔曼法，本节主要讨论克拉索夫斯基法。

设非线性系统状态方程为

$$\dot{\boldsymbol{x}}=\boldsymbol{f}(\boldsymbol{x}) \tag{4.24}$$

式中，$\boldsymbol{x}$ 为 n 维状态矢量，$\boldsymbol{f}$ 为与 $\boldsymbol{x}$ 同维的非线性矢量函数。

下面分析系统在平衡点 $\boldsymbol{x}_e=0$ 处渐近稳定的条件。

先对非线性系统进行线性化，系统的雅可比矩阵为

$$\boldsymbol{J}(\boldsymbol{x})=\frac{\partial \boldsymbol{f}(\boldsymbol{x})}{\partial \boldsymbol{x}}=\begin{bmatrix} \dfrac{\partial f_1}{\partial x_1} & \dfrac{\partial f_1}{\partial x_2} & \cdots & \dfrac{\partial f_1}{\partial x_n} \\ \dfrac{\partial f_2}{\partial x_1} & \dfrac{\partial f_2}{\partial x_2} & \cdots & \dfrac{\partial f_2}{\partial x_n} \\ \vdots & \vdots & \vdots & \vdots \\ \dfrac{\partial f_n}{\partial x_1} & \dfrac{\partial f_n}{\partial x_1} & \cdots & \dfrac{\partial f_n}{\partial x_n} \end{bmatrix} \tag{4.25}$$

取二次型函数作为系统的李雅普诺夫函数：

$$V(\boldsymbol{x})=\dot{\boldsymbol{x}}^{\mathrm{T}}\boldsymbol{P}\dot{\boldsymbol{x}}=\boldsymbol{f}^{\mathrm{T}}(\boldsymbol{x})\boldsymbol{P}\boldsymbol{f}(\boldsymbol{x}) \tag{4.26}$$

其中，$\boldsymbol{P}$ 为正定对称矩阵。

由于 $\boldsymbol{f}(\boldsymbol{x})$是 $\boldsymbol{x}$ 的显函数，不是时间 t 的显函数，因而有下列关系

$$\frac{\mathrm{d}\boldsymbol{f}(\boldsymbol{x})}{\mathrm{d}t}=\dot{\boldsymbol{f}}(\boldsymbol{x})=\frac{\partial \boldsymbol{f}(\boldsymbol{x})}{\partial \boldsymbol{x}}\frac{\mathrm{d}\boldsymbol{x}}{\mathrm{d}t}=\frac{\partial \boldsymbol{f}(\boldsymbol{x})}{\partial \boldsymbol{x}}\dot{\boldsymbol{x}}=\boldsymbol{J}(\boldsymbol{x})\boldsymbol{f}(\boldsymbol{x}) \tag{4.27}$$

将 $V(\boldsymbol{x})$沿状态轨迹对 t 求全导数，可得

$$\begin{aligned}\dot{V}(\boldsymbol{x})=&\boldsymbol{f}^{\mathrm{T}}(\boldsymbol{x})\boldsymbol{P}\dot{\boldsymbol{f}}(\boldsymbol{x})+\dot{\boldsymbol{f}}^{\mathrm{T}}(\boldsymbol{x})\boldsymbol{P}\boldsymbol{f}(\boldsymbol{x})=\\ &\boldsymbol{f}^{\mathrm{T}}(\boldsymbol{x})\boldsymbol{P}\boldsymbol{J}(\boldsymbol{x})\boldsymbol{f}(\boldsymbol{x})+[\boldsymbol{J}(\boldsymbol{x})\boldsymbol{f}(\boldsymbol{x})]^{\mathrm{T}}\boldsymbol{P}\boldsymbol{f}(\boldsymbol{x})=\\ &\boldsymbol{f}^{\mathrm{T}}(\boldsymbol{x})[\boldsymbol{J}^{\mathrm{T}}(\boldsymbol{x})\boldsymbol{P}+\boldsymbol{P}\boldsymbol{J}(\boldsymbol{x})]\boldsymbol{f}(\boldsymbol{x})\end{aligned}$$

要使系统渐近稳定，$\dot{V}(\boldsymbol{x})$必须是负定的。因此

$$\dot{V}(\boldsymbol{x})=-\boldsymbol{f}^{\mathrm{T}}(\boldsymbol{x})\boldsymbol{Q}(\boldsymbol{x})\boldsymbol{f}(x) \tag{4.28}$$

若当$\|\boldsymbol{x}\|\to\infty$，有 $V(\boldsymbol{x})\to\infty$，则系统在平衡状态点处是大范围内渐进稳定的。其中：

$$\boldsymbol{Q}(\boldsymbol{x})=-[\boldsymbol{J}^{\mathrm{T}}(\boldsymbol{x})\boldsymbol{P}+\boldsymbol{P}\boldsymbol{J}(\boldsymbol{x})] \tag{4.29}$$

为正定矩阵。在实际应用中，为了方便，先指定一个正定矩阵 $\boldsymbol{P}$，然后代入式(4.29)中，确定 $\boldsymbol{Q}$ 的符号特性，从而确定系统的稳定性。

结论： 非线性系统状态方程为 $\dot{\boldsymbol{x}}=\boldsymbol{f}(\boldsymbol{x})$，系统平衡态 $\boldsymbol{x}_e=0$ 为大范围内渐近稳定的条件为：对任意给定的一个正定实对称矩阵 $\boldsymbol{P}$，使得下列矩阵为正定的：

$$\boldsymbol{Q}(\boldsymbol{x})=-[\boldsymbol{J}^{\mathrm{T}}(\boldsymbol{x})\boldsymbol{P}+\boldsymbol{P}\boldsymbol{J}(\boldsymbol{x})]$$

并且 $V(\boldsymbol{x})=\dot{\boldsymbol{x}}^{\mathrm{T}}\boldsymbol{P}\dot{\boldsymbol{x}}=\boldsymbol{f}^{\mathrm{T}}(\boldsymbol{x})\boldsymbol{P}\boldsymbol{f}(\boldsymbol{x})$ 为系统的李雅普诺夫函数。

在应用过程中，$\boldsymbol{P}$ 可取任意正定的矩阵，但为了简单起见，通常可取 $\boldsymbol{P}=\boldsymbol{I}$，$\boldsymbol{I}$ 为单位矩阵。

例 4.10 试确定如下非线性系统的平衡态的稳定性：

$$\dot{\boldsymbol{x}}=\boldsymbol{f}(\boldsymbol{x})=\begin{bmatrix}-3x_1+x_2\\x_1-x_2-x_2^3\end{bmatrix}$$

解： $\boldsymbol{x}_e=0$ 为系统的平衡状态点。计算雅可比矩阵：

$$\boldsymbol{J}(\boldsymbol{x})=\frac{\partial \boldsymbol{f}(\boldsymbol{x})}{\partial \boldsymbol{x}}=\begin{bmatrix}-3 & 1\\1 & -1-3x_2^2\end{bmatrix}$$

取 $\boldsymbol{P}=\boldsymbol{I}$，有

$$\boldsymbol{Q}(\boldsymbol{x})=-[\boldsymbol{J}^{\mathrm{T}}(\boldsymbol{x})+\boldsymbol{J}(\boldsymbol{x})]=\begin{bmatrix}6 & -2\\-2 & 2+6x_2^2\end{bmatrix}$$

根据希尔维斯特，有

$$\Delta_1=6>0,\qquad \Delta_2=\begin{vmatrix}6 & -2\\-2 & 2+6x_2^2\end{vmatrix}=36x_2^2+8>0$$

当 $x\neq 0$ 时，$Q(\boldsymbol{x})$为正定的。且当$\|\boldsymbol{x}\|\rightarrow\infty$时，有

$$V(\boldsymbol{x})=\boldsymbol{f}^{\mathrm{T}}(\boldsymbol{x})\boldsymbol{f}(\boldsymbol{x})=\begin{bmatrix}-3x_1+x_2 & x_1-x_2-x_2^3\end{bmatrix}\begin{bmatrix}-3x_1+x_2\\x_1-x_2-x_2^3\end{bmatrix}=$$

$$(-3x_1+x_2)^2+(x_1-x_2-x_2^3)^2\rightarrow\infty$$

因此，系统在平衡状态点处为大范围内渐进稳定。

4.8 利用 MATLAB 进行控制系统的稳定性分析

4.8.1 李雅普诺夫第一法分析系统稳定性

按照 4.2 节所述，系统利用李雅普诺夫第一法分析系统稳定性要求系统的所有特征值均具有负实部，在 MATLAB 中可以采用函数[z,p,k]=ss2zp(a,b,c,d,1)和p=pole(sys_ss)求取系统的特征值。

例 4.11 设系统的状态空间表达式为

$$\dot{\boldsymbol{x}}=\begin{bmatrix}-1 & 0\\0 & -1\end{bmatrix}\boldsymbol{x}+\begin{bmatrix}1\\1\end{bmatrix}u$$

$$y=[1\quad 0]\boldsymbol{x}$$

试分析系统的状态稳定性。

解： 在目录窗口中输入：

```
>> a=[-1 0;0 1];
>> b=[1;1];
>> c=[1 0];
>>d=0;
>> [z,p,k]=ss2zp(a,b,c,d,1)
```

运行结果为

```
z=
    1
p=
    -1
     1
k=
     1
```

以上结果表示系统具有一个零点(为 1)，两个极点(分别为 −1 和 1)，其增益为 1。

或者在目录窗口中输入

```
>> a=[-1 0;0 1];
>> b=[1;1];
>> c=[1 0];
>>d=0;
>>sys_ss=ss(a,b,c,d);
>>p=pole(sys_ss)
```

运行结果为

```
p=
    -1
     1
```

以上结果表示系统的两个特征值分别为 −1 和 1。系统的特征值具有大于零的点，所以该系统不稳定。

4.8.2　李雅普诺夫第二法分析系统稳定性

P=lyap(A,Q)用于求解连续时间系统李雅普诺夫方程。P=dlyap(A,Q)用于求解离散时间系统李雅普诺夫方程。

例 4.12　设二阶线性定常系统的状态方程为

$$\begin{bmatrix}\dot{x}_1\\ \dot{x}_2\end{bmatrix}=\begin{bmatrix}0 & 1\\ -2 & -3\end{bmatrix}\begin{bmatrix}x_1\\ x_2\end{bmatrix}$$

试用 MATLAB 确定该系统的稳定性。

解：显然，原点 $\boldsymbol{x}_e=0$ 是给定系统的唯一平衡态。程序如下：

```
>> A=[0 1;-2-3];
>> Q=[1 0;0 1];
>> P=lyap(A',Q)
```

运行结果如下：

```
P=

      1.2500    0.2500
      0.2500    0.2500
```

进一步通过考虑 $\boldsymbol{P}$ 的特征值考虑其符号特性，有

```
>> eig(P)
```

运行结果如下：

```
ans=
      0.1910
      1.3090
```

易见，$\boldsymbol{P}$ 的特征值均大于 0，因而 $\boldsymbol{P}$ 为正定矩阵，因此系统在平衡状态是大范围内渐进稳定的。

例 4.13 试用 MATLAB 确定用如下状态方程描述的离散系统的平衡态稳定性。

$$\boldsymbol{x}(k+1)=\begin{bmatrix}0 & 1\\ -0.5 & -1\end{bmatrix}\boldsymbol{x}(k)$$

解：程序如下：

```
>>A=[0 1;-0.5 1];
>>Q=[1 0;0 1];
>> P=dlyap(A',Q)
```

运行结果如下：

```
P=

       2.2000   -1.6000
      -1.6000    4.8000
```

进一步通过考虑 $\boldsymbol{P}$ 的特征值考虑其符号特性，有

```
>>eig(P)
```

运行结果如下：

```
ans =
        1.4384
        5.5616
```

易见，$\boldsymbol{P}$ 的特征值均大于 0，因而 $\boldsymbol{P}$ 为正定矩阵，因此系统在平衡状态是大范围内渐进稳定的。

习　题

4.1　判断下列函数的符号特性。

(1) $V(\boldsymbol{x})=2x_1^2+3x_2^2+x_3^2-2x_1x_2+2x_1x_3$。

(2) $V(\boldsymbol{x})=8x_1^2+2x_2^2+x_3^2-8x_1x_2+2x_1x_3-2x_2x_3$。

(3) $V(\boldsymbol{x})=x_1^2+x_3^2-2x_1x_2+x_2x_3$。

4.2　试用李雅普诺夫方法求系统

$$\dot{\boldsymbol{x}}=\begin{bmatrix} a_{11} & a_{12} \\ a_{21} & a_{22} \end{bmatrix}\boldsymbol{x}$$

在平衡状态 $\boldsymbol{x}=\boldsymbol{0}$ 为大范围渐进稳定的条件。

4.3　用李雅普诺夫第一方法判定下列系统在平衡状态的稳定性。

$$\dot{x}_1=-x_1+x_2+x_1(x_1^2+x_2^2)$$
$$\dot{x}_2=-x_1-x_2+x_2(x_1^2+x_2^2)$$

4.4　试用李雅普诺夫第一法判断下列系统在平衡状态的稳定性。

(1) $\dot{\boldsymbol{x}}=\begin{bmatrix} -1 & 1 \\ 2 & -3 \end{bmatrix}\boldsymbol{x}$　　(2) $\dot{\boldsymbol{x}}=\begin{bmatrix} -1 & 1 \\ -1 & -1 \end{bmatrix}\boldsymbol{x}$

4.5　试用李雅普诺夫第二法判断下列系统在平衡状态的稳定性。

(1) $\dot{\boldsymbol{x}}=\begin{bmatrix} -1 & 1 \\ 2 & -3 \end{bmatrix}\boldsymbol{x}$　　(2) $\dot{\boldsymbol{x}}=\begin{bmatrix} -1 & 1 \\ -1 & -1 \end{bmatrix}\boldsymbol{x}$

4.6　给定连续时间的定常系统：

$$\dot{x}_1=x_2$$
$$\dot{x}_2=-x_1-(1+x_2)^2x_2$$

试用李雅普诺夫第二方法判断其在平衡状态的稳定性。

4.7　设线性离散时间系统为

$$\boldsymbol{x}(k+1)=\begin{bmatrix} 0 & 1 & 0 \\ 0 & 0 & 1 \\ 0 & m/2 & 0 \end{bmatrix}\boldsymbol{x}(k),\qquad m>0$$

试求在平衡状态系统渐进稳定的 m 值范围。

4.8 设离散时间系统的状态方程为

$$\boldsymbol{x}(k+1)=\begin{bmatrix}\lambda_1 & 0\\ 0 & \lambda_2\end{bmatrix}\boldsymbol{x}(k)$$

试确定系统在平衡点处大范围内渐进稳定的条件。

4.9 线性时变系统的状态方程为

$$\dot{\boldsymbol{x}}=\begin{bmatrix}\dfrac{1}{t} & 1\\ -t & -\dfrac{1}{2}\end{bmatrix}\boldsymbol{x}$$

试分析系统在平衡点处的稳定性,并求李雅普诺夫方程。

4.10 下面的非线性微分方程式称为关于两种生物个体群的沃尔特纳(Volterra)方程式

$$\frac{\mathrm{d}x_1}{\mathrm{d}t}=ax_1+\beta x_1x_2$$

$$\frac{\mathrm{d}x_2}{\mathrm{d}t}=\gamma x_2+\delta x_1x_2$$

式中,x_1、x_2 分别是生物个体数,α、β、γ、δ 是不为零的实数。关于这个系统,

(1) 试求平衡点;

(2) 在平衡点的附近线性化,试讨论平衡点的稳定性。

第 5 章　线性定常系统的综合

第 1 章主要解决了系统的建模、各种数学模型之间的相互转换等系统描述问题。第 2～4 章着重于系统的分析，主要研究系统的定量变化规律(如状态方程的解，即系统的运动分析等)和定性行为(如能控性、能观性、稳定性等)。本章主要研究系统的综合与设计问题。

系统综合是系统分析的逆问题。系统分析问题即为对已知系统结构和参数，以及确定好系统的外部输入下，对系统运动进行定性分析和定量规律分析。系统的综合问题为已知系统的结构和参数，以及所期望的系统运动形式或关于系统运动动态过程和目标的某些特征，所需要确定的则是需要施加于系统的外部输入的大小或规律。

5.1　反馈控制结构及其特性

控制理论最基本的任务是对给定的被控系统设计能满足所期望的性能指标的闭环控制系统，即寻找反馈控制率。

在经典控制中，通常采用系统的输出进行反馈，构成输出负反馈系统，可以得到较满意的系统性能，减少干扰对系统的影响；减少被控对象参数变化对系统性能的影响。在现代控制理论中，为了达到希望的控制要求，通常采用状态反馈和输出反馈控制两种反馈方法来构成反馈系统。

5.1.1　状态反馈

设被控系统的状态空间表达式为

$$\begin{aligned}\dot{\boldsymbol{x}} &= \boldsymbol{A}\boldsymbol{x} + \boldsymbol{B}\boldsymbol{u} \\ \boldsymbol{y} &= \boldsymbol{C}\boldsymbol{x} + \boldsymbol{D}\boldsymbol{u}\end{aligned} \tag{5.1}$$

式中，$\boldsymbol{x} \in \boldsymbol{R}^n$，$\boldsymbol{u} \in \boldsymbol{R}^r$，$\boldsymbol{y} \in \boldsymbol{R}^m$。

若 $\boldsymbol{D}=\boldsymbol{0}$，则受控系统为

$$\begin{aligned}\dot{\boldsymbol{x}} &= \boldsymbol{A}\boldsymbol{x} + \boldsymbol{B}\boldsymbol{u} \\ \boldsymbol{y} &= \boldsymbol{C}\boldsymbol{x}\end{aligned} \tag{5.2}$$

简记为 $\sum_0 = (\boldsymbol{A}, \boldsymbol{B}, \boldsymbol{C})$。

状态反馈是将系统的每一个状态变量乘以相应的反馈系数，然后反馈到输入端与参考输入相加形成控制律，将其作为受控系统的控制输入。图 5.1 所示是一个多输入多输出系统状态反馈的基本结构。

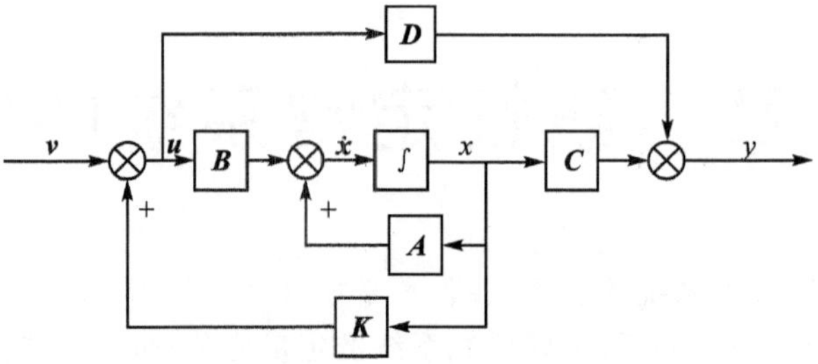

图 5.1 多输入多输出系统状态反馈结构图

状态线性反馈控制律 $\boldsymbol{u}$ 为

$$\boldsymbol{u}=\boldsymbol{K}\boldsymbol{x}+\boldsymbol{v} \tag{5.3}$$

其中,$\boldsymbol{v}$ 为 $r\times1$ 维参考输入;$\boldsymbol{K}$ 为 $r\times n$ 维状态反馈系数矩阵或状态反馈增益矩阵。对单输入系统,$\boldsymbol{K}$ 为 $1\times n$ 维行向量。

把式(5.3)代入式(5.1)整理可得状态反馈闭环系统的状态空间表达式:

$$\begin{aligned}\dot{\boldsymbol{x}}&=(\boldsymbol{A}+\boldsymbol{B}\boldsymbol{K})\boldsymbol{x}+\boldsymbol{B}\boldsymbol{v}\\ \boldsymbol{y}&=(\boldsymbol{C}+\boldsymbol{D}\boldsymbol{K})\boldsymbol{x}+\boldsymbol{D}\boldsymbol{v}\end{aligned} \tag{5.4}$$

若 $\boldsymbol{D}=\boldsymbol{0}$,则

$$\begin{aligned}\dot{\boldsymbol{x}}&=(\boldsymbol{A}+\boldsymbol{B}\boldsymbol{K})\boldsymbol{x}+\boldsymbol{B}\boldsymbol{v}\\ \boldsymbol{y}&=\boldsymbol{C}\boldsymbol{x}\end{aligned} \tag{5.5}$$

简记为 $\sum_{K}=((\boldsymbol{A}+\boldsymbol{B}\boldsymbol{K}),\boldsymbol{B},\boldsymbol{C})$。

引入状态反馈后,闭环系统的传递函数矩阵为

$$\boldsymbol{W}_K(s)=\boldsymbol{C}[s\boldsymbol{I}-(\boldsymbol{A}+\boldsymbol{B}\boldsymbol{K})]^{-1}\boldsymbol{B} \tag{5.6}$$

比较开环系统 $\sum_0=(\boldsymbol{A},\boldsymbol{B},\boldsymbol{C})$ 与闭环系统 $\sum_K=((\boldsymbol{A}+\boldsymbol{B}\boldsymbol{K}),\boldsymbol{B},\boldsymbol{C})$ 可见,状态反馈增益阵 $\boldsymbol{K}$ 的引入并不增加系统的维数,只改变了系统矩阵及其特征值,因此可通过 $\boldsymbol{K}$ 的选择自由地改变闭环系统的特征值,从而使系统获得所要求的性能。

注意:本文中所介绍的状态反馈为正反馈,反馈后的系统矩阵为$(\boldsymbol{A}+\boldsymbol{B}\boldsymbol{K})$,若采用的反馈为负反馈,则反馈后的系统矩阵为$(\boldsymbol{A}-\boldsymbol{B}\boldsymbol{K})$。

5.1.2 输出反馈

设被控系统的状态空间表达式为

$$\begin{aligned}\dot{\boldsymbol{x}}&=\boldsymbol{A}\boldsymbol{x}+\boldsymbol{B}\boldsymbol{u}\\ \boldsymbol{y}&=\boldsymbol{C}\boldsymbol{x}+\boldsymbol{D}\boldsymbol{u}\end{aligned} \tag{5.7}$$

记为 $\sum=(\boldsymbol{A},\boldsymbol{B},\boldsymbol{C},\boldsymbol{D})$。

若 $\boldsymbol{D}=\boldsymbol{0}$,则

$$\begin{aligned}\dot{\boldsymbol{x}}&=\boldsymbol{A}\boldsymbol{x}+\boldsymbol{B}\boldsymbol{u}\\ \boldsymbol{y}&=\boldsymbol{C}\boldsymbol{x}\end{aligned} \tag{5.8}$$

记为 $\sum_0=(\boldsymbol{A},\boldsymbol{B},\boldsymbol{C})$。

输出反馈是将被控系统的输出变量按照线性反馈规律反馈到输入端,构成闭环系统,经典控制理论中所讨论的反馈就是输出反馈。图 5.2 所示为一多输入多输出系统输出反馈的基本结构。

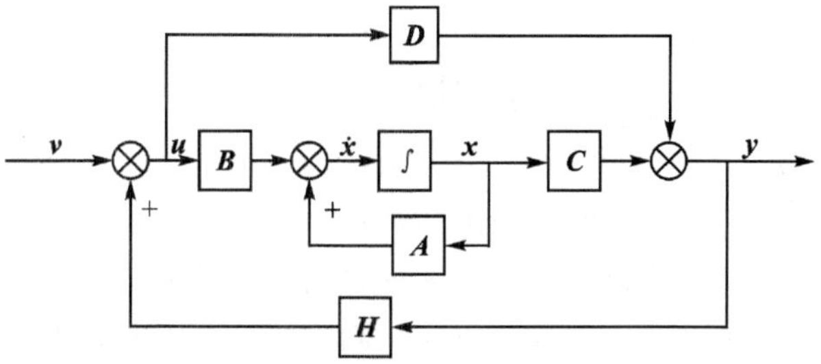

图 5.2　多输入多输出系统输出反馈结构图

输出线性反馈控制律为

$$\boldsymbol{u}=\boldsymbol{H}\boldsymbol{y}+\boldsymbol{v} \tag{5.9}$$

式中,$\boldsymbol{H}$ 为 $r\times m$ 维输出反馈增益阵。对单输出系统,$\boldsymbol{H}$ 为 $r\times 1$ 维列矢量。

闭环系统状态空间表达式可由式(5.7)和式(5.9)得

$$\boldsymbol{u}=\boldsymbol{H}(\boldsymbol{C}\boldsymbol{x}+\boldsymbol{D}\boldsymbol{u})+\boldsymbol{v}=\boldsymbol{H}\boldsymbol{C}\boldsymbol{x}+\boldsymbol{H}\boldsymbol{D}\boldsymbol{u}+\boldsymbol{v} \tag{5.10}$$

整理后得

$$\boldsymbol{u}=(\boldsymbol{I}-\boldsymbol{H}\boldsymbol{D})^{-1}(\boldsymbol{H}\boldsymbol{C}\boldsymbol{x}+\boldsymbol{v}) \tag{5.11}$$

再把式(5.11)代入式(5.7)求得

$$\begin{aligned}\dot{\boldsymbol{x}}&=[\boldsymbol{A}+\boldsymbol{B}(\boldsymbol{I}-\boldsymbol{H}\boldsymbol{D})^{-1}\boldsymbol{H}\boldsymbol{C}]\boldsymbol{x}+\boldsymbol{B}(\boldsymbol{I}-\boldsymbol{H}\boldsymbol{D})^{-1}\boldsymbol{v}\\ \boldsymbol{y}&=[\boldsymbol{C}+\boldsymbol{D}(\boldsymbol{I}-\boldsymbol{H}\boldsymbol{D})^{-1}\boldsymbol{H}\boldsymbol{C}]\boldsymbol{x}+\boldsymbol{D}(\boldsymbol{I}-\boldsymbol{H}\boldsymbol{D})^{-1}\boldsymbol{v}\end{aligned} \tag{5.12}$$

若 $\boldsymbol{D}=\boldsymbol{0}$,则

$$\begin{aligned}\dot{\boldsymbol{x}}&=(\boldsymbol{A}+\boldsymbol{B}\boldsymbol{H}\boldsymbol{C})\boldsymbol{x}+\boldsymbol{B}\boldsymbol{v}\\ \boldsymbol{y}&=\boldsymbol{C}\boldsymbol{x}\end{aligned} \tag{5.13}$$

简记 $\sum_H=[(\boldsymbol{A}+\boldsymbol{B}\boldsymbol{H}\boldsymbol{C}),\boldsymbol{B},\boldsymbol{C}]$。由式(5.13)可见,通过选择输出反馈增益矩阵 $\boldsymbol{H}$ 也可以改变闭环系统的特征值,从而改变系统的控制特性。

引入输出反馈后,系统的传递函数阵为

$$\boldsymbol{W}_H(s)=\boldsymbol{C}[s\boldsymbol{I}-(\boldsymbol{A}+\boldsymbol{B}\boldsymbol{H}\boldsymbol{C})]^{-1}\boldsymbol{B} \tag{5.14}$$

比较状态反馈和输出反馈两种控制率构成的闭环系统状态空间方程可见,当 $\boldsymbol{D}=\boldsymbol{0}$ 时,只要取 $\boldsymbol{K}=\boldsymbol{H}\boldsymbol{C}$ 的状态反馈即可达到与输出反馈相同的效果,即输出反馈只是状态反馈的一种特殊情况。

5.1.3　闭环系统的能控性与能观性

引入各种反馈构成闭环后,系统的能控性与能观性是关系能否实现状态控制与状态观测的重要问题。

定理 5.1 状态反馈不改变受控系统 $\sum_0=(\boldsymbol{A},\boldsymbol{B},\boldsymbol{C})$ 的能控性，但不保证系统的能观性不变。

证明：只证能控性不变，只须证明它们的能控判别矩阵同秩即可。

原受控系统 $\sum_0$ 的能控性判别阵分别为

$$\boldsymbol{Q}_{c0}=[\boldsymbol{B}\quad \boldsymbol{AB}\quad \boldsymbol{A}^2\boldsymbol{B}\quad \cdots\quad \boldsymbol{A}^{n-1}\boldsymbol{B}] \tag{5.15}$$

引入状态反馈后系统 $\sum_{\boldsymbol{K}}$ 的能控性判别矩阵为

$$\boldsymbol{Q}_{ck}=[\boldsymbol{B}\quad (\boldsymbol{A}+\boldsymbol{BK})\boldsymbol{B}\quad (\boldsymbol{A}+\boldsymbol{BK})^2\boldsymbol{B}\quad \cdots\quad (\boldsymbol{A}+\boldsymbol{BK})^{n-1}\boldsymbol{B}] \tag{5.16}$$

比较式(5.15)与式(5.16)两个矩阵的各对应分块可以看出：矩阵 $\boldsymbol{Q}_{ck}$ 中的各个列元素都可以看成是由矩阵 $\boldsymbol{Q}_{co}$ 中的列元素进行初等变换而来，而矩阵作初等变换并不改变矩阵的秩。所以 $\boldsymbol{Q}_{ck}$ 与 $\boldsymbol{Q}_{co}$ 的秩相同，从而可知引入状态反馈前后系统的能控性判别矩阵的秩没变，因此得出状态反馈不改变系统的能控性。

状态反馈不保持系统的能观性可作如下解释：例如，对单输入单输出系统，状态反馈会改变系统的极点，但不影响系统的零点。这样就有可能使传递函数出现零极点对消现象，因而破坏了系统的能观性。

实际上，受控系统 $\sum_0=(\boldsymbol{A},b,c,d)$ 的传递函数为

$$W_0(s)=c(s\boldsymbol{I}-\boldsymbol{A})^{-1}b+d \tag{5.17}$$

将 $\sum_0$ 的能控标准型代入式(5.17)后得

$$W_0(s)=\frac{b_{n-1}s^{n-1}+b_{n-2}s^{n-2}+\cdots+b_1s+b_0}{s^n+a_{n-1}s^{n-1}+\cdots+a_1s+a_0}+d=$$

$$\frac{ds^n+(b_{n-1}+da_{n-1})s^{n-1}+\cdots+(b_1-da_1)s+(b_0+da_0)}{s^n+a_{n-1}s^{n-1}+\cdots+a_1s+a_0} \tag{5.18}$$

引入状态反馈后闭环系统的传递函数为

$$W_k(s)=c[s\boldsymbol{I}-(\boldsymbol{A}+b\boldsymbol{K})]^{-1}b+d=$$

$$\frac{ds^n+[(b_{n-1}+da_{n-1})-d(k_{n-1}-k_{n-1})]s^{n-1}+\cdots+[(b_0+da_0)-d(k_0-k_0)]}{s^n+(a_{n-1}-k_{n-1})s^{n-1}+\cdots+(a_1-k_1)s+(a_0-k_0)}=$$

$$\frac{ds^n+(b_{n-1}+da_{n-1})s^{n-1}+\cdots+(b_1-da_1)s+(b_0+da_0)}{s^n+(a_{n-1}-k_{n-1})s^{n-1}+\cdots+(a_1-k_1)s+(a_0-k_0)} \tag{5.19}$$

比较式(5.18)和式(5.19)可以看出，引入状态反馈后传递函数的分子多项式不变，即零点保持不变。但分母多项式的每一项系数均可通过选择 $\boldsymbol{K}$ 而改变，这就有可能使传递函数发生零极点相消而破坏系统的能观性。

例 5.1 试分析系统引入状态反馈 $\boldsymbol{K}=[-1\quad 0]$后的能控性与能观性。

$$\dot{\boldsymbol{x}}=\begin{bmatrix}0&1\\1&0\end{bmatrix}\boldsymbol{x}+\begin{bmatrix}0\\1\end{bmatrix}u,\qquad \boldsymbol{y}=[0\quad 1]\boldsymbol{x}$$

解：利用能控性和能观性判别矩阵判断系统的能控性和能观性。

由
$$\mathrm{Rank}[b \quad \boldsymbol{A}b] = \mathrm{Rank}\begin{bmatrix} 0 & 1 \\ 1 & 0 \end{bmatrix} = 2 = n$$
$$\mathrm{Rank}\begin{bmatrix} \boldsymbol{C} \\ \boldsymbol{CA} \end{bmatrix} = \mathrm{Rank}\begin{bmatrix} 0 & 1 \\ 1 & 0 \end{bmatrix} = 2 = n$$
因此系统能控且能观。

引入反馈矩阵 $\boldsymbol{K}=[-1 \quad 0]$后,得闭环系统矩阵
$$\boldsymbol{A}+b\boldsymbol{K} = \begin{bmatrix} 0 & 1 \\ 1 & 0 \end{bmatrix} + \begin{bmatrix} 0 \\ 1 \end{bmatrix}[-1 \quad 0] = \begin{bmatrix} 0 & 1 \\ 0 & 0 \end{bmatrix}$$
相应的有
$$\mathrm{Rank}[b \quad (\boldsymbol{A}+b\boldsymbol{K})b] = \mathrm{Rank}\begin{bmatrix} 0 & 1 \\ 1 & 0 \end{bmatrix} = 2 = n$$
$$\mathrm{Rank}\begin{bmatrix} c \\ c(\boldsymbol{A}+b\boldsymbol{K}) \end{bmatrix} = \mathrm{Rank}\begin{bmatrix} 0 & 1 \\ 0 & 0 \end{bmatrix} = 1 < n$$

可见,引入状态反馈 $\boldsymbol{K}=[-1 \quad 0]$后,闭环系统保持能控性不变,却破坏了系统的能观性。

实际上这反映在传递函数上出现了零极点相消的现象。因为
$$W_0(s) = c(s\boldsymbol{I}-\boldsymbol{A})^{-1}b = [0 \quad 1]\begin{bmatrix} s & -1 \\ -1 & s \end{bmatrix}^{-1}\begin{bmatrix} 0 \\ 1 \end{bmatrix} = \frac{s}{s^2-1}$$
$$W_k(s) = c[s\boldsymbol{I}-(\boldsymbol{A}+b\boldsymbol{K})]^{-1}b = [0 \quad 1]\begin{bmatrix} s & -1 \\ 0 & s \end{bmatrix}^{-1}\begin{bmatrix} 0 \\ 1 \end{bmatrix} = \frac{s}{s^2} = \frac{1}{s}$$

定理 5.2　输出反馈不改变受控系统 $\sum_0 = (\boldsymbol{A},\boldsymbol{B},\boldsymbol{C})$ 的能控性和能观性。

证明: 关于能控性不变。因为
$$\dot{\boldsymbol{x}} = (\boldsymbol{A}+\boldsymbol{BHC})\boldsymbol{x}+\boldsymbol{Bu} \tag{5.20}$$
若把 $\boldsymbol{HC}$ 看成等效的状态反馈阵 $\boldsymbol{K}$,那么状态反馈便保持受控系统的能控性不变。

关于能观性不变。由能观判别矩阵
$$\boldsymbol{Q}_{00} = \begin{bmatrix} \boldsymbol{C} \\ \boldsymbol{CA} \\ \vdots \\ \boldsymbol{CA}^{n-1} \end{bmatrix} \tag{5.21}$$
$$\boldsymbol{Q}_{0H} = \begin{bmatrix} \boldsymbol{C} \\ \boldsymbol{C}(\boldsymbol{A}+\boldsymbol{BHC}) \\ \vdots \\ \boldsymbol{C}(\boldsymbol{A}+\boldsymbol{BHC})^{n-1} \end{bmatrix} \tag{5.22}$$
依照定理 5.1 的证明思路,同样可以把 $\boldsymbol{Q}_{0H}$ 看做是 $\boldsymbol{Q}_{00}$ 经初等变换的结果。而初等变换不改变矩阵的秩,因此能观性保持不变。

5.2 极点配置

对线性定常系统,系统的稳定性和各种性能指标主要取决于系统极点在根平面上的分布。因此在进行系统设计时,设法使闭环系统的极点位于 s 平面上的一组合理的、具有期望的性能指标的极点,由此可以有效地改善系统的性能品质指标。这样的控制系统设计方法就称为极点配置问题。所谓极点配置问题,就是通过选择反馈增益矩阵,将闭环系统的极点恰好配置在根平面上所期望的位置,以获得所希望的系统动态性能。

本节讨论在指定极点分布的情况下,如何设计反馈增益阵的问题。为简单起见,只讨论单输入单输出系统。

5.2.1 状态反馈极点配置方法

定理 5.3 采用状态反馈对系统 $\sum_0=(\boldsymbol{A},\boldsymbol{b},\boldsymbol{c})$ 任意配置极点的充分必要条件是 $\sum_0$ 完全能控。

证明: 必要性: 闭环系统极点可任意配置,则被控制系统必为完全能控。

采用反证法证明必要性: 假设有系统为不完全能控,但却可进行极点任意配置。如果该假设被否定,便可得出必要性的正确性。

假设 $\sum_0=(\boldsymbol{A},\boldsymbol{b},\boldsymbol{c})$ 不完全能控,则可进行结构分解

$$\overline{\boldsymbol{A}}=\boldsymbol{R}_c^{-1}\boldsymbol{A}\boldsymbol{R}_c=\begin{bmatrix}\overline{\boldsymbol{A}}_{11} & \overline{\boldsymbol{A}}_{12}\\ \boldsymbol{0} & \overline{\boldsymbol{A}}_{22}\end{bmatrix} \tag{5.23}$$

$$\bar{\boldsymbol{b}}=\boldsymbol{R}_c^{-1}\boldsymbol{b}=\begin{bmatrix}\bar{\boldsymbol{b}}_1\\ \boldsymbol{0}\end{bmatrix} \tag{5.24}$$

引入任意状态增益矩阵 $\boldsymbol{K}=[K_1 \quad K_2]$,则引入状态反馈经整理后,系统的特征多项式为

$$|\lambda\boldsymbol{I}-(\overline{\boldsymbol{A}}+\bar{\boldsymbol{b}}\boldsymbol{K})|=|\lambda\boldsymbol{I}-(\overline{\boldsymbol{A}}_{11}+\bar{\boldsymbol{b}}\boldsymbol{K}_1)||\lambda\boldsymbol{I}-\overline{\boldsymbol{A}}_{22}| \tag{5.25}$$

从式(5.25)可以看出,引入状态增益矩阵 $\boldsymbol{K}$ 后,系统的特征值并不是都可以任意配置,只能改变可控部分的特征值,而不能控部分的特征值不能改变,这与假设矛盾,因此定理 5.3 的必要性得证。

以下证明定理 5.3 的充分性,也是对完全能控系统的极点任意配置过程。

设被控系统 $\sum_0=(\boldsymbol{A},\boldsymbol{b},\boldsymbol{c})$ 的状态空间表达式为

$$\begin{aligned}\dot{\boldsymbol{x}}&=\boldsymbol{A}\boldsymbol{x}+\boldsymbol{b}u\\ y&=\boldsymbol{C}\boldsymbol{x}\end{aligned} \tag{5.26}$$

(1) 若 $\sum_0$ 完全能控，必存在非奇异变换 $\boldsymbol{x}=\boldsymbol{T}_C\bar{\boldsymbol{x}}$，式中 $\boldsymbol{T}_C$ 为能控标准型变换矩阵。将 $\sum_0$ 化成能控标准型

$$\dot{\bar{\boldsymbol{x}}}=\bar{\boldsymbol{A}}\bar{\boldsymbol{x}}+\bar{\boldsymbol{b}}u$$

$$y=\bar{\boldsymbol{C}}\bar{\boldsymbol{x}}$$

式中

$$\bar{\boldsymbol{A}}=\boldsymbol{T}_C^{-1}\boldsymbol{A}\boldsymbol{T}_C=\begin{bmatrix}0 & 1 & 0 & \cdots & 0\\ 0 & 0 & 1 & \cdots & 0\\ \vdots & \vdots & \vdots & \vdots & \vdots\\ 0 & 0 & 0 & \cdots & 1\\ -a_0 & -a_1 & -a_2 & \cdots & -a_{n-1}\end{bmatrix}$$

$$\bar{\boldsymbol{b}}=\boldsymbol{T}_C^{-1}\boldsymbol{b}=\begin{bmatrix}0\\ 0\\ \vdots\\ 0\\ 1\end{bmatrix}$$

$$\bar{\boldsymbol{C}}=\boldsymbol{C}\boldsymbol{T}_C=[b_0\quad b_1\quad \cdots\quad b_{n-1}]$$

受控系统 $\sum_0$ 的传递函数为

$$W_0(s)=\boldsymbol{C}(s\boldsymbol{I}-\boldsymbol{A})^{-1}\boldsymbol{b}=\frac{b_{n-1}s^{n-1}+b_{n-2}s^{n-2}+\cdots+b_1s+b_0}{s^n+a_{n-1}s^{n-1}+\cdots+a_1s+a_0}\tag{5.27}$$

(2) 引入状态反馈增益阵

$$\bar{\boldsymbol{K}}=[\bar{k}_0\quad \bar{k}_1\quad \cdots\quad \bar{k}_{n-1}]\tag{5.28}$$

可求得对 $\bar{\boldsymbol{x}}$ 的闭环状态空间表达式

$$\left.\begin{aligned}\dot{\bar{\boldsymbol{x}}}&=(\bar{\boldsymbol{A}}+\bar{\boldsymbol{b}}\bar{\boldsymbol{K}})\bar{\boldsymbol{x}}+\bar{\boldsymbol{b}}u\\ y&=\bar{\boldsymbol{C}}\bar{\boldsymbol{x}}\end{aligned}\right\}\tag{5.29}$$

式中

$$\bar{\boldsymbol{A}}+\bar{\boldsymbol{b}}\bar{\boldsymbol{K}}=\begin{bmatrix}0 & 1 & 0 & \cdots & 0\\ 0 & 0 & 1 & \cdots & 0\\ \vdots & \vdots & \vdots & \vdots & \vdots\\ 0 & 0 & 0 & \cdots & 1\\ -(a_0-\bar{k}_0) & -(a_1-\bar{k}_1) & \cdots & \cdots & -(a_{n-1}-\bar{k}_{n-1})\end{bmatrix}$$

闭环特征多项式为

$$f(\lambda)=|\lambda\boldsymbol{I}-(\bar{\boldsymbol{A}}+\bar{\boldsymbol{b}}\bar{\boldsymbol{K}})|=\lambda^n+(a_{n-1}-\bar{k}_{n-1})\lambda^{n-1}+\cdots+(a_1-\bar{k}_1)\lambda+(a_0-\bar{k}_0)\tag{5.30}$$

闭环传递函数为

$$W_k(s)=\frac{b_{n-1}s^{n-1}+b_{n-2}s^{n-2}+\cdots+b_1 s+b_0}{s^n+(a_{n-1}-\bar{k}_{n-1})s^{n-1}+\cdots+(a_1-\bar{k}_1)s+(a_0-\bar{k}_0)} \tag{5.31}$$

(3) 使闭环极点与给定的期望极点相符,必须满足 $f(\lambda)=f^*(\lambda)$。其中,$f^*(\lambda)$为期望特征多项式。

$$f^*(\lambda)=\prod_{i=1}^{n}(\lambda-\lambda_i^*)=\lambda^n+a_{n-1}^*\lambda^{n-1}+\cdots+a_1^*\lambda+a_0^* \tag{5.32}$$

式中,$\lambda_i^*(i=1,2,\cdots,n)$为期望的闭环极点(实数极点或共轭复数极点)。由等式两边同次幂系数对应相等可解出反馈阵各系数

$$\bar{k}_i=a_i-a_i^*,\qquad i=0,1,\cdots,n-1 \tag{5.33}$$

于是得
$$\bar{\boldsymbol{K}}=[a_0-a_0^*\quad a_1-a_1^*\quad \cdots\quad a_{n-1}-a_{n-1}^*]$$

(4) 最后,把对应于 $\bar{x}$ 的 $\bar{\boldsymbol{K}}$ 通过如下变换,得到对应于状态 $\boldsymbol{x}$ 的 $\boldsymbol{K}$,即

$$\boldsymbol{K}=\bar{\boldsymbol{K}}\boldsymbol{T}_C^{-1} \tag{5.34}$$

这是由于 $\boldsymbol{u}=\boldsymbol{v}+\bar{\boldsymbol{K}}\bar{\boldsymbol{x}}=\boldsymbol{v}+\bar{\boldsymbol{K}}T_C^{-1}\boldsymbol{x}$ 的缘故。

例 5.2 已知 $W(s)=\dfrac{10}{s(s+1)(s+2)}$,试设计状态反馈控制器,使闭环系统的极点为$-2,-1\pm \mathrm{j}$。

解:(1)因为传递函数没有零极点对消现象,所以原系统能控且能观。可直接写出它的能控标准型实现。

$$\dot{\boldsymbol{x}}=\begin{bmatrix}0&1&0\\0&0&1\\0&-2&-3\end{bmatrix}\boldsymbol{x}+\begin{bmatrix}0\\0\\1\end{bmatrix}\boldsymbol{u}$$

$$\boldsymbol{y}=[10\quad 0\quad 0]\,\boldsymbol{x}$$

(2) 因上面所得到的系统状态空间表达式是能控标准型,所以相对应引入状态反馈增益矩阵 $\bar{\boldsymbol{K}}=[\bar{k}_0\quad \bar{k}_1\quad \bar{k}_2]$,如图 5.3 中虚线所示。

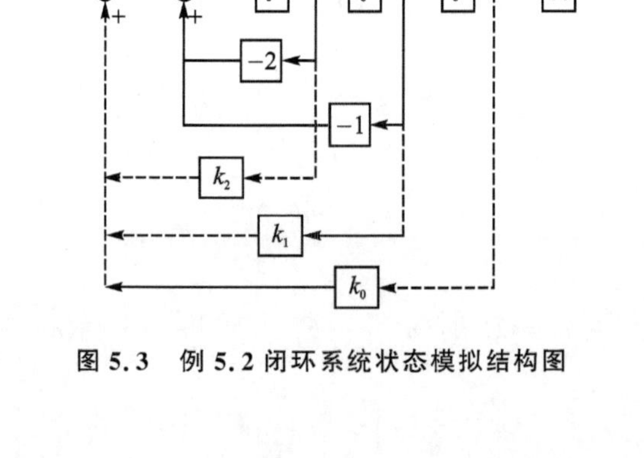

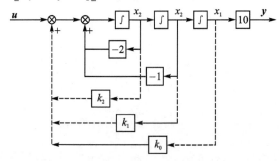

图 5.3 例 5.2 闭环系统状态模拟结构图

闭环系统特征多项式为

$$f(\lambda)=\det[\lambda \boldsymbol{I}-(\boldsymbol{A}+\boldsymbol{b}\overline{\boldsymbol{K}})]=\lambda^3+(3-\bar{k}_2)\lambda^2+(2-\bar{k}_1)\lambda+(-\bar{k}_0)$$

(3) 根据给定的极点值,得期望特征多项式

$$f^*(\lambda)=(\lambda+2)(\lambda+1-\mathrm{j})(\lambda+1+\mathrm{j})=\lambda^3+4\lambda^2+6\lambda+4$$

(4) 比较 $f(\lambda)$和 $f^*(\lambda)$各对应的系数,可解得

$$\bar{k}_0=-4,\qquad \bar{k}_1=-4,\qquad \bar{k}_2=-1$$

即 $\overline{\boldsymbol{K}}=[-4\quad -4\quad -1]$。

由此得到了对应于 $\bar{\boldsymbol{x}}$ 的 $\overline{\boldsymbol{K}}$,还需通过式(5.34)的变换得到对应于状态 $\boldsymbol{x}$ 的$\boldsymbol{K}$。计算 $\boldsymbol{T}_C^{-1}$,可根据系统方程与能控标准型之间的代数等价关系

$$\overline{\boldsymbol{A}}\boldsymbol{T}_C^{-1}=\boldsymbol{T}_C^{-1}\boldsymbol{A} \tag{5.35}$$

$$\bar{\boldsymbol{b}}=\boldsymbol{T}_C^{-1}\boldsymbol{b} \tag{5.36}$$

$$\bar{\boldsymbol{c}}\boldsymbol{T}_C^{-1}=\boldsymbol{c} \tag{5.37}$$

结合本例,可设

$$\boldsymbol{T}_C^{-1}=\begin{bmatrix} r_{11} & r_{12} & r_{13}\\ r_{21} & r_{22} & r_{23}\\ r_{31} & r_{32} & r_{33}\end{bmatrix}$$

代入式(5.35)至式(5.37),可解得

$$\boldsymbol{T}_C^{-1}=\begin{bmatrix} 1 & 0 & 0\\ 0 & 1 & 0\\ 0 & -1 & 1\end{bmatrix}$$

于是　$$\boldsymbol{K}=\overline{\boldsymbol{K}}\boldsymbol{T}_C^{-1}=[-4\quad -4\quad -1]\begin{bmatrix} 1 & 0 & 0\\ 0 & 1 & 0\\ 0 & -1 & 1\end{bmatrix}=[-4\quad -3\quad -1]$$

上述方法过程比较清晰,与定理 5.3 的充分性的证明是一致的,这种通过能控标准型来求 $\boldsymbol{K}$ 矩阵的方法称为间接法。该方法计算过程比较麻烦,但对于高阶系统是一种通用的计算方法,在利用计算机求取 $\boldsymbol{K}$ 矩阵时,也通常采用这种方法。

与间接法对应的是直接法,直接法不需要先求解系统的能控标准型,而是直接引入状态反馈增益矩阵求出 $\boldsymbol{K}$ 矩阵,该方法适用于低阶系统计算 $\boldsymbol{K}$ 矩阵的场合,以下利用直接法求取 $\boldsymbol{K}$ 矩阵。

对原系统,如果按照串联分解法来实现系统的状态空间表达式,其结构图如图 5.4 所示。

$$\begin{bmatrix}\dot{x}_1\\ \dot{x}_2\\ \dot{x}_3\end{bmatrix}=\begin{bmatrix} 0 & 1 & 0\\ 0 & -1 & 1\\ 0 & 0 & -2\end{bmatrix}\begin{bmatrix}x_1\\ x_2\\ x_3\end{bmatrix}+\begin{bmatrix}0\\ 0\\ 1\end{bmatrix}u$$

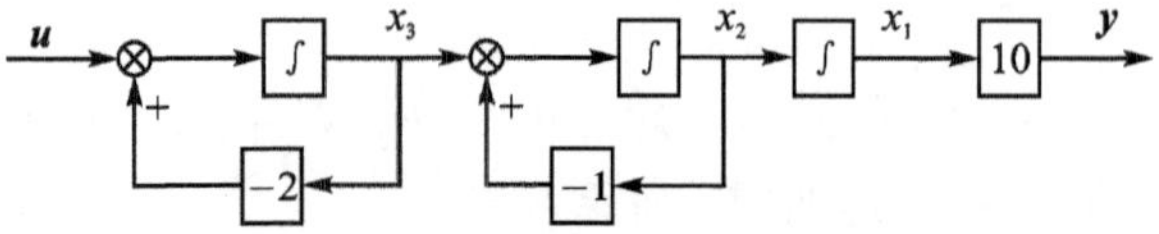

图 5.4 系统串联实现结构图

$$y = [10 \quad 0 \quad 0] \begin{bmatrix} x_1 \\ x_2 \\ x_3 \end{bmatrix}$$

直接引入状态反馈

$$\boldsymbol{K} = [k_0 \quad k_1 \quad k_2]$$

引入反馈后，系统特征多项式为

$$f(\lambda) = \det[\lambda \boldsymbol{I} - (\boldsymbol{A} + \boldsymbol{bK})] = \lambda^3 + (3 - k_2)\lambda^2 + (2 - k_1 - k_2)\lambda + (-k_0)$$

将 $f(\lambda)$ 与 $f^*(\lambda)$ 比较，得

$$\begin{cases} -k_0 = 4 \\ 2 - k_1 - k_2 = 6 \\ 3 - k_2 = 4 \end{cases}$$

解得 $k_0 = -4, \quad k_1 = -3, \quad k_2 = -1$

即 $\boldsymbol{K} = [-4 \quad -3 \quad -1]$

可见结果与前面计算的相同。

5.2.2 输出反馈极点配置方法

定理 5.4 对完全能控的单输入单输出系统 $\sum_0 = (\boldsymbol{A}, b, c)$ 不能采用输出线性反馈来实现闭环系统极点的任意配置。

证明： 对单输入单输出反馈系统 $\sum_h = [(\boldsymbol{A} + bhc), b, c]$，其闭环传递函数为

$$W_h(s) = c[s\boldsymbol{I} - (\boldsymbol{A} + bhc)]^{-1} b = \frac{W_0(s)}{1 + hW_0(s)} \tag{5.38}$$

式中，$W_0(s) = c(s\boldsymbol{I} - \boldsymbol{A})^{-1} b$ 为受控系统的传递函数。

由闭环系统特征方程可得闭环根轨迹方程，即

$$hW_0(s) = -1 \tag{5.39}$$

当 $W_0(s)$ 已知时，以 h（从 0 到∞）为参变量可求得闭环系统的一组根轨迹。很显然，不管怎样选择 h，也不能使根轨迹落在那些不属于根轨迹的期望极点位置上。定理因此得证。

如果要进行任意配置闭环极点，往往采取引入附加校正网络，通过增加开环零、极点的方法改变根轨迹走向，从而使其落在指定的期望位置上。

例 5.3 考察下述能控能观系统能否通过输出反馈进行极点的任意配置。

$$\dot{x}=\begin{bmatrix}0&1\\0&0\end{bmatrix}x+\begin{bmatrix}0\\1\end{bmatrix}u$$

$$y=\begin{bmatrix}1&0\end{bmatrix}x$$

解： 原系统在输出反馈 $u=hy$ 的闭环系统为

$$\dot{x}=\begin{bmatrix}0&1\\h&0\end{bmatrix}x+\begin{bmatrix}0\\1\end{bmatrix}u$$

$$y=\begin{bmatrix}1&0\end{bmatrix}x$$

其闭环特征多项式为 s^2-h。而当 h 的值变化时，闭环系统的极点从二重的开环极点 $s=0$ 配置到 $s=\pm\sqrt{h}$，而不能任意配置。

5.3　系统镇定问题

受控系统通过状态反馈(或者输出反馈)，使得闭环系统渐进稳定，这样的问题称为系统的镇定问题。如果一个系统 $\sum_0$ 通过状态反馈能使其渐进稳定，则称系统是状态反馈能镇定的。类似地，也可定义输出反馈能镇定的概念。

镇定问题是系统极点配置问题的一种特殊情况。它只要求把闭环极点配置在根平面左侧，而并不要求将极点严格地配置在期望的位置上。显然，为了使系统镇定，只需将那些不稳定因子即具非负实部的极点配置到根平面左半部即可。因此，在满足某种条件下，可利用部分状态反馈来实现。

5.3.1　状态反馈镇定

定理 5.5　对系统 $\sum_0=(\boldsymbol{A},\boldsymbol{B},\boldsymbol{C})$，采用状态反馈能镇定的充要条件是其不能控子系统为渐进稳定。

证明： (1) 设系统 $\sum_0=(\boldsymbol{A},\boldsymbol{B},\boldsymbol{C})$ 不完全能控，因此通过线性变换可将其按能控性分解为

$$\widetilde{\boldsymbol{A}}=\boldsymbol{R}_C^{-1}\boldsymbol{A}\boldsymbol{R}_C=\begin{bmatrix}\widetilde{\boldsymbol{A}}_{11}&\widetilde{\boldsymbol{A}}_{12}\\\boldsymbol{0}&\widetilde{\boldsymbol{A}}_{22}\end{bmatrix}$$

$$\widetilde{\boldsymbol{B}}=\boldsymbol{R}_C^{-1}\boldsymbol{B}=\begin{bmatrix}\widetilde{\boldsymbol{B}}_1\\\boldsymbol{0}\end{bmatrix}$$

$$\widetilde{\boldsymbol{C}}=\boldsymbol{C}\boldsymbol{R}_c=\begin{bmatrix}\widetilde{\boldsymbol{C}}_1&\widetilde{\boldsymbol{C}}_2\end{bmatrix}$$

$\widetilde{\sum}_c=(\widetilde{\boldsymbol{A}}_{11},\widetilde{\boldsymbol{B}}_1,\widetilde{\boldsymbol{C}}_1)$ 为能控子系统；$\widetilde{\sum}_{\bar{c}}=(\widetilde{\boldsymbol{A}}_{22},\boldsymbol{0},\widetilde{\boldsymbol{C}}_2)$ 为不能控子系统。

(2) 由于线性变换不改变系统的特征值，所以有

$$\det[s\boldsymbol{I}-\boldsymbol{A}]=\det[s\boldsymbol{I}-\tilde{\boldsymbol{A}}]=$$

$$\det\begin{bmatrix} s\boldsymbol{I}_1-\tilde{\boldsymbol{A}}_{11} & -\tilde{\boldsymbol{A}}_{12} \\ 0 & s\boldsymbol{I}_2-\tilde{\boldsymbol{A}}_{22} \end{bmatrix}=\det[s\boldsymbol{I}_1-\tilde{\boldsymbol{A}}_{11}]\cdot\det[s\boldsymbol{I}_2-\tilde{\boldsymbol{A}}_{22}] \tag{5.40}$$

(3) 由于 $\tilde{\sum}_0=(\tilde{\boldsymbol{A}},\tilde{\boldsymbol{B}},\tilde{\boldsymbol{C}})$ 与 $\sum_0=(\boldsymbol{A},\boldsymbol{B},\boldsymbol{C})$ 在能控性和稳定性上等价。考虑 $\tilde{\sum}_0$ 对引入状态反馈阵

$$\tilde{\boldsymbol{K}}=[\tilde{K}_1 \quad \tilde{K}_2] \tag{5.41}$$

于是得闭环系统的状态矩阵为

$$\tilde{\boldsymbol{A}}+\tilde{\boldsymbol{B}}\tilde{\boldsymbol{K}}=\begin{bmatrix} \tilde{\boldsymbol{A}}_{11} & \tilde{\boldsymbol{A}}_{12} \\ \boldsymbol{0} & \tilde{\boldsymbol{A}}_{22} \end{bmatrix}+\begin{bmatrix} \tilde{\boldsymbol{B}}_1 \\ \boldsymbol{0} \end{bmatrix}[\tilde{\boldsymbol{K}}_1 \quad \tilde{\boldsymbol{K}}_2]=\begin{bmatrix} \tilde{\boldsymbol{A}}_{11}+\tilde{\boldsymbol{B}}_1\tilde{\boldsymbol{K}}_1 & \tilde{\boldsymbol{A}}_{12}+\tilde{\boldsymbol{B}}_1\tilde{\boldsymbol{K}}_2 \\ \boldsymbol{0} & \tilde{\boldsymbol{A}}_{22} \end{bmatrix} \tag{5.42}$$

此时闭环系统特征多项式为

$$\det[s\boldsymbol{I}_1-(\tilde{\boldsymbol{A}}+\tilde{\boldsymbol{B}}\tilde{\boldsymbol{K}})]=\det[s\boldsymbol{I}-(\tilde{\boldsymbol{A}}_{11}+\tilde{\boldsymbol{B}}_1\tilde{\boldsymbol{K}}_1)]\cdot\det[s\boldsymbol{I}_2-\tilde{\boldsymbol{A}}_{22}] \tag{5.43}$$

比较式(5.43)和式(5.40)可见,引入状态反馈增益矩阵 $\tilde{\boldsymbol{K}}$,只能通过选择 $\tilde{\boldsymbol{K}}_1$ 使 $\tilde{\boldsymbol{A}}+\tilde{\boldsymbol{B}}\tilde{\boldsymbol{K}}$ 的特征值均具有负实部,从而使 $\tilde{\sum}_c$ 这个子系统为渐进稳定。但 $\tilde{\boldsymbol{K}}$ 的选择并不能影响 $\tilde{\sum}_{\bar{c}}$ 的特征值分布。因此,当且仅当不能控子系统 $\tilde{\sum}_{\bar{c}}$ 为渐进稳定的,此时整个 $\tilde{\sum}_0$ 系统才是状态反馈能镇定的。

5.3.2 输出反馈镇定

定理 5.6 系统 $\sum_0=(\boldsymbol{A},\boldsymbol{B},\boldsymbol{C})$ 通过输出反馈能镇定的充分必要条件是 $\sum_0$ 结构中的能控且能观子系统是输出反馈能镇定的;其余子系统是渐进稳定的。

证明: 对 $\sum_0=(\boldsymbol{A},\boldsymbol{B},\boldsymbol{C})$ 进行能控性能观性结构分解,分解后各矩阵为

$$\tilde{\boldsymbol{A}}=\begin{bmatrix} \tilde{A}_{11} & 0 & \tilde{A}_{13} & 0 \\ \tilde{A}_{21} & \tilde{A}_{22} & \tilde{A}_{23} & \tilde{A}_{24} \\ 0 & 0 & \tilde{A}_{33} & 0 \\ 0 & 0 & \tilde{A}_{43} & \tilde{A}_{44} \end{bmatrix},\quad \tilde{\boldsymbol{B}}=\begin{bmatrix} \tilde{B}_1 \\ \tilde{B}_2 \\ 0 \\ 0 \end{bmatrix},\quad \tilde{\boldsymbol{C}}=[\tilde{C}_1 \quad 0 \quad \tilde{C}_3 \quad 0] \tag{5.44}$$

因为 $\sum_0=(\boldsymbol{A},\boldsymbol{B},\boldsymbol{C})$ 和 $\tilde{\sum}_0=(\tilde{\boldsymbol{A}},\tilde{\boldsymbol{B}},\tilde{\boldsymbol{C}})$ 在能控性、能观性和能镇定性上完全等

价,所以对 $\tilde{\sum}_0$ 引入输出反馈阵 $\boldsymbol{H}$ 可得闭环系统的状态矩阵为

$$\tilde{\boldsymbol{A}}+\tilde{\boldsymbol{B}}\tilde{\boldsymbol{H}}\tilde{\boldsymbol{C}}=\begin{bmatrix}\tilde{A}_{11} & 0 & \tilde{A}_{13} & 0\\ \tilde{A}_{21} & \tilde{A}_{22} & \tilde{A}_{23} & \tilde{A}_{24}\\ 0 & 0 & \tilde{A}_{33} & 0\\ 0 & 0 & \tilde{A}_{43} & \tilde{A}_{44}\end{bmatrix}+\begin{bmatrix}\tilde{B}_1\\ \tilde{B}_2\\ 0\\ 0\end{bmatrix}\tilde{\boldsymbol{H}}\begin{bmatrix}\tilde{C}_1 & 0 & \tilde{C}_3 & 0\end{bmatrix}=$$

$$\begin{bmatrix}\tilde{A}_{11}+\tilde{B}_1\tilde{H}\tilde{C}_1 & 0 & \tilde{A}_{13}+\tilde{B}_1\tilde{H}\tilde{C}_3 & 0\\ \tilde{A}_{21}+\tilde{B}_2\tilde{H}\tilde{C}_1 & \tilde{A}_{22} & \tilde{A}_{23}+\tilde{B}_2\tilde{H}\tilde{C}_3 & \tilde{A}_{24}\\ 0 & 0 & \tilde{A}_{33} & 0\\ 0 & 0 & \tilde{A}_{43} & \tilde{A}_{44}\end{bmatrix} \tag{5.45}$$

此时闭环系统特征多项式为

$$\det[s\boldsymbol{I}-(\tilde{\boldsymbol{A}}+\tilde{\boldsymbol{B}}\tilde{\boldsymbol{H}}\tilde{\boldsymbol{C}})]=$$

$$\det[s\boldsymbol{I}-(\tilde{A}_{11}+\tilde{B}_1\tilde{H}\tilde{C}_1)]\cdot\det[s\boldsymbol{I}-\tilde{A}_{22}]\cdot\det[s\boldsymbol{I}-\tilde{A}_{33}]\cdot\det[s\boldsymbol{I}-\tilde{A}_{44}] \tag{5.46}$$

式(5.46)表明,当且仅当$(\tilde{A}_{11}+\tilde{B}_1\tilde{H}\tilde{C}_1)$、$\tilde{A}_{22}$、$\tilde{A}_{33}$、$\tilde{A}_{44}$ 的特征值均具有负实部,闭环系统才为渐进稳定。定理得证。

由定理5.6可知,能输出反馈镇定,一定可以通过状态反馈镇定。但反之则不尽然,能状态反馈镇定的,并不一定能输出反馈镇定。

例5.4 设系统

$$\dot{\boldsymbol{x}}=\begin{bmatrix}0 & 1 & 0\\ 0 & 0 & -1\\ -1 & 0 & 0\end{bmatrix}\boldsymbol{x}+\begin{bmatrix}0\\ 1\\ 0\end{bmatrix}\boldsymbol{u},\qquad \boldsymbol{y}=\begin{bmatrix}1 & 0 & 0\\ 0 & 0 & 1\end{bmatrix}\boldsymbol{x}$$

试证明不能通过输出反馈使之镇定。

解: 经检验,该系统能控且能观,但从特征多项式

$$\det[s\boldsymbol{I}-\boldsymbol{A}]=\begin{vmatrix}s & -1 & 0\\ 0 & s & 1\\ 1 & 0 & s\end{vmatrix}=s^3-1$$

看出各系数异号且缺项,故系统是不稳定的。

若引入输出反馈阵 $\boldsymbol{H}=[h_0\quad h_1]$,则有

$$\boldsymbol{A}+\boldsymbol{bHc}=\begin{bmatrix}0 & 1 & 0\\ 0 & 0 & -1\\ -1 & 0 & 0\end{bmatrix}+\begin{bmatrix}0\\ 1\\ 0\end{bmatrix}[h_0\quad h_1]\begin{bmatrix}1 & 0 & 0\\ 0 & 0 & 1\end{bmatrix}=\begin{bmatrix}0 & 1 & 0\\ h_0 & 0 & -1+h_1\\ -1 & 0 & 0\end{bmatrix}$$

和 $$\det[s\boldsymbol{I}-(\boldsymbol{A}+\boldsymbol{bHc})]=\begin{vmatrix} s & -1 & 0 \\ -h_0 & s & 1-h_1 \\ 1 & 0 & s \end{vmatrix}=s^3-h_0s+(h_1-1)$$

由上式可见，经 $\boldsymbol{H}$ 反馈闭环后的特征式仍缺少 s^2 项，因此无论怎样选择 $\boldsymbol{H}$ 也不能使系统获得镇定。

5.4 状态观测器

从前面几节看出，对状态能控的线性定常系统可以通过线性状态反馈进行极点的任意配置，以使闭环系统具有所期望的极点及动态性能要求，而实现状态反馈的前提是状态变量必须能用传感器测量得到。但是由于种种原因，描述内部运动特性的状态变量并不是都能直接测量的，例如系统中的某些状态基于系统的结构特性或状态变量本身无物理意义，而无法得到。有些状态即使可以测量，但所需传感器的价格可能会过高。

这样，就提出所谓状态观测或者状态重构问题。由龙伯格(Luenberger)提出的状态观测器理论解决了在确定性条件下受控系统的状态重构问题，从而使状态反馈成为一种可实现的控制律。本节只介绍在无噪声干扰下，单输入单输出系统状态观测器的设计原理和方法。

5.4.1 状态观测器的设计思路

定理 5.7 若线性定常系统 $\sum_0=(\boldsymbol{A},\boldsymbol{B},\boldsymbol{C})$ 完全能观，则其状态矢量 $\boldsymbol{x}$ 可由输出 y 和输入 u 进行重构。

证明： 将输出方程对 t 逐次求导，联立状态方程并整理可得

$$\begin{aligned} &y=\boldsymbol{Cx} \\ &\dot{y}-\boldsymbol{CB}u=\boldsymbol{CAx} \\ &\ddot{y}-\boldsymbol{CB}\dot{u}-\boldsymbol{CAB}u=\boldsymbol{CA}^2\boldsymbol{x} \\ &\qquad\vdots \\ &y^{(n-1)}-\boldsymbol{CB}u^{(n-2)}-\boldsymbol{CAB}u^{(n-3)}-\cdots-\boldsymbol{CA}^{n-2}\boldsymbol{B}u=\boldsymbol{CA}^{n-1}\boldsymbol{x} \end{aligned} \tag{5.47}$$

将各式等号左边用矢量 $\boldsymbol{Z}$ 表示，则有

$$\boldsymbol{Z}=\begin{bmatrix} z_1 \\ z_2 \\ \vdots \\ z_n \end{bmatrix}=\begin{bmatrix} y \\ \dot{y}-\boldsymbol{CB}u \\ \vdots \\ y^{(n-1)}-\boldsymbol{CB}u^{(n-2)}-\boldsymbol{CAB}u^{(n-3)}-\cdots-\boldsymbol{CA}^{n-2}\boldsymbol{B}u \end{bmatrix}=\begin{bmatrix} \boldsymbol{C} \\ \boldsymbol{CA} \\ \vdots \\ \boldsymbol{CA}^{n-1} \end{bmatrix}\boldsymbol{x}=\boldsymbol{Nx} \tag{5.48}$$

若系统完全能观，Rank $\boldsymbol{N}=n$，则有

$$x = N^{-1}Z \tag{5.49}$$

根据上面的分析，新系统 Z 以原系统的 y、u 为输入，它的输出 Z 经 N^{-1} 变换后便得到状态矢量 x。只要系统完全能观，那么状态矢量 x 便可由系统的输入 u、输出 y 及其各阶导数估计出来，假设状态估计值记为 $\hat{x}$，则观测器的结构如图 5.5 所示。系统 Z 中包含 0 阶到 $n-1$ 阶微分器，这些微分器将大大加剧测量噪声对于状态估计的影响。因此利用微分器构造的观测器是没有工程价值的。

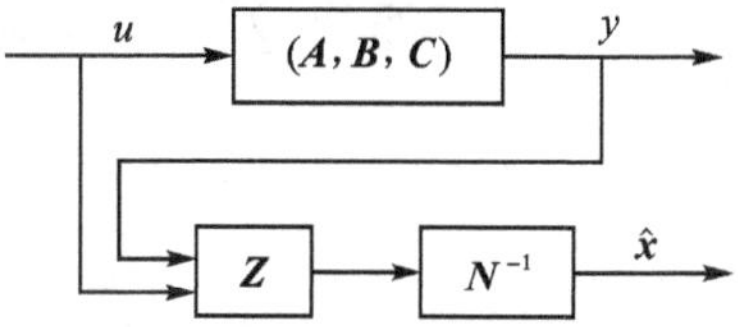

图 5.5　利用 u 和 y 重构状态 x

为了避免微分器而采用积分器，仿照系统 $\sum_0=(A,B,C)$ 的结构，设计一个相同的系统来观测状态 x，结构如图 5.6 所示。

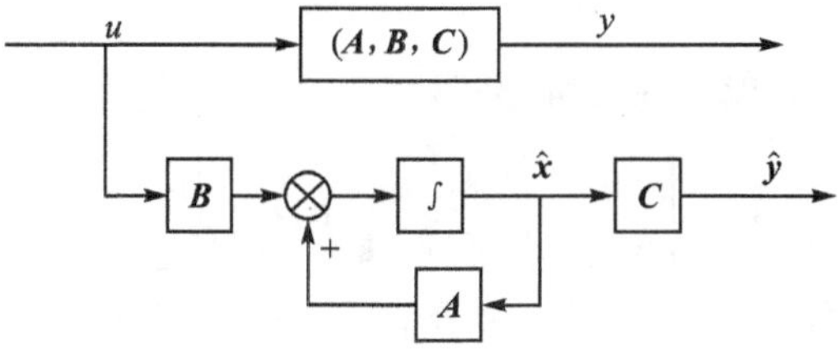

图 5.6　开环观测器结构图

很明显，这是一种开环观测器，这种状态观测器只有当观测器的初态与系统初态完全相同时，观测器的输出才严格等于系统的实际状态 x。开环观测器在应用中是没有实用意义的。

因此，希望在开环观测器的基础上增加反馈校正通道来形成闭环观测器，引入反馈矩阵 G，系统结构如图 5.7 所示，如此形成的观测器称为渐进观测器。

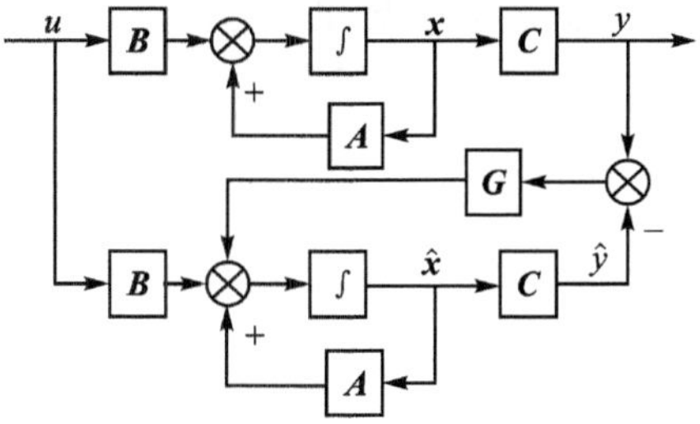

图 5.7　渐近观测器结构图

5.4.2　状态观测器的定义

从图 5.7 可以看出，当观测器的状态与系统实际状态 x 不相等时，反映到它们的输出 $\hat{y}$ 与 y 也不相等，于是产生一个误差信号 $y-\hat{y}=y-C\hat{x}$，经反馈矩阵 $G_{m\times n}$

馈送到观测器中每个积分器的输入端，参与调整观测器的状态 $\hat{\boldsymbol{x}}$，使其以一定的精度和速度趋近于系统的真实状态 $\boldsymbol{x}$。渐近状态观测器因此得名。

设线性定常系统 $\sum_0=(\boldsymbol{A},\boldsymbol{B},\boldsymbol{C})$ 的状态矢量 $\boldsymbol{x}$ 不能直接检测。如果动态系统 $\hat{\sum}$ 以$\sum_0$ 的输入 u 和输出 y 作为其输入量，能产生一组输出量 $\hat{\boldsymbol{x}}$ 近似于 $\boldsymbol{x}$，即 $\lim\limits_{t\to\infty}[\boldsymbol{x}-\hat{\boldsymbol{x}}]=0$，则称$\hat{\sum}$ 为$\sum_0$ 的一个状态观测器。

5.4.3 状态观测器的存在性条件

对线性定常系统 $\sum_0=(\boldsymbol{A},\boldsymbol{B},\boldsymbol{C})$，状态观测器存在的充要条件是$\sum_0$ 的不能观子系统为渐近稳定。

证明：(1) 设$\sum_0=(\boldsymbol{A},\boldsymbol{B},\boldsymbol{C})$ 不完全能观，可进行能观性结构分解。不妨设$\sum_0=(\boldsymbol{A},\boldsymbol{B},\boldsymbol{C})$ 已具有能观性分解形式，即

$$\boldsymbol{x}=\begin{bmatrix}x_0\\x_{\bar{0}}\end{bmatrix},\quad \boldsymbol{A}=\begin{bmatrix}A_{11}&0\\A_{21}&A_{22}\end{bmatrix},\quad \boldsymbol{B}=\begin{bmatrix}B_1\\B_2\end{bmatrix},\quad \boldsymbol{C}=[C_1\quad 0] \tag{5.50}$$

其中，x_0 为能观子状态；$x_{\bar{0}}$ 为不能观子状态；(A_{11},B_1,C_1)为能观子系统；$(A_{22},B_2,0)$为不能观子系统。

(2) 构造状态观测器 $\hat{\sum}$。设$\hat{\boldsymbol{x}}=[\hat{x}_0\quad \hat{x}_{\bar{0}}]$为状态 $\boldsymbol{x}$ 的估计值，$\boldsymbol{G}=[G_1\quad G_2]^{\mathrm{T}}$为调节 $\hat{\boldsymbol{x}}$ 渐近于 $\boldsymbol{x}$ 的速度的反馈增益矩阵。于是得观测器方程

$$\dot{\hat{\boldsymbol{x}}}=\boldsymbol{A}\hat{\boldsymbol{x}}+\boldsymbol{B}u+\boldsymbol{G}(y-\boldsymbol{C}\hat{\boldsymbol{x}}) \tag{5.51}$$

或
$$\dot{\hat{\boldsymbol{x}}}=(\boldsymbol{A}-\boldsymbol{G}\boldsymbol{C})\hat{\boldsymbol{x}}+\boldsymbol{B}u+\boldsymbol{G}\boldsymbol{C}\boldsymbol{x}$$

定义 $\tilde{\boldsymbol{x}}=\boldsymbol{x}-\hat{\boldsymbol{x}}$ 为状态误差矢量，可导出状态误差方程

$$\dot{\tilde{\boldsymbol{x}}}=\dot{\boldsymbol{x}}-\dot{\hat{\boldsymbol{x}}}=\begin{bmatrix}\dot{x}_0-\dot{\hat{x}}_0\\\dot{x}_{\bar{0}}-\dot{\hat{x}}_{\bar{0}}\end{bmatrix}=$$

$$\left\{\begin{bmatrix}A_{11}x_0+B_1u\\A_{21}x_0+A_{22}\dot{x}_{\bar{0}}+B_2u\end{bmatrix}-\begin{bmatrix}(A_{11}-G_1C_1)\hat{x}_0+B_1u+G_1C_1x_0\\(A_{21}-G_2C_1)\hat{x}_0+A_{22}\hat{x}_{\bar{0}}+B_2u+G_2C_1x_0\end{bmatrix}\right\}=$$

$$\begin{bmatrix}(A_{11}-G_1C_1)(x_0-\hat{x}_0)\\(A_{21}-G_2C_1)(x_0-\hat{x}_0)+A_{22}(x_{\bar{0}}-\hat{x}_{\bar{0}})\end{bmatrix} \tag{5.52}$$

(3) 确定使 $\hat{\boldsymbol{x}}$ 渐近 $\boldsymbol{x}$ 的条件。由式(5.52)得

$$\dot{x}_0-\dot{\hat{x}}_{\bar{0}}=(A_{11}-G_1C_1)(x_0-\hat{x}_0) \tag{5.53}$$

$$\dot{x}_{\bar{0}}-\dot{\hat{x}}_{\bar{0}}=(A_{21}-G_2C_1)(x_0-\hat{x}_0)+A_{22}(x_{\bar{0}}-\hat{x}_{\bar{0}}) \tag{5.54}$$

由式(5.53)可知，通过适当选择 G_1，可使 $(A_{11}-G_1C_1)$ 的特征值均具负实部，因而有

$$\lim_{t\to\infty}(x_0-\hat{x}_0)=\lim_{t\to\infty}\mathrm{e}^{(A_{11}-G_1C_1)t}[x_0(0)-\hat{x}_0(0)]=0 \tag{5.55}$$

同理，由式(5.54)可得其解为

$$x_{\bar{0}}-\hat{x}_{\bar{0}}=\mathrm{e}^{A_{22}t}[x_{\bar{0}}(0)-\hat{x}_{\bar{0}}(0)]+\int_0^t\mathrm{e}^{A_{22}(t-\tau)}(A_{21}-G_1C_1)\mathrm{e}^{(A_{11}-G_1C_1)\tau}[x_0(0)-\hat{x}_0(0)]\mathrm{d}t \tag{5.56}$$

由于 $\lim\limits_{t\to\infty}\mathrm{e}^{(A_{11}-G_1C_1)t}=0$，因此仅当

$$\lim_{t\to\infty}\mathrm{e}^{A_{22}t}=0 \tag{5.57}$$

成立时，才对任意 $x_{\bar{0}}(0)$ 和 $\hat{x}_{\bar{0}}(0)$ 有

$$\lim_{t\to\infty}(x_{\bar{0}}-\hat{x}_{\bar{0}})=0 \tag{5.58}$$

而 $\lim\limits_{t\to\infty}\mathrm{e}^{A_{22}t}=0$ 与 A_{22} 特征值均具有负实部等价。只有 $\sum_0=(\boldsymbol{A},\boldsymbol{B},\boldsymbol{C})$ 的不能观子系统渐近稳定时，才能使 $\lim\limits_{t\to\infty}(x-\hat{x})=0$。定理得证。

5.4.4　状态观测器的计算

由图 5.7 可得状态观测器方程

$$\dot{\hat{\boldsymbol{x}}}=\boldsymbol{A}\hat{\boldsymbol{x}}+\boldsymbol{B}u+\boldsymbol{G}(y-\hat{y})=\boldsymbol{A}\hat{\boldsymbol{x}}+\boldsymbol{B}u+\boldsymbol{G}y-\boldsymbol{G}\boldsymbol{C}\hat{\boldsymbol{x}}$$

即

$$\dot{\hat{\boldsymbol{x}}}=(\boldsymbol{A}-\boldsymbol{G}\boldsymbol{C})\hat{\boldsymbol{x}}+\boldsymbol{G}y+\boldsymbol{B}u \tag{5.59}$$

式中，$\hat{\boldsymbol{x}}$ 为状态观测器的状态矢量，是状态 $\boldsymbol{x}$ 的估计值；$\hat{y}$ 为状态观测器的输出矢量；$\boldsymbol{G}$ 为状态观测器的输出误差反馈矩阵。

以下以单输入单输出系统为例来说明状态观测器特征值配置方法与步骤。系统方程为

$$\begin{aligned}\dot{\boldsymbol{x}}&=\boldsymbol{A}\boldsymbol{x}+\boldsymbol{b}u\\ y&=\boldsymbol{C}\boldsymbol{x}\end{aligned} \tag{5.60}$$

(1) 验证系统的能观性。假设系统为能观，但不是能观标准型，则采用线性变换矩阵 $\boldsymbol{T}_0$，把系统变换为能观标准型。

$$\dot{\bar{\boldsymbol{x}}}=\bar{\boldsymbol{A}}\bar{\boldsymbol{x}}+\bar{\boldsymbol{b}}u$$

$$y=\bar{\boldsymbol{C}}\bar{\boldsymbol{x}}$$

式中

$$\overline{A}=T_0^{-1}AT_0=\begin{bmatrix}0 & 0 & \cdots & 0 & -a_0\\ 1 & 0 & \cdots & 0 & -a_1\\ 0 & 1 & \cdots & 0 & -a_2\\ \vdots & \vdots & \vdots & \vdots & \vdots\\ 0 & 0 & \cdots & 1 & -a_{n-1}\end{bmatrix}$$

$$\bar{b}=T_0^{-1}b=\begin{bmatrix}b_0\\ b_1\\ \vdots\\ b_{n-1}\end{bmatrix}$$

$$\overline{C}=CT_0=[0\quad 0\quad 0\quad \cdots\quad 1]$$

此时系统的传递函数为

$$W(s)=C(sI-A)^{-1}b=\frac{b_{n-1}s^{n-1}+b_{n-2}s^{n-2}+\cdots+b_1s+b_0}{s^n+a_{n-1}s^{n-1}+\cdots+a_1s+a_0} \tag{5.61}$$

(2) 引入反馈增益阵

$$\overline{G}=\begin{bmatrix}\bar{g}_0\\ \bar{g}_1\\ \vdots\\ \bar{g}_{n-1}\end{bmatrix}$$

此时

$$\overline{A}-\overline{G}\,\overline{C}=\begin{bmatrix}0 & 0 & \cdots & 0 & -(a_0-\bar{g}_0)\\ 1 & 0 & \cdots & 0 & -(a_1-\bar{g}_1)\\ 0 & 1 & \cdots & 0 & -(a_2-\bar{g}_2)\\ \vdots & \vdots & \cdots & \vdots & \vdots\\ 0 & 0 & \cdots & 1 & -(a_{n-1}-\bar{g}_{n-1})\end{bmatrix}$$

闭环特征多项式为

$$f(\lambda)=|\lambda I-(\overline{A}-\overline{G}\,\overline{C})|=\lambda^n+(a_{n-1}+\bar{g}_{n-1})\lambda^{n-1}+\cdots+(a_1-\bar{g}_1)\lambda+(a_0-\bar{g}_0) \tag{5.62}$$

(3) 使闭环极点与给定的期望极点相符,必须满足

$$f(\lambda)=f^*(\lambda)$$

其中,$f^*(\lambda)$为期望特征多项式。

$$f^*(\lambda)=\prod_{i=1}^{n}(\lambda-\lambda_i^*)=\lambda^n+a_{n-1}^*\lambda^{n-1}+\cdots+a_1^*\lambda+a_0^* \tag{5.63}$$

式中,$\lambda_i^*(i=1,2,\cdots,n)$为期望的闭环极点(实数极点或共轭复数极点)。

由等式两边同次幂系数对应相等,可解出反馈矩阵各系数

$$\bar{g}_i=a_i^*-a_i,\qquad i=0,1,\cdots,n-1$$

于是得

$$\overline{\boldsymbol{G}}=\begin{bmatrix} a_0^*-a_0 \\ a_1^*-a_1 \\ \vdots \\ a_{n-1}^*-a_{n-1} \end{bmatrix} \tag{5.64}$$

（4）最后，把对应于 $\bar{\boldsymbol{x}}$ 的 $\overline{\boldsymbol{G}}$ 通过如下变换，得到对应于状态 $\boldsymbol{x}$ 的 $\boldsymbol{G}$。

$$\boldsymbol{G}=\boldsymbol{T}_0\overline{\boldsymbol{G}}$$

例 5.5　已知系统

$$\dot{\boldsymbol{x}}=\begin{bmatrix} 1 & 0 \\ 0 & 0 \end{bmatrix}\boldsymbol{x}+\begin{bmatrix} 1 \\ 1 \end{bmatrix}u,\qquad y=\begin{bmatrix} 2 & -1 \end{bmatrix}\boldsymbol{x}$$

设计状态观测器使其极点为－10，－10。

解：（1）检验能观性。

因 $\boldsymbol{N}=\begin{bmatrix} \boldsymbol{C} \\ \boldsymbol{CA} \end{bmatrix}=\begin{bmatrix} 2 & -1 \\ 2 & 0 \end{bmatrix}$ 满秩，系统能观，系统可构造状态观测器。

（2）将系统化成能观标准型。

系统特征多项式为

$$\det[\lambda\boldsymbol{I}-\boldsymbol{A}]=\det\begin{bmatrix} \lambda-1 & 0 \\ 0 & \lambda \end{bmatrix}=\lambda^2-\lambda$$

可知
$$a_0=0,\qquad a_1=-1$$

及
$$\boldsymbol{T}_0^{-1}=\begin{bmatrix} 1 & \alpha_1 \\ 0 & 1 \end{bmatrix}\begin{bmatrix} \boldsymbol{CA} \\ \boldsymbol{C} \end{bmatrix}=\begin{bmatrix} 1 & -1 \\ 0 & 1 \end{bmatrix}\begin{bmatrix} 2 & 0 \\ 2 & -1 \end{bmatrix}=\begin{bmatrix} 0 & 1 \\ 2 & -1 \end{bmatrix}$$

从而有
$$\boldsymbol{T}=\begin{bmatrix} \frac{1}{2} & \frac{1}{2} \\ 1 & 0 \end{bmatrix}$$

于是
$$\dot{\bar{\boldsymbol{x}}}=\boldsymbol{T}^{-1}\boldsymbol{AT}\bar{\boldsymbol{x}}+\boldsymbol{T}^{-1}bu=\begin{bmatrix} 0 & 0 \\ 1 & 1 \end{bmatrix}\bar{\boldsymbol{x}}+\begin{bmatrix} 1 \\ 1 \end{bmatrix}u$$

$$y=\boldsymbol{CT}\bar{\boldsymbol{x}}=\begin{bmatrix} 0 & 1 \end{bmatrix}\bar{\boldsymbol{x}}$$

（3）引入反馈阵

$$\overline{\boldsymbol{G}}=\begin{bmatrix} \bar{g}_0 \\ \bar{g}_1 \end{bmatrix}$$

观测器期望特征多项式为

$$f^*(\lambda)=(\lambda+10)(\lambda+10)=\lambda^2+20\lambda+100$$

可知

$$\alpha_0^*=100,\qquad \alpha_1^*=20$$

根据式(5.64)有

$$\overline{G}=\begin{bmatrix}a_0^*-a_0\\a_1^*-a_1\end{bmatrix}=\begin{bmatrix}100\\21\end{bmatrix}$$

(4) 反变换到 $\boldsymbol{x}$ 状态下,则

$$\boldsymbol{G}=\boldsymbol{T}_0\overline{\boldsymbol{G}}=\begin{bmatrix}\frac{1}{2}&\frac{1}{2}\\1&0\end{bmatrix}\begin{bmatrix}100\\21\end{bmatrix}=\begin{bmatrix}60.5\\100\end{bmatrix}$$

(5) 观测器方程为

$$\dot{\hat{\boldsymbol{x}}}=(\boldsymbol{A}-\boldsymbol{GC})\hat{\boldsymbol{x}}+\boldsymbol{B}u+\boldsymbol{G}y=$$
$$\begin{bmatrix}-120&60.5\\-200&100\end{bmatrix}\hat{\boldsymbol{x}}+\begin{bmatrix}1\\1\end{bmatrix}u+\begin{bmatrix}60.5\\100\end{bmatrix}y$$

或者 $$\dot{\hat{\boldsymbol{x}}}=\boldsymbol{A}\hat{\boldsymbol{x}}+\boldsymbol{B}u+\boldsymbol{G}(y-\hat{y})=\begin{bmatrix}1&0\\0&0\end{bmatrix}\hat{\boldsymbol{x}}+\begin{bmatrix}1\\1\end{bmatrix}u+\begin{bmatrix}60.5\\100\end{bmatrix}(y-\hat{y})$$

与利用状态反馈进行系统极点配置方法类似,采用状态观测器的方法进行极点的配置有间接法和直接法两种。间接法是先把系统转换成能观标准型,该方法对于高阶系统是一种通用的计算方法,在利用计算机求取 $\boldsymbol{K}$ 矩阵时,也通常采用这种方法。与间接法对应的是直接法,直接法不需要先求解系统的能观标准型,而是直接引入反馈增益矩阵,求出 $\boldsymbol{G}$ 矩阵,该方法适用于低阶系统计算 $\boldsymbol{G}$ 矩阵的场合,以下利用直接法求取 $\boldsymbol{G}$ 矩阵。

针对例 5.5 有如下计算方法:

(1) 检验能观性

因 $\boldsymbol{N}=\begin{bmatrix}\boldsymbol{C}\\\boldsymbol{CA}\end{bmatrix}=\begin{bmatrix}2&-1\\2&0\end{bmatrix}$满秩,系统能观,系统可构造状态观测器。

(2) 直接引入反馈阵

$$\boldsymbol{G}=\begin{bmatrix}g_0\\g_1\end{bmatrix}$$

$$\boldsymbol{A}-\boldsymbol{GC}=\begin{bmatrix}1&0\\0&0\end{bmatrix}-\begin{bmatrix}g_0\\g_1\end{bmatrix}\begin{bmatrix}2&-1\end{bmatrix}=\begin{bmatrix}1-2g_0&g_0\\-2g_1&g_1\end{bmatrix}$$

$$f(\lambda)=\det[\lambda\boldsymbol{I}-(\boldsymbol{A}-\boldsymbol{GC})]=\det\begin{bmatrix}\lambda-(1-2g_0)&-g_0\\2g_1&\lambda-g_1\end{bmatrix}=$$
$$\lambda^2+(2g_0-g_1-1)\lambda+g_1$$

(3) 观测器期望特征多项式为

$$f^*(\lambda)=(\lambda+10)(\lambda+10)=\lambda^2+20\lambda+100$$

由 $f(\lambda)=f^*(\lambda)$,得

$$\begin{cases}2g_0-g_1-1=20\\g_1=100\end{cases}$$

故

$$G = \begin{bmatrix} g_0 \\ g_1 \end{bmatrix} = \begin{bmatrix} 60.5 \\ 100 \end{bmatrix}$$

(4) 观测器方程为

$$\dot{\hat{x}} = (A - GC)\hat{x} + Bu + Gy = \begin{bmatrix} -120 & 60.5 \\ -200 & 100 \end{bmatrix}\hat{x} + \begin{bmatrix} 1 \\ 1 \end{bmatrix}u + \begin{bmatrix} 60.5 \\ 100 \end{bmatrix}y$$

或

$$\dot{\hat{x}} = A\hat{x} + Bu + G(y - \hat{y}) = \begin{bmatrix} 1 & 0 \\ 0 & 0 \end{bmatrix}\hat{x} + \begin{bmatrix} 1 \\ 1 \end{bmatrix}u + \begin{bmatrix} 60.5 \\ 100 \end{bmatrix}(y - \hat{y})$$

5.4.5 降维观测器

用上述方法设计的状态观测器是 n 阶的，即 n 维状态变量全部由观测器获得，所以该观测器又可称为全维状态观测器。

实际应用中，由于被控系统的输出量总是可以测量到的，因此可以利用系统的输出直接产生部分状态变量。这样所需估计的状态变量的个数就可以减少，从而降低观测器的维数，简化观测器的结构。若状态观测器的维数小于被控系统的维数，就称为降维状态观测器。若输出为 m 维，则需要观测的状态为 $n-m$ 维。

设 n 维系统 $\sum_0 = (A, B, C)$

$$\begin{aligned} \dot{x} &= Ax + Bu \\ y &= Cx \end{aligned} \tag{5.65}$$

能观，且 Rank $C=m$，则必存在线性变换 $x = T\bar{x}$ 使

$$\begin{aligned} \bar{A} &= T^{-1}AT = \begin{bmatrix} \bar{A}_{11} & \bar{A}_{12} \\ \bar{A}_{21} & \bar{A}_{22} \end{bmatrix} \\ \bar{B} &= T^{-1}B = \begin{bmatrix} \bar{B}_1 \\ \bar{B}_2 \end{bmatrix} \\ \bar{C} &= CT = \begin{bmatrix} 0 & I \end{bmatrix} \end{aligned} \tag{5.66}$$

其中，变换矩阵 T 的选取有多种形式，只需要保证变换后 $\bar{C}$ 具有式(5.66)所描述的形式即可，可取

$$T^{-1} = \begin{bmatrix} C_0 \\ C \end{bmatrix} \tag{5.67}$$

式中，C_0 为保证 T 为非奇异的任意$(n-m)\times n$ 维矩阵。

容易验证

$$CT = C\begin{bmatrix} C_0 \\ C \end{bmatrix}^{-1} = [0 \quad I]$$

两边同时右乘 $\begin{bmatrix} C_0 \\ C \end{bmatrix}$，则有

$$C\begin{bmatrix} C_0 \\ C \end{bmatrix}^{-1}\begin{bmatrix} C_0 \\ C \end{bmatrix} = [0 \quad I]\begin{bmatrix} C_0 \\ C \end{bmatrix}$$

故

$$C = C_0$$

变换后，系统状态空间表达式为

$$\begin{aligned} \begin{bmatrix} \dot{\bar{x}}_1 \\ \dot{\bar{x}}_2 \end{bmatrix} &= \begin{bmatrix} \overline{A}_{11} & \overline{A}_{12} \\ \overline{A}_{21} & \overline{A}_{22} \end{bmatrix}\begin{bmatrix} \bar{x}_1 \\ \bar{x}_2 \end{bmatrix} + \begin{bmatrix} \overline{B}_1 \\ \overline{B}_2 \end{bmatrix} u \\ \bar{y} &= [0 \quad I]\begin{bmatrix} \bar{x}_1 \\ \bar{x}_2 \end{bmatrix} \end{aligned} \tag{5.68}$$

由于线性变换不改变系统的能观性，故 $\overline{\sum} = (\overline{\boldsymbol{A}}, \overline{\boldsymbol{B}}, \overline{\boldsymbol{C}})$ 亦保持能观。

由式(5.68)可见，状态分量 $\bar{x}_2$ 可直接由输出 $\bar{y}$ 来获得，不需要通过状态观测器。状态分量 $\bar{x}_1$ 则需要通过构造$(n-m)$维降阶观测器进行估计。

现在仿照全维观测器的方法来设计降维观测器。由式(5.68)得

$$\dot{\bar{x}}_1 = \overline{A}_{11}\bar{x}_1 + \overline{A}_{12}\bar{x}_2 + \overline{B}_1 u = \overline{A}_{11}\bar{x}_1 + M \tag{5.69}$$

令

$$z = \overline{A}_{21}\bar{x}_1$$

因为 u 已知，$\bar{y}$ 可直接测出，所以可把

$$\begin{aligned} M &= \overline{A}_{12}\bar{x}_2 + \overline{B}_1 u \\ z &= \dot{\bar{x}}_2 - \overline{A}_{22}\bar{x}_2 - \overline{B}_2 u \end{aligned} \tag{5.70}$$

作为待观测子系统 $\overline{\sum}_1$ 已知的输入量和输出量处理。$\overline{A}_{21}$ 相当于 $\overline{\sum}_1$ 的输出矩阵。由于$(\overline{\boldsymbol{A}}, \overline{\boldsymbol{C}})$为能观对，那么对 $\overline{\sum}_1$ 来说，$(\overline{A}_{11}, \overline{C}_{21})$也是能观对，所以 $\overline{\sum}_1$ 存在观测器，参照式(5.59)便得观测器方程

$$\dot{\hat{\bar{\boldsymbol{x}}}} = (\overline{A}_{11} - \overline{\boldsymbol{G}}\overline{A}_{21})\hat{\bar{x}}_1 + M + \overline{\boldsymbol{G}}Z \tag{5.71}$$

同样，通过选择$(n-m)\times m$ 维矩阵 $\overline{\boldsymbol{G}}$，可将矩阵$(\overline{A}_{11} - \overline{\boldsymbol{G}}\overline{A}_{21})$的特征值配置在期望的位置上。

将式(5.70)代入式(5.71)，得

$$\dot{\hat{\bar{\boldsymbol{x}}}} = (\bar{A}_{11} - \bar{\boldsymbol{G}}\bar{A}_{21})\hat{\bar{x}}_1 + (\bar{A}_{12} - \bar{\boldsymbol{G}}\bar{A}_{22})\bar{y} + (\bar{B}_1 - \bar{\boldsymbol{G}}\bar{B}_2)u + \bar{G}\dot{\bar{y}} \tag{5.72}$$

方程中出现 $\dot{\bar{y}}$，增加了实现上的困难。为了消去 $\dot{\bar{y}}$，引入变量

$$\hat{\bar{w}} = \hat{\bar{x}}_1 - \bar{\boldsymbol{G}}\bar{y}$$

于是观测器方程变为

$$\begin{aligned} \dot{\hat{\bar{\boldsymbol{w}}}} &= (\bar{A}_{11} - \bar{\boldsymbol{G}}\bar{A}_{21})\hat{\bar{x}}_1 + (\bar{A}_{12} - \bar{\boldsymbol{G}}\bar{A}_{22})\bar{y} + (\bar{B}_1 - \bar{\boldsymbol{G}}\bar{B}_2)u \\ \hat{\bar{x}}_1 &= \hat{\bar{w}} + \bar{\boldsymbol{G}}\bar{y} \end{aligned} \tag{5.73}$$

或者将 $\hat{\bar{x}}_1$ 代入，得

$$\begin{aligned} \dot{\hat{\bar{\boldsymbol{w}}}} &= (\bar{A}_{11} - \bar{\boldsymbol{G}}\bar{A}_{21})\hat{\bar{w}} + [(\bar{A}_{11} - \bar{\boldsymbol{G}}\bar{A}_{21})\bar{\boldsymbol{G}} + (\bar{A}_{12} - \bar{\boldsymbol{G}}\bar{A}_{22})]\bar{y} + (\bar{B}_1 - \bar{\boldsymbol{G}}\bar{B}_2)u \\ \hat{\bar{x}}_1 &= \hat{\bar{w}} + \bar{\boldsymbol{G}}\bar{y} \end{aligned} \tag{5.74}$$

式中，$\hat{\bar{x}}_1$ 为 $\bar{x}_1$ 的观测值或估计值。

整个状态向量 $\bar{\boldsymbol{x}}$ 的估计值为

$$\hat{\bar{\boldsymbol{x}}} = \begin{bmatrix} \hat{\bar{x}}_1 \\ \hat{\bar{x}}_2 \end{bmatrix} = \begin{bmatrix} \hat{\bar{w}} + \bar{\boldsymbol{G}}\bar{y} \\ y \end{bmatrix} = \begin{bmatrix} \boldsymbol{I} \\ 0 \end{bmatrix}\hat{\bar{w}} + \begin{bmatrix} \bar{\boldsymbol{G}} \\ \boldsymbol{I} \end{bmatrix}\bar{y} \tag{5.75}$$

再变换到 $\hat{\boldsymbol{x}}$ 状态下，则有

$$\hat{\boldsymbol{x}} = \boldsymbol{T}\hat{\bar{\boldsymbol{x}}} \tag{5.76}$$

根据式(5.73)可得整个观测器结构如图 5.8 所示。

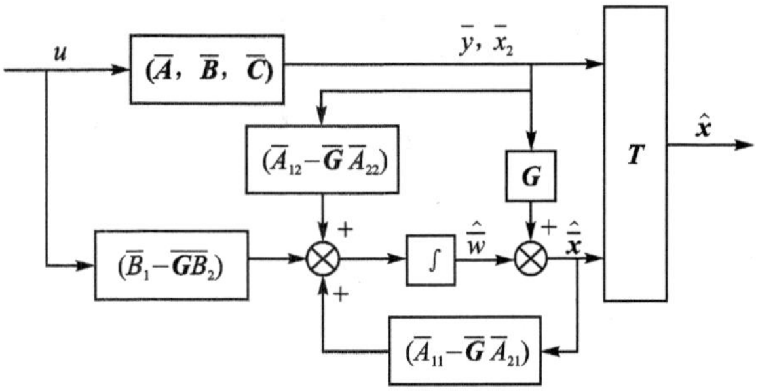

图 5.8　降维观测器结构图

例 5.6　给定系统 $\sum_0 = (\boldsymbol{A}, \boldsymbol{b}, \boldsymbol{c})$

$$\dot{\boldsymbol{x}} = \begin{bmatrix} 4 & 4 & 4 \\ -11 & -12 & -12 \\ 13 & 14 & 13 \end{bmatrix}\boldsymbol{x} + \begin{bmatrix} 1 \\ -1 \\ 0 \end{bmatrix}u$$

$$y = [1 \quad 1 \quad 1]\boldsymbol{x}$$

试设计极点为−3,−4 的降维观测器。

解:(1) 经检验系统完全能观,故存在状态观测器。且 Rank $\boldsymbol{C}=1$。

(2) 构造变换矩阵作线性变换。令

$$\boldsymbol{T}^{-1} = \begin{bmatrix} 1 & 0 & 0 \\ 0 & 1 & 0 \\ 1 & 1 & 1 \end{bmatrix}, \qquad \boldsymbol{T} = \begin{bmatrix} 1 & 0 & 0 \\ 0 & 1 & 0 \\ -1 & -1 & 1 \end{bmatrix}$$

得

$$\bar{\boldsymbol{A}} = \boldsymbol{T}^{-1}\boldsymbol{A}\boldsymbol{T} = \begin{bmatrix} 1 & 0 & 0 \\ 0 & 1 & 0 \\ 1 & 1 & 1 \end{bmatrix} \begin{bmatrix} 4 & 4 & 4 \\ -11 & -12 & -12 \\ 13 & 14 & 13 \end{bmatrix} \begin{bmatrix} 1 & 0 & 0 \\ 0 & 1 & 0 \\ -1 & -1 & 1 \end{bmatrix} = \begin{bmatrix} 0 & 0 & 4 \\ 1 & 0 & -12 \\ 1 & 1 & 5 \end{bmatrix}$$

$$\bar{\boldsymbol{b}} = \boldsymbol{T}^{-1}\boldsymbol{b} = \begin{bmatrix} 1 & 0 & 0 \\ 0 & 1 & 0 \\ 1 & 1 & 1 \end{bmatrix} \begin{bmatrix} 1 \\ -1 \\ 0 \end{bmatrix} = \begin{bmatrix} 1 \\ -1 \\ 0 \end{bmatrix}$$

$$\bar{\boldsymbol{c}} = \boldsymbol{c}\boldsymbol{T} = [1 \quad 1 \quad 1] \begin{bmatrix} 1 & 0 & 0 \\ 0 & 1 & 0 \\ -1 & -1 & 1 \end{bmatrix} = [0 \quad 0 \quad 1]$$

由于状态分量 $\bar{x}_3$ 可由 $\bar{y}$ 直接提供,故只需设计二维状态观测器。

(3) 引入 $\bar{\boldsymbol{G}} = [\bar{g}_1 \quad \bar{g}_2]^{\mathrm{T}}$ 得观测器特征多项式。

$$f(\lambda) = \det[\lambda \boldsymbol{I} - (\bar{A}_{11} - \bar{\boldsymbol{G}}\bar{A}_{21})] =$$

$$\det\left\{\begin{bmatrix} \lambda & 0 \\ 0 & \lambda \end{bmatrix} - \begin{bmatrix} 0 & 0 \\ 1 & 0 \end{bmatrix} + \begin{bmatrix} \bar{g}_1 \\ \bar{g}_2 \end{bmatrix} [1 \quad 1]\right\} =$$

$$\det\begin{bmatrix} \lambda + \bar{g}_1 & \bar{g}_1 \\ -1 + \bar{g}_2 & \lambda + \bar{g}_2 \end{bmatrix} = \lambda^2 + (\bar{g}_1 + \bar{g}_2)\lambda + \bar{g}_1$$

(4) 期望特征多项式为

$$f^*(\lambda) = (\lambda + 3)(\lambda + 4) = \lambda^2 + 7\lambda + 12$$

(5) 比较 $f(\lambda)$ 与 $f^*(\lambda)$ 各相应项系数,得

$$\bar{g}_1 = 12, \qquad \bar{g}_2 = -5$$

即

$$\bar{\boldsymbol{G}} = \begin{bmatrix} \bar{g}_1 \\ \bar{g}_2 \end{bmatrix} = \begin{bmatrix} 12 \\ -5 \end{bmatrix}$$

(6) 观测器方程

$$\dot{\hat{\bar{\boldsymbol{w}}}} = \begin{bmatrix} -12 & -12 \\ 6 & 5 \end{bmatrix} \hat{\bar{w}} + \begin{bmatrix} -140 \\ 60 \end{bmatrix} \bar{y} + \begin{bmatrix} 1 \\ -1 \end{bmatrix} u$$

$$\hat{\bar{x}}_1 = \hat{\bar{w}} + \begin{bmatrix} 12 \\ -5 \end{bmatrix} \bar{y}$$

经线性变换后的状态估计值为

$$\hat{\bar{\boldsymbol{x}}} = \begin{bmatrix} \hat{\bar{x}}_1 \\ \bar{x}_3 \end{bmatrix} = \begin{bmatrix} \hat{\bar{w}}_1 + 12\bar{y} \\ \hat{\bar{w}}_2 - 5\bar{y} \\ \bar{y} \end{bmatrix}$$

为得到原系统的状态估计，还要做如下变换：

$$\hat{\boldsymbol{x}} = \boldsymbol{T}\hat{\bar{\boldsymbol{x}}} = \begin{bmatrix} 1 & 0 & 0 \\ 0 & 1 & 0 \\ -1 & -1 & 1 \end{bmatrix} \begin{bmatrix} \hat{\bar{w}}_1 + 12\bar{y} \\ \hat{\bar{w}}_2 - 5\bar{y} \\ \bar{y} \end{bmatrix} = \begin{bmatrix} \hat{\bar{w}}_1 + 12\bar{y} \\ \hat{\bar{w}}_2 - 5\bar{y} \\ -\hat{\bar{w}}_1 - \hat{\bar{w}}_2 - 6\bar{y} \end{bmatrix}$$

5.5 带状态观测器的状态反馈系统

设被控系统能控能观，其状态空间方程为

$$\begin{aligned} \dot{\boldsymbol{x}} &= \boldsymbol{Ax} + \boldsymbol{B}u \\ \boldsymbol{y} &= \boldsymbol{Cx} \end{aligned} \tag{5.77}$$

当系统能控时，引入状态反馈构成反馈系统，可以任意配置状态反馈系统的特征值。如果系统的状态不能测的，只要系统能观，可以采用状态观测器进行重构，且可用重构的状态代替真实状态进行反馈，即构成带状态观测器的状态反馈系统。

5.5.1 系统结构与状态空间表达式

带状态观测的反馈系统结构如图 5.9 所示。

设状态反馈控制律为

$$u = K\hat{\boldsymbol{x}} + \boldsymbol{V} \tag{5.78}$$

全维状态观测器为

$$\dot{\hat{\boldsymbol{x}}} = (\boldsymbol{A} - \boldsymbol{GC})\hat{\boldsymbol{x}} + \boldsymbol{B}u + \boldsymbol{G}y \tag{5.79}$$

综合以上三式可得到带状态观测器的状态反馈闭环系统状态空间方程为

$$\begin{aligned} \dot{\boldsymbol{x}} &= \boldsymbol{Ax} + \boldsymbol{BK}\hat{\boldsymbol{x}} + \boldsymbol{BV} \\ \dot{\hat{\boldsymbol{x}}} &= \boldsymbol{GCx} + (\boldsymbol{A} - \boldsymbol{GC} + \boldsymbol{BK})\hat{\boldsymbol{x}} + \boldsymbol{BV} \\ y &= \boldsymbol{Cx} \end{aligned} \tag{5.80}$$

写成矩阵形式为

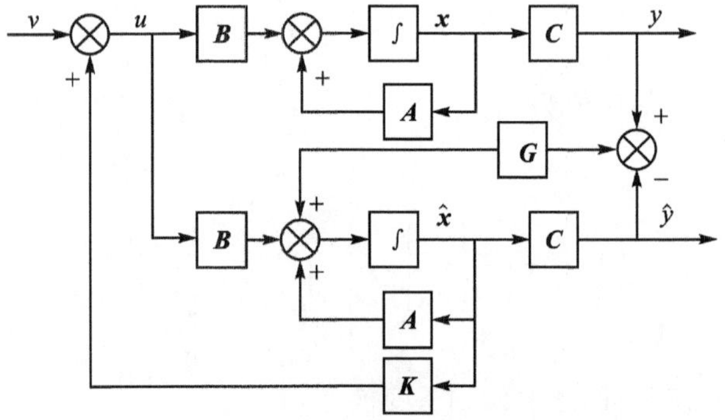

图 5.9 带状态观测器的状态反馈系统结构图

$$\begin{bmatrix} \dot{\boldsymbol{x}} \\ \dot{\hat{\boldsymbol{x}}} \end{bmatrix} = \begin{bmatrix} \boldsymbol{A} & \boldsymbol{BK} \\ \boldsymbol{GC} & \boldsymbol{A}-\boldsymbol{GC}+\boldsymbol{BK} \end{bmatrix} \begin{bmatrix} \boldsymbol{x} \\ \hat{\boldsymbol{x}} \end{bmatrix} + \begin{bmatrix} \boldsymbol{B} \\ \boldsymbol{B} \end{bmatrix} \boldsymbol{V}$$

$$y = \begin{bmatrix} \boldsymbol{C} & \boldsymbol{0} \end{bmatrix} \begin{bmatrix} \boldsymbol{x} \\ \hat{\boldsymbol{x}} \end{bmatrix}$$

这是一个 $2n$ 维的闭环控制系统。

定义误差 $\tilde{\boldsymbol{x}} = \boldsymbol{x} - \hat{\boldsymbol{x}}$

$$\dot{\boldsymbol{x}} = \boldsymbol{Ax} + \boldsymbol{B}(K\hat{x} + \boldsymbol{V}) = \boldsymbol{Ax} + \boldsymbol{BV} + \boldsymbol{BK}(\boldsymbol{x} - \tilde{\boldsymbol{x}}) = (\boldsymbol{A} + \boldsymbol{BK})\boldsymbol{x} - \boldsymbol{BK}\tilde{\boldsymbol{x}} + \boldsymbol{BV}$$

$$\dot{\tilde{\boldsymbol{x}}} = (\boldsymbol{Ax} + \boldsymbol{B}u) - [(\boldsymbol{A} - \boldsymbol{GC})\hat{\boldsymbol{x}} + \boldsymbol{B}u + \boldsymbol{GCx}] = (\boldsymbol{A} - \boldsymbol{GC})\tilde{\boldsymbol{x}}$$

写为矩阵形式：

$$\begin{bmatrix} \dot{\boldsymbol{x}} \\ \dot{\tilde{\boldsymbol{x}}} \end{bmatrix} = \begin{bmatrix} \boldsymbol{A}+\boldsymbol{BK} & -\boldsymbol{BK} \\ \boldsymbol{0} & \boldsymbol{A}-\boldsymbol{GC} \end{bmatrix} \begin{bmatrix} \boldsymbol{x} \\ \tilde{\boldsymbol{x}} \end{bmatrix} + \begin{bmatrix} \boldsymbol{B} \\ \boldsymbol{0} \end{bmatrix} \boldsymbol{V} \tag{5.81}$$

5.5.2 闭环系统的基本特征

1. 闭环极点设计的分离性

对式(5.81)求取闭环系统的特征多项式，有

$$\begin{vmatrix} s\boldsymbol{I} - (\boldsymbol{A} + \boldsymbol{BK}) & \boldsymbol{BK} \\ \boldsymbol{0} & s\boldsymbol{I} - (\boldsymbol{A} - \boldsymbol{GC}) \end{vmatrix} = \det[s\boldsymbol{I} - (\boldsymbol{A} + \boldsymbol{BK})] \cdot \det[s\boldsymbol{I} - (\boldsymbol{A} - \boldsymbol{GC})] \tag{5.82}$$

上式表明，由观测器构成状态反馈的闭环系统，其特征多项式等于矩阵($\boldsymbol{A}+\boldsymbol{BK}$)与矩阵($\boldsymbol{A}-\boldsymbol{GC}$)的特征多项式的乘积。即闭环系统的极点等于直接状态反馈($\boldsymbol{A}+\boldsymbol{BK}$)的极点和状态观测器($\boldsymbol{A}-\boldsymbol{GC}$)的极点之总和，且二者相互独立。因此只要系统($\boldsymbol{A},\boldsymbol{B},\boldsymbol{C}$)能控能观，则系统的状态反馈阵 $\boldsymbol{K}$ 和观测器反馈阵 $\boldsymbol{G}$ 可分别进行设计。这个性质称为闭环极点设计的分离性。

2. 传递函数矩阵的不变性

这个不变性表示用观测器构成的状态反馈系统和状态直接反馈系统具有相同的传递函数阵。

根据分块矩阵的性质可知，对于一个分块矩阵

$$Q=\begin{bmatrix}\boldsymbol{R} & \boldsymbol{S}\\ \boldsymbol{0} & \boldsymbol{T}\end{bmatrix} \tag{5.83}$$

若分块 $\boldsymbol{R}$ 和 $\boldsymbol{T}$ 均可逆，则

$$Q^{-1}=\begin{bmatrix}\boldsymbol{R} & \boldsymbol{S}\\ \boldsymbol{0} & \boldsymbol{T}\end{bmatrix}^{-1}=\begin{bmatrix}\boldsymbol{R}^{-1} & -\boldsymbol{R}^{-1}\boldsymbol{S}\boldsymbol{T}^{-1}\\ \boldsymbol{0} & \boldsymbol{T}^{-1}\end{bmatrix} \tag{5.84}$$

成立。

利用上式可方便地求得闭环系统的传递函数阵：

$$W(s)=[\boldsymbol{C}\quad \boldsymbol{0}]\begin{bmatrix}s\boldsymbol{I}-(\boldsymbol{A}+\boldsymbol{BK}) & \boldsymbol{BK}\\ \boldsymbol{0} & s\boldsymbol{I}-(\boldsymbol{A}-\boldsymbol{GC})\end{bmatrix}^{-1}\begin{bmatrix}\boldsymbol{B}\\ \boldsymbol{0}\end{bmatrix}=$$

$$[\boldsymbol{C}\quad \boldsymbol{0}]\begin{bmatrix}(s\boldsymbol{I}-(\boldsymbol{A}+\boldsymbol{BK}))^{-1} & -((s\boldsymbol{I}-(\boldsymbol{A}+\boldsymbol{BK}))^{-1}\cdot\boldsymbol{BK}\cdot(s\boldsymbol{I}-(\boldsymbol{A}-\boldsymbol{GC}))^{-1}\\ \boldsymbol{0} & (s\boldsymbol{I}-(\boldsymbol{A}-\boldsymbol{GC}))^{-1}\end{bmatrix}\begin{bmatrix}\boldsymbol{B}\\ \boldsymbol{0}\end{bmatrix}=$$

$$\boldsymbol{C}(s\boldsymbol{I}-(\boldsymbol{A}+\boldsymbol{BK}))^{-1}\boldsymbol{B}$$

上式表明，带观测器状态反馈闭环系统的传递函数阵等于直接状态反馈闭环系统的传递函数阵。或者说，它与是否采用观测器反馈无关。

3. 观测器反馈与直接状态反馈的等效性

由式(5.80)看出，通过选择 $\boldsymbol{G}$ 可使$(\boldsymbol{A}-\boldsymbol{GC})$的特征值均具有负实部，所以必有 $\lim\limits_{t\to\infty}\tilde{\boldsymbol{x}}=0$，当 $t\to\infty$时，必有

$$\begin{aligned}\dot{\boldsymbol{x}}&=(\boldsymbol{A}+\boldsymbol{BK})\boldsymbol{x}+\boldsymbol{BV}\\ y&=\boldsymbol{Cx}\end{aligned} \tag{5.85}$$

成立。这就表明，带观测器的状态反馈系统只有当 $t\to\infty$，进入稳态时，才会与直接状态反馈系统完全等价。但是，可通过选择 $\boldsymbol{G}$ 来加速 $\tilde{\boldsymbol{x}}\to 0$，即 $\hat{\boldsymbol{x}}$ 渐近于 $\boldsymbol{x}$ 的速度。

5.6 MATLAB在控制系统综合中的应用

5.6.1 极点配置

在 MATLAB 控制系统工具箱中，提供了两个函数 place()和 acker()，可以完成极点配置的计算。

1. place()函数

place()函数调用格式为

```
K = place(A,B,P)
```

其中,(A,B)为系统状态方程模型,P为包含期望极点的向量,反馈的变量K为状态反馈向量。该函数所用的算法为前所述用能控标准型进行极点配置的方法,所用到的状态反馈为负反馈,即控制规律为 $u=v-\boldsymbol{K}\boldsymbol{x}$。

例 5.7 已知系统的状态方程

$$\dot{\boldsymbol{x}}=\begin{bmatrix}0&1&0\\0&-1&1\\0&0&-2\end{bmatrix}\boldsymbol{x}+\begin{bmatrix}0\\0\\1\end{bmatrix}u$$

希望极点为$-2,-1\pm \mathrm{j}$。试设计状态反馈矩阵 $\boldsymbol{K}$,并检验引入状态反馈后的特征值与希望极点是否一致。

解:

```
>> A=[0 1 0;0-1 1;0 0-2];B=[0;0;1];       %输入系统矩阵
>> M=ctrb(A,B)                            %求能控性判别矩阵
>> rank(M)                                %求能控性判别矩阵的秩
```

结果为

```
ans =
    3
```

说明系统能控,能够进行极点的任意配置。

```
>> P=[-2,-1+j,-1-j]                          %输入期望极点
>> K=place(A,B,P)                            %求状态反馈矩阵
```

结果为

```
K =
    4.0000    3.0000    1.0000
>> eig(A-B*K)
```

结果为

```
ans =
  -1.0000+1.0000i
  -1.0000-1.0000i
  -2.0000
```

该结果与期望极点一致。

2. acker()函数

acker()函数调用格式为

```
K=acker(A,B,P)
```

其中,各参数的意义和place()函数一样。该函数是按照acker公式求反馈矩阵。注意该函数仅用于单变量系统极点配置问题。

```
>> K = acker(A,B,P)
```

结果为

```
K =
    4    3    1
```

结果与 place()函数求出来的一样。

5.6.2 状态观测器设计

状态观测器的状态方程为

$$\dot{\hat{x}} = (A - GC)\hat{x} + Bu + Gy$$

由于$(A-GC)^{\mathrm{T}}=(A^{\mathrm{T}}-C^{\mathrm{T}}G^{\mathrm{T}})$,其形式与原系统状态反馈阵 $A-BK$ 相似,可视其为对偶系统的状态反馈。因此,在 MATLAB 中,可以直接用 place()或 acker()函数来进行状态观测器反馈矩阵的计算。格式为

```
G = place(A′,C′,P)′
```

或

```
G = acker(A′,C′,P)′
```

其中,A′, C′是系统矩阵 A 和输出矩阵 C 的转置,P 为观测器期望极点,G 为观测器反馈矩阵。

例 5.8 给定系统为

$$\dot{x} = \begin{bmatrix} 1 & 0 & 0 \\ 0 & 2 & 1 \\ 1 & 0 & 2 \end{bmatrix} x + \begin{bmatrix} 1 \\ 0 \\ 1 \end{bmatrix} u, \qquad y = \begin{bmatrix} 1 & 1 & 0 \end{bmatrix} x$$

用 MATLAB 设计全维状态观测器使其极点配置在$-3,-4,-5$,并验证。

解:

```
>> A = [1 0 0;0 2 1;1 0 2];B = [1;0;1];C = [1 1 0]     % 输入系统矩阵
>> N = obsv(A,C);                                      % 求系统能观性判别矩阵
>> rank(N)                                             % 求系统能观性判别矩阵的秩
```

结果为

```
ans =
    3
```

说明系统能观,可以得到系统状态观测器。

```
>> P = [ - 3 - 4 - 5]
>> G = place(A′,C′,P)′
```

结果为

```
G =
  60.0000
       -43.0000
       150.0000
>> eig(A - G * C)
```

结果为

```
ans =
   -5.0000
   -4.0000
   -3.0000
```

结果表示所设计的状态观测器的极点和期望极点一致。

习　题

5.1 判断下列系统能否用状态反馈任意配置极点。

(1) $\dot{x}=\begin{bmatrix}1 & 2\\3 & 1\end{bmatrix}x+\begin{bmatrix}1\\0\end{bmatrix}u$　　(2) $\dot{x}=\begin{bmatrix}1 & 0 & 0\\0 & -2 & 1\\0 & 0 & -2\end{bmatrix}x+\begin{bmatrix}0\\0\\1\end{bmatrix}u$

5.2 已知系统状态方程为

$$\dot{x}=\begin{bmatrix}1 & -1 & 1\\0 & 1 & 1\\1 & 0 & 1\end{bmatrix}x+\begin{bmatrix}0\\0\\1\end{bmatrix}u$$

试设计一状态反馈矩阵使闭环系统极点配置为－1,－2,－3。

5.3 设系统状态方程为

$$\dot{x}=\begin{bmatrix}0 & 1 & 0\\0 & -1 & 1\\0 & -1 & -10\end{bmatrix}x+\begin{bmatrix}0\\0\\10\end{bmatrix}u$$

试设计一状态反馈阵将其极点配置为$-10,-1\pm j\sqrt{3}$。

5.4 设系统的传递函数为

$$\frac{(s-1)(s+2)}{(s+1)(s-2)(s+3)}$$

试问可否利用状态反馈将其传递函数变为

$$\frac{(s-1)}{(s+2)(s+3)}$$

若有可能,试求状态反馈矩阵,并画出系统状态模拟结构图。

5.5 设系统状态方程为

$$\dot{\boldsymbol{x}}=\begin{bmatrix}0&1&0&0\\0&0&-1&0\\0&0&0&1\\0&0&11&0\end{bmatrix}\boldsymbol{x}+\begin{bmatrix}0\\1\\0\\-1\end{bmatrix}u$$

(1) 判断系统是否稳定。

(2) 系统能否镇定。若能,试设计状态反馈使之稳定。

5.6 已知系统

$$\dot{\boldsymbol{x}}=\begin{bmatrix}0&1\\0&0\end{bmatrix}\boldsymbol{x}+\begin{bmatrix}0\\1\end{bmatrix}u,\qquad y=\begin{bmatrix}1&0\end{bmatrix}\boldsymbol{x}$$

试设计一状态观测器,使观测器的极点为$-r,-2r(r>0)$。

5.7 已知系统

$$\dot{\boldsymbol{x}}=\begin{bmatrix}-2&1\\0&-1\end{bmatrix}\boldsymbol{x}+\begin{bmatrix}0\\1\end{bmatrix}u,\qquad y=\begin{bmatrix}1&0\end{bmatrix}\boldsymbol{x}$$

设状态变量 x_2 不能测取,试设计全维和降维观测器,使观测器极点为$-3,-3$。

5.8 已知系统

$$\dot{\boldsymbol{x}}=\begin{bmatrix}0&1&0\\0&0&1\\0&0&0\end{bmatrix}\boldsymbol{x}+\begin{bmatrix}0\\0\\1\end{bmatrix}u,\qquad y=\begin{bmatrix}1&0&0\end{bmatrix}\boldsymbol{x}$$

设计一降维观测器,使观测器极点为$-4,-5$。画出状态模拟结构图。

5.9 已知受控系统的系数矩阵为

$$\dot{\boldsymbol{x}}=\begin{bmatrix}1&0&-1\\2&-1&0\\0&2&1\end{bmatrix}\boldsymbol{x}+\begin{bmatrix}1\\1\\0\end{bmatrix}u$$

利用 MATLAB 设计状态反馈矩阵 $\boldsymbol{K}$,使闭环极点为$-1,-2\pm \mathrm{j}$。

5.10 设系统状态方程与输出方程为

$$\dot{\boldsymbol{x}}=\begin{bmatrix}0&1\\0&-5\end{bmatrix}\boldsymbol{x}+\begin{bmatrix}0\\1\end{bmatrix}u,\qquad y=\begin{bmatrix}1&0\end{bmatrix}\boldsymbol{x}$$

试设计带状态观测器的状态反馈系统,使反馈系统的极点配置在$-1\pm \mathrm{j}$。

第6章　最优控制

最优控制理论是现代控制理论中最早发展起来的分支之一。所谓控制就是人们用某种方法和手段去影响事件及其运动的进程和轨迹，使之朝着有利于控制主体的方向发展。对于一个给定的受控系统，常常需要找到这样的一个控制函数，使得在它的作用下，系统从一个状态转变为设计者希望的另一个状态，并且系统的某种性能得到优化。通常称这种控制问题为最优控制问题。最优控制理论主要是讨论求解最优控制问题的方法和理论，包括最优控制的存在性和唯一性、最优控制应满足的必要条件等。最优控制理论始于20世纪50年代末，其主要标志是苏联数学家庞特里亚金(L. C. Pontryagin)等人提出的"最大值原理"。最优控制理论在工矿企业、交通运输、电力工业、国防工业和国民经济管理等部门有着广泛的应用。

6.1　最优控制数学描述

最优控制，又称无穷维最优化或动态最优化，是现代控制理论最基本、最核心的部分。它所研究的中心问题是如何根据受控系统的动态特性去选择控制规律，使得系统按照一定的技术要求进行运转，并使得描述系统性能或品质的某个"指标"在一定意义下达到最优值(极大值或者极小值)。它属于最优化的范畴，与最优化有着共同的性质和理论基础。对于给定初始状态的系统，如果控制因素是时间的函数，没有系统状态反馈，则称其为开环最优控制系统；如果控制信号为系统状态及系统参数或其环境的函数，则称其为自适应控制系统。

以下通过几个简单但具有实际应用价值的例子来直观地感受下最优控制问题，目的是寻找满足约束条件的输入，使得性能函数达到最大或最小值。

例6.1　考虑一个机构(如车皮)W，其质量为 m，沿着水平的轨道运动，不考虑空气的阻力和地面对车皮的摩擦力，把车皮看成一个沿着直线运动的质点，$x(t)$表示车皮在 t 时刻的位置，$u(t)$是施加在车皮上的外部控制力，假定车皮的初始位置和速度分别为 $x(0)=x_0$，$\dot{x}(0)=y_0$，选择一个控制函数 $u(t)$使车皮在最短时间内到达并静止在坐标原点，即到达坐标原点时速度为零。

解：根据牛顿第二定律，有

$$m\ddot{x}=u(t),\qquad t>0 \tag{6.1}$$

令 $x=x_1$，$\dot{x}_1=x_2$，则式(6.1)写为

$$\begin{cases}\dot{x}_1=x_2\\ m\dot{x}_2=u(t)\end{cases} \tag{6.2}$$

其中，$x_1(t)$、$x_2(t)$分别表示车皮在 t 时刻的位置和速度，写成向量形式有

$$\begin{cases}\dot{x}=\boldsymbol{A}x+\boldsymbol{b}u(t)\\ x(0)=(x_0,y_0)^{\mathrm{T}}\end{cases} \tag{6.3}$$

其中
$$\boldsymbol{A}=\begin{bmatrix}0 & 1\\ 0 & 0\end{bmatrix},\qquad \boldsymbol{b}=\begin{bmatrix}0\\ \dfrac{1}{m}\end{bmatrix},\qquad \boldsymbol{x}(t)=\begin{bmatrix}x_1(t)\\ x_2(t)\end{bmatrix}$$

由于技术原因，外部推力不可能无限大，它的大小是有界的，即

$$|u(t)|\leqslant M \tag{6.4}$$

其中，M 是正常数

$$J(u(t))=\int_{t_0}^{t_1}1\mathrm{d}t \tag{6.5}$$

最优控制问题是寻找一个满足条件式(6.4)的控制函数 $u(t)$，把 W 由初态$(x_0,y_0)^{\mathrm{T}}$ 转变为终态$(0,0)^{\mathrm{T}}$，且使性能指标 J 达到最小值。任何能达到上述要求的控制函数都称为最优控制。

例 6.2　某基金会得到一笔 60 万元的基金，现将这笔款存入银行，年利率为 10%，基金会计划使用该基金 80 年，要求 80 年后该基金只剩 0.5 万元用作处理该基金会的结束事宜。根据基金会的需要，每年至少支取 5 万元，至多支取 10 万元作为某种奖金。最优控制问题是制定该基金的最优管理策略，即求解每年支取多少元才能使基金会在 80 年中从银行取出的总金额最大？

解：令 $x(t)$表示第 t 年存入银行的总钱数，$u(t)$表示第 t 年支取的钱数，则

$$\dot{x}(t)=rx(t)-u(t),\qquad r=0.1 \tag{6.6}$$

其中，$x(0)=60$，$x(80)=0.5$。

根据基金会的需要，每年至少支取 5 万元、至多支取 10 万元，因此

$$5\leqslant u(t)\leqslant 10 \tag{6.7}$$

基金会在 80 年中从银行取出的总金额为

$$J(u)=\int_0^{80}u(t)\mathrm{d}t \tag{6.8}$$

基金的最优管理问题是求满足约束条件的 $u(t)$使 J 达到最大值。

6.1.1　控制系统的状态方程

控制系统的状态变量是指对事件及其运动起决定作用的量；控制系统的控制变量是指对事件及其运动起控制作用的量；控制系统的状态方程是指描述系统及其运动的方程，其中包含控制变量和状态变量。

令 $x=(x_1,\cdots,x_n)^{\mathrm{T}}\in\mathbf{R}^n$ 表示控制系统的状态变量；$u=(u_1,\cdots,u_m)^{\mathrm{T}}\in\mathbf{R}^m$ 表示控制系统的控制变量；$t\in\boldsymbol{I}$ 表示时间；$\boldsymbol{f}=(f_1,\cdots,f_n)^{\mathrm{T}}$ 表示 $x\times u\times\boldsymbol{I}$ 上有定义的 n 维向量函数；控制系统的状态方程通常用一阶常微分方程组来描述，即

$$\dot{x}=\boldsymbol{f}(t,x(t),u(t)) \tag{6.9}$$

当 $\boldsymbol{f}$ 不显含 t 时，系统为定常系统(或称为时不变系统)。当 $\boldsymbol{f}$ 关于 x 和 u 为线性时，系统为线性系统，这时方程可写为

$$\dot{x}=\boldsymbol{A}(t)x+\boldsymbol{B}(t)u \tag{6.10}$$

其中，$\boldsymbol{A}(t)$为 n 阶方阵，$\boldsymbol{B}(t)$为 n 行 m 列矩阵。当 $\boldsymbol{A}$ 和 $\boldsymbol{B}$ 与时间 t 无关时，称式(6.10)为线性定常系统或线性自治系统。

6.1.2 终止状态的目标集

一般来说，控制系统的初始时刻 t_0 和初始状态 $x(t_0)$是给定的，但对控制系统的终止时刻 t_1 和终端状态 $x(t_1)$来说，却因问题不同而有不同的要求，通常要求达到一个确定的目标集 $A=\{x(t_1):x(t_1)\in\mathbf{R}^n,h_1(x(t_1),t_1)=0,h_2(x(t_1),t_1)\leqslant 0\}$。

6.1.3 容许控制函数集

在实际问题中，控制变量通常是某种物理量，需要满足有界性等条件，满足这些条件的控制函数称为容许控制函数。容许控制函数全体构成的集合称为容许控制函数集，记为 $\Omega=\{u(t):u\in\mathbf{R}^m$ 并满足某些条件$\}$，通常要求控制函数是分段连续的。

6.1.4 性能指标

性能指标是指人们对某个控制过程及其结果作出评价的衡量尺度或标准，在数学上用泛函表示，主要有下面 3 种形式：

(1) 终端型性能指标，也称麦耶(Mayer)型性能指标：

$$J(u)=\Phi(x(t_1),t_1) \tag{6.11}$$

(2) 积分型性能指标，也称拉格朗日(Lagrange)型性能指标：

$$J(u)=\int_{t_0}^{t_1} f_0(t,x(t),u(t))\mathrm{d}t \tag{6.12}$$

(3) 混合型性能指标，也称包尔查(Bolza)型性能指标：

$$J(u)=\Phi(x(t_1),t_1)+\int_{t_0}^{t_1} f_0(t,x(t),u(t))\mathrm{d}t \tag{6.13}$$

6.1.5 最优控制定义

所谓最优控制问题，就是寻求一容许控制 $u(t)\in\Omega$，使系统的状态由给定的初值 x_0 转变为终止时刻 $t_1(t_1>t_0)$的目标集 A，并使性能指标 $J(u)$取最大值(或最小值)。若上述最优控制问题有解 $u^*(t)$，则 $u^*(t)$称为最优控制函数，相应的轨线 $x^*(t)$叫作最优轨线，这时的性能指标叫作最优性能指标。

6.1.6 离散系统最优控制问题的数学描述

在一些实际问题中，系统的状态变量和控制变量关于时间变量是离散的，这样的控制系统称为离散控制系统。令

$$\boldsymbol{x}(k)=(x_1(k),\cdots,x_n(k))^{\mathrm{T}}\in\mathbf{R}^n,\qquad k=k_0,k_0+1,\cdots,k_1 \tag{6.14}$$

表示系统的状态变量，令

$$\boldsymbol{u}(k)=(u_1(k),\cdots,u_m(k))^{\mathrm{T}}\in\mathbf{R}^m,\qquad k=k_0,k_0+1,\cdots,k_1-1 \tag{6.15}$$

表示系统的控制变量，则离散控制系统的状态方程为差分方程，即

$$x(k+1)=\phi(k,x(k),u(k)),\qquad k=k_0,k_0+1,\cdots,k_1-1 \tag{6.16}$$

其中，$\boldsymbol{\phi}=(\phi_1,\cdots,\phi_n)^{\mathrm{T}}$。

终止状态的目标集为

$$A=\{x(k_1):N_j(k_1,x(k_1))=0,j=1,2,\cdots,l\} \tag{6.17}$$

容许控制集为

$$\Omega=\{u(k):u(k)\in\mathbf{R}^m\ \text{并满足某些条件}\}$$

性能指标为

$$J(u)=\Phi(x(k_1),k_1)+\sum_{k=k_0}^{k_1-1}f_0(k,\boldsymbol{x}(k),\boldsymbol{u}(k)) \tag{6.18}$$

离散系统的最优控制问题就是寻求一容许控制 $\boldsymbol{u}(k)\in\Omega$，使系统的状态由给定的初值 $x(k_0)=x_0$ 转变为终止时刻 $k_1(k_1>k_0)$的目标集 A，并使性能指标 $J(u)$取最大值(或最小值)。若上述最优控制问题有解 $\boldsymbol{u}^*(k)$，则 $\boldsymbol{u}^*(k)$称为最优控制函数，相应的轨线 $\boldsymbol{x}^*(k)$叫作最优轨线，这时的性能指标叫作最优性能指标。

6.1.7 最优控制问题的解法

从数学上看，最优控制问题可以表述为在运动方程和允许控制范围的约束下，对以控制函数和运动状态为变量的性能指标函数(称为泛函)求取极值(极大值或极小值)。变分理论是研究最优控制问题有力的数学工具，而经典变分理论只能够解决控制无约束的问题，但是工程实践中的问题大多是控制有约束的问题，因此出现了现代变分理论。

现代变分理论中最常用的有两种方法：一种是动态规划法，另一种是极小值原理。它们都能够很好地解决控制有闭集约束的变分问题。值得指出的是，动态规划法和极小值原理实质上都属于解析法。此外，变分法、线性二次型控制法也属于解决最优控制问题的解析法。最优控制问题的研究方法除了解析法外，还包括数值计算法和梯度型法。

(1) 变分法：变分法是求泛函极值的古典方法。它只适于研究不带闭域约束而且数学模型要具有足够的可微性的场合，故适应范围窄。

(2) 极大值原理：由庞德里亚金提出，为现代最优控制的主要方法，属于解析法

求最优控制问题。

(3) 动态规划法：由贝尔曼提出，为现代最优控制的主要方法。它将多级求最优策略问题转化为多步的一级求最优策略问题。

(4) 数值解法：这种方法与计算机相结合，当问题过于复杂时，应用起来较方便。

6.2 泛函极值及变分法

6.2.1 函数的极值

1. 一元函数的极值

设连续可微一元函数 $y=f(x)$ 在定义区间 $[a,b]$ 有极值，则函数在 x_0 处可导，并在 x_0 处存在极值的必要条件是

$$\left.\frac{\mathrm{d}y}{\mathrm{d}x}\right|_{x=x_0}=f'(x)\mid_{x_0}=0 \tag{6.19}$$

在 x_0 处存在极小值的充要条件为

$$f'(x)\mid_{x_0}=0,\qquad f''(x)\mid_{x_0}>0 \tag{6.20}$$

在 x_0 处存在极大值的充要条件为

$$f'(x)\mid_{x_0}=0,\qquad f''(x)\mid_{x_0}<0 \tag{6.21}$$

若 $f''(x)=0$，还要从 $f(x)$ 在 x_0 附近的变化情况来判断 x_0 是否是极小值、极大值或拐点。

例 6.3 试求 $y=3x-x^3$ 的极值。

解：由 $y'=3-3x^2=0$，可得 $x_1=1,x_2=-1$。又

$$\frac{\mathrm{d}^2y}{\mathrm{d}x^2}=y''=-6x$$

当 $x_1=1$ 时，$y''=-6<0$，此时 y 取得极大值为 2；

当 $x_1=-1$ 时，$y''=6>0$，此时 y 取得极小值为 -2。

例 6.4 如图 6.1 所示，边长为 a 的正方形铁皮，在四个角处剪去四个相等的正方形，折起后制成方形无盖水槽，要使水槽容积最大，所剪去的小正方形的边长应为多少？

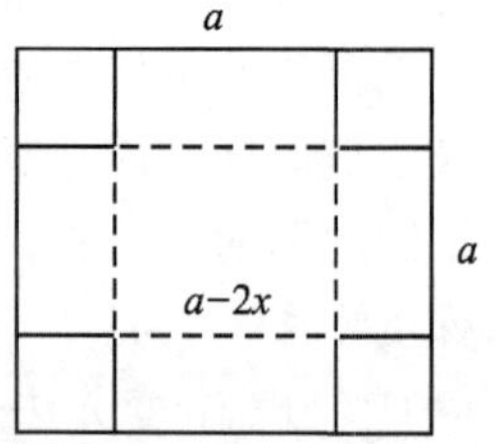

图 6.1 水槽尺寸示意图

解：无盖方形水槽容积为

$$f(x)=(a-2x)^2x$$

存在极值的必要条件为

$$f'(x)=(a-2x)(a-6x)=0$$

解得 $\qquad x_1=\frac{1}{2}a$（舍），$\qquad x_2=\frac{1}{6}a$

此时
$$f''(x) = -8a + 24x\,|_{x_2} = -4a < 0$$

故 $f(x)$ 存在极大值为 $f(x)_{\max} = \frac{2}{27}a^3$。

2. 多元函数与极值

设多元函数 $J = f(x_1, x_2, \cdots, x_n)$ 存在极值的必要条件是

$$\frac{\partial f}{\partial x_1} = 0, \qquad \frac{\partial f}{\partial x_2} = 0 \qquad \cdots \qquad \frac{\partial f}{\partial x_n} = 0$$

极小值的充分条件是 $\frac{\partial^2 f}{\partial x^2} > 0$，极大值的充分条件是 $\frac{\partial^2 f}{\partial x^2} < 0$。

若下列矩阵（Hesse 矩阵）

$$\frac{\partial^2 f}{\partial x^2} = \begin{bmatrix} \frac{\partial^2 f}{\partial x_1^2} & \frac{\partial^2 f}{\partial x_1 \cdot \partial x_2} & \cdots & \frac{\partial^2 f}{\partial x_1 \cdot \partial x_n} \\ \frac{\partial^2 f}{\partial x_2 \cdot \partial x_1} & \frac{\partial^2 f}{\partial x_2^2} & \cdots & \frac{\partial^2 f}{\partial x_2 \cdot \partial x_n} \\ \vdots & \vdots & \vdots & \vdots \\ \frac{\partial^2 f}{\partial x_n \cdot \partial x_1} & \frac{\partial^2 f}{\partial x_n \cdot \partial x_2} & \cdots & \frac{\partial^2 f}{\partial x_n^2} \end{bmatrix}$$

的符号特性为正定，则 $f(x_1, x_2, \cdots, x_n)$ 取得极小值；若为负定，则 $f(x_1, x_2, \cdots, x_n)$ 取得极大值。矩阵的符号特性可用希尔维斯特判据判断。

例 6.5　设多元函数 $f(x) = 2x_1^2 + 5x_2^2 + x_3^2 + 2x_2x_3 + 2x_3x_1 - 6x_2 + 3$，试求函数的极值点与极小值。

解： 根据极值存在的必要条件，有

$$\frac{\partial f}{\partial x_1} = 0, \qquad \frac{\partial f}{\partial x_2} = 0, \qquad \frac{\partial f}{\partial x_3} = 0$$

即有
$$\begin{cases} 4x_1 + 2x_3 = 0 \\ 10x_2 + 2x_3 - 6 = 0 \\ 2x_3 + 2x_2 + 2x_1 = 0 \end{cases}$$

因此
$$x = \begin{bmatrix} 1 \\ 1 \\ -2 \end{bmatrix}$$

Hesse 矩阵为

$$\begin{bmatrix} \frac{\partial^2 f}{\partial x_1^2} & \frac{\partial^2 f}{\partial x_1 \cdot \partial x_2} & \frac{\partial^2 f}{\partial x_1 \cdot \partial x_3} \\ \frac{\partial^2 f}{\partial x_2 \cdot \partial x_1} & \frac{\partial^2 f}{\partial x_2^2} & \frac{\partial^2 f}{\partial x_2 \cdot \partial x_3} \\ \frac{\partial^2 f}{\partial x_3 \cdot \partial x_1} & \frac{\partial^2 f}{\partial x_3 \cdot \partial x_2} & \frac{\partial^2 f}{\partial x_3^2} \end{bmatrix} = \begin{bmatrix} 4 & 0 & 2 \\ 0 & 10 & 2 \\ 2 & 2 & 2 \end{bmatrix}$$

根据希尔维斯特判据，因为

$$4>0,\qquad \begin{vmatrix}4 & 0\\0 & 10\end{vmatrix}>0,\qquad \begin{bmatrix}4 & 0 & 2\\0 & 10 & 2\\2 & 2 & 2\end{bmatrix}>0$$

故 Hesse 阵正定，函数存在极小值 $f(x)_{\min}=0$。

3. 条件极值和拉格朗日乘子法问题

实际问题中自变量往往受到其他条件的约束，该类限制极值常用拉格朗日乘子法(待定乘子法、增量法）。其原理为引入待定参数 λ，将求解带有约束条件的极值问题转化为一个求解无约束条件的极值问题。

设连续可微的目标函数为 $\quad J=f(x,u)$

等式约束条件为 $\quad g(x,u)=0$

引入乘子矢量 $\boldsymbol{\lambda}$，将 $\boldsymbol{\lambda}$ 与等式约束条件相乘并与目标函数相加，构造的拉格朗日函数为

$$H=J+\boldsymbol{\lambda}^{\mathrm{T}}g=f(x,u)+\boldsymbol{\lambda}^{\mathrm{T}}g(x,u) \tag{6.22}$$

目标函数存在极值的必要条件是

$$\frac{\partial H}{\partial x}=0,\qquad \frac{\partial H}{\partial u}=0,\qquad \frac{\partial H}{\partial \lambda}=0$$

例 6.6 已知函数 $f(x)=x_1^2+x_2^2$ 约束条件为 $x_1+x_2=3$，试求函数的条件极值。

解：求解此类问题有多种方法，如消元法和拉格朗日乘子法。

(1) 消元法

约束条件可转化为

$$x_2=3-x_1$$

则

$$f(x)=x_1^2+x_2^2=x_1^2+(3-x_1)^2=2x_1^2-6x_1+9$$

可将以上问题看待为一元函数求解问题：

$$\frac{\mathrm{d}f}{\mathrm{d}x_1}=4x_1-6=0$$

可得

$$x_1=\frac{3}{2},\qquad x_2=\frac{3}{2}$$

(2) 拉格朗日乘子法

引入拉格朗日乘子 λ，得到一个新函数 $H(x_1,x_2,\lambda)$，即

$$H(x_1,x_2,\lambda)=x_1^2+x_2^2+\lambda(x_1+x_2-3)$$

极值存在的必要条件为

$$\frac{\partial H}{\partial x_1}=2x_1+\lambda=0$$

$$\frac{\partial H}{\partial x_2}=2x_2+\lambda=0$$

$$\frac{\partial H}{\partial \lambda}=x_1+x_2+3=0$$

求解可得 $x_1=x_2=3/2,\lambda=-3$。

6.2.2　变分法

泛函可简单理解为“函数的函数”,求泛函的极大值和极小值问题都称为变分问题。求泛函极值的方法称为变分法。

1. 泛　函

设对于自变量 t,存在一类函数 $\{x(t)\}$,如果对于每个函数 $x(t)$,都有一个 J 值与之对应,则变量 J 称为依赖于 $x(t)$ 的泛函数,记作 $J=J[x(t)]$,$J[x(t)]$ 中的 $x(t)$ 为某一特定函数的整体,而不是对应于 t 的函数值 $x(t)$。函数 $x(t)$ 称为泛函 J 的宗量,泛函为标量。

例如 $J[x(t)]=\int_0^1 x(t)\mathrm{d}t$, 当 $x(t)=\alpha t$ 时,$J[x(t)]=1$;当 $x(t)=\cos t$ 时,$J[x(t)]=\sin 1$。

在控制系统中,自变量是时间 t,宗量函数是状态矢量 $\boldsymbol{x}(t)$,积分型性能泛函为

$$J=\int_{t_0}^{t_f} L(\boldsymbol{x}(t),u(t),t)\mathrm{d}t \tag{6.23}$$

J 的值取决于函数 $u(t)$,不同的 J 值与不同的 $u(t)$ 对应,所以 J 是函数 $u(t)$ 的泛函。所谓求解最优控制 $u^*(t)$,就是寻找使 J 取极值的控制 $u(t)$。

2. 泛函的变分

(1) 宗量的变分

两函数之差为泛函宗量的变分,即 $\delta\boldsymbol{x}(t)=x(t)-x(0)$。

(2) 泛函变分的定义

当宗量函数 $x(t)$ 有变分 $\delta x(t)$ 时,连续泛函 $J[x(t)]$ 的增量可表示为

$$\Delta J=J[x(t)+\delta x(t)]-J[x(t)]=L[x(t),\delta x(t)]+R[x(t),\delta x(t)] \tag{6.24}$$

其中,$L[x(t),\delta x(t)]$ 是泛函的变分,记为 $\delta J=L[x(t),\delta x(t)]$,泛函的变分是泛函增量的线性主部。当泛函具有微分时,可用 $\Delta J=L[x(t),\delta x(t)]$ 表示,称泛函是可微的。

例 6.7　求泛函 $J=\int_0^1 x^2(t)\mathrm{d}t$ 的变分。

解: $\Delta J=\int_0^1 [x(t)+\delta x(t)]^2\mathrm{d}t-\int_0^1 x^2(t)\mathrm{d}t$

$$=\int_0^1 \{2x(t)\delta x(t)+[\delta x(t)]^2\}\mathrm{d}t=\int_0^1 2x(t)\delta x(t)\mathrm{d}t+\int_0^1 [\delta x(t)]^2\mathrm{d}t$$

因此

$$\delta J=\int_0^1 2x(t)\delta x(t)\mathrm{d}t$$

(3) 泛函变分的求法

定理：连续函数 $J[x(t)]$ 的变分等于泛函 $J[x(t)+\alpha\delta x(t)]$ 对 α 的导数在 $\alpha=0$ 处的值，即

$$\delta J=\frac{\partial}{\partial\alpha}J[x(t)+\delta x(t)]\big|_{\alpha=0}=L[x(t),\delta x(t)] \tag{6.25}$$

证明：

$$\begin{aligned}\Delta J&=J[x(t)+\alpha\delta x(t)]-J[x(t)]\\&=L[x(t)+\alpha\delta x(t)]+R[x(t),\alpha\delta x(t)]\end{aligned}$$

由于 $L[x(t)+\alpha\delta x(t)]$ 是 $\alpha\delta x(t)$ 的现行连续函数，即

$$L[x(t)+\alpha\delta x(t)]=\alpha L[x(t)+\delta x(t)]$$

又因为 $R[x(t),\alpha\delta x(t)]$ 是 $\alpha\delta x(t)$ 的高阶无穷小量，即

$$\lim_{\alpha\to 0}\frac{R[x(t),\alpha\delta x(t)]}{\alpha}=\lim_{\alpha\to 0}\frac{R[x(t),\alpha\delta x(t)]}{\alpha\delta x(t)}\delta x(t)=0$$

于是

$$\begin{aligned}\delta J&=\frac{\partial}{\partial\alpha}J[x(t)+\delta x(t)]\big|_{\alpha=0}=\lim_{\alpha\to 0}\frac{J[x(t)+\alpha\delta x(t)]-J[x(t)]}{\alpha}\\&=\lim_{\alpha\to 0}\frac{L[x(t)+\alpha\delta x(t)]+R[x(t),\alpha\delta x(t)]}{\alpha}\\&=\lim_{\alpha\to 0}\frac{L[x(t)+\alpha\delta x(t)]}{\alpha}+\lim_{\alpha\to 0}\frac{R[x(t),\alpha\delta x(t)]}{\alpha}\\&=L[x(t),\delta x(t)]=\delta J\end{aligned}$$

例 6.8 求泛函 $J=\int_{t_0}^{t_1}L(x(t),\dot{x}(t),x)\mathrm{d}t$ 的变分。

解：

$$\begin{aligned}\delta J&=\frac{\partial}{\partial\alpha}J[x(t)+\delta x(t)]\big|_{\alpha=0}\\&=\int_{t_0}^{t_1}L[x(t)+\alpha\delta x(t),\dot{x}(t)+\alpha\delta\dot{x}(t),x]\big|_{\alpha=0}\mathrm{d}x\\&=\int_{t_0}^{t_1}\left[\frac{\partial L(x,\dot{x},t)}{\partial x}\delta x+\frac{\partial L(x,\dot{x},t)}{\partial\dot{x}}\delta\dot{x}\right]\mathrm{d}t\end{aligned}$$

(4) 泛函变分的规则

设 L_1 和 L_2 是函数 x，$\dot{x}$ 和 t 的函数，则有

① $\delta(L_1+L_2)=\delta L_1+\delta L_2$

② $\delta(L_1\cdot L_2)=L_1\delta L_2+L_2\delta L_1$

③ $\delta\int_a^b L\,\mathrm{d}t=\int_a^b\delta L\,\mathrm{d}t$

④ $\delta\dot{x}=\frac{\mathrm{d}}{\mathrm{d}t}\delta x$

6.2.3　泛函的极值

1. 泛函极值的定义

若泛函 $J[x(t)]$ 在任何一条与 $x(t)=x_0(t)$ 接近的曲线上的值不小于 $J[x_0(t)]$，即

$$J[x(t)]-J[x_0(t)]\geqslant 0 \tag{6.26}$$

则称泛函 $J[x(t)]$ 在曲线上达到极小值。其中，称 $x_0(t)$ 为泛函 $J[x(t)]$ 的极小值函数或极小值曲线。

2. 宗量函数的接近度

若两个函数 $x(t)$ 和 $x_0(t)$ 相接近，就应对于任意 x 都满足

$$|x(t)-x_0(t)|\leqslant \varepsilon \tag{6.27}$$

其中，ε 为一很小的正数。称 $x(t)$ 与 $x_0(t)$ 具有零阶接近度，$J[x_0(t)]$ 称为强极值。

若

$$\begin{cases}|x(t)-x_0(t)|\leqslant \varepsilon\\ |x'(t)-x'_0(t)|\leqslant \varepsilon\end{cases} \tag{6.28}$$

则称 $x(t)$ 与 $x_0(t)$ 具有一阶接近度，$J[x_0(t)]$ 为弱极值。接近度阶次越高函数接近程度越好，强极大值必大于或等于弱极大值。

3. 泛函极值的必要条件

定理： 若可微泛函 $J[x(t)]$ 在 $x_0(t)$ 上达到了极大(小)值，则在 $x(t)=x_0(t)$ 上有 $\delta J=0$。

证明： 对于任意给定的 $\delta x(t)$，$J[x(t)+\alpha\delta x(t)]$ 是 α 的函数，有

$$\left.\frac{\partial J[x(t)+\partial\delta x(t)]}{\partial \alpha}\right|_{\alpha=0}=\delta J[x_0(t)]=0$$

6.2.4　固定端点的变分问题

所谓固定端点问题，是指状态空间中曲线的起点和终点都是预知且固定的。由于 $x(t_f)=x_f$ 已固定，故性能泛函变为积分型性能泛函。

定理： 已知容许曲线 $x(t)$ 的初始端 $x(t_0)=x_0$ 和终端状态 $x(t_f)=x_f$，则积分性能泛函

$$J=\int_{t_0}^{t_f}L[x(t),\dot{x}(t),t]\mathrm{d}t \tag{6.29}$$

取极值的必要条件是容许极值曲线 $x^*(t)$ 满足如下欧拉方程：

$$\frac{\partial L}{\partial x}-\frac{\mathrm{d}}{\mathrm{d}t}\frac{\partial L}{\partial \dot{x}}=0 \tag{6.30}$$

或

$$L_x-L_{\dot{x}t}-L_{\dot{x}x}\dot{x}-L_{\dot{x}\dot{x}}\ddot{x}=0 \tag{6.31}$$

其中，$L[x(t),\dot{x}(t),t]$及$x(t)$在$[t_0,t_f]$上至少两次连续可微。

证明：设极值曲线$x^*(t)$如图6.2所示，在极值附近有一容许曲线$x^*(t)+\eta(t)$，代表了在$x^*(t)$及$x^*(t)+\eta(t)$之间的所有可能的曲线，特别是当$\varepsilon=0$时，$x(t)$就是极值曲线。由于

$$J(x)=\int_{t_0}^{t_f}L[x^*(t)+\varepsilon\eta(t),\dot{x}^*(t)+\varepsilon\dot{\eta}(t),t]\mathrm{d}t$$

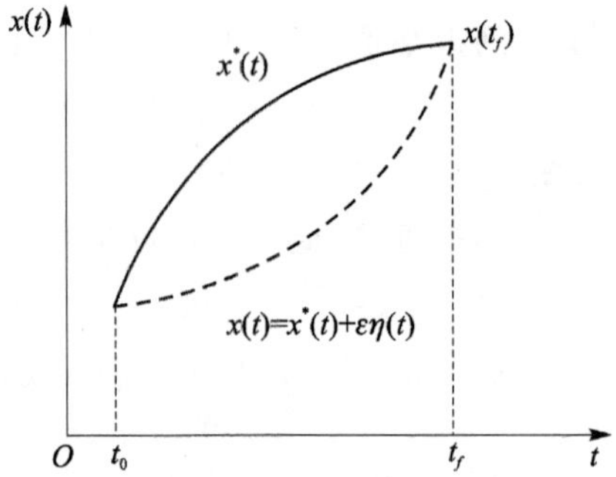

图 6.2 极值曲线图

故对于每条不同的曲线，$J(x)$的值就会不同。为寻找使$J(x)$达到极值的曲线$x^*(t)$，就要考察曲线$x(t)$的变动对于$J(x)$的影响，而曲线的变化可以看成是ε变化的结果。因此$J(x)$便成了ε的函数，并在$x^*(t)$上达到了极值，即

$$\left.\frac{\partial J(x)}{\partial\varepsilon}\right|_{\varepsilon=0}=0$$

于是有 $$\lim_{\varepsilon\to 0}x(t)=x^*(t),\qquad \lim_{\varepsilon\to 0}J(x)=J^*(x)=J[x^*(t)] \tag{6.32}$$

$$\begin{aligned}\left.\frac{\partial J(x)}{\partial\varepsilon}\right|_{\varepsilon=0}&=\int_{t_0}^{t_f}\frac{\partial}{\partial\varepsilon}L[x^*(t)+\varepsilon\eta(t),\dot{x}^*(t)+\varepsilon\dot{\eta}(t),t]\,|_{\varepsilon=0}\mathrm{d}t\\&=\int_{t_0}^{t_f}\left(\eta(t)\frac{\partial L(x,\dot{x},t)}{\partial x}+\dot{\eta}(t)\frac{\partial L(x,\dot{x},t)}{\partial\dot{x}}\right)\mathrm{d}t\\&=\int_{t_0}^{t_f}\eta(t)\frac{\partial L}{\partial x}\mathrm{d}t+\int_{t_0}^{t_f}\dot{\eta}(t)\frac{\partial L}{\partial\dot{x}}\mathrm{d}t\\&=0\end{aligned} \tag{6.33}$$

因为 $$\int_{t_0}^{t_f}\dot{\eta}(t)\frac{\partial L}{\partial\dot{x}}\mathrm{d}t=\int_{t_0}^{t_f}\frac{\partial L}{\partial\dot{x}}\mathrm{d}\eta(t)=\left.\frac{\partial L}{\partial\dot{x}}\eta(t)\right|_{t_0}^{t_f}-\int_{t_0}^{t_f}\eta(t)\frac{\mathrm{d}}{\mathrm{d}t}\frac{\partial L}{\partial\dot{x}}\mathrm{d}t \tag{6.34}$$

所以 $$\left.\frac{\partial J(x)}{\partial\varepsilon}\right|_{\varepsilon=0}=\int_{t_0}^{t_f}\left[\eta(t)\left\{\frac{\partial L}{\partial x}-\frac{\mathrm{d}}{\mathrm{d}t}\frac{\partial L}{\partial\dot{x}}\right\}\mathrm{d}t+\frac{\partial L}{\partial\dot{x}}\eta(t)\right]\Bigg|_{t_0}^{t_f}=0 \tag{6.35}$$

又因为端点固定，故有

$$\eta(t_0)=\eta(t_f)=0$$

式(6.35)变换成

$$\left.\frac{\partial J(x)}{\partial \varepsilon}\right|_{\varepsilon=0}=\int_{t_0}^{t_f}\left[\eta(t)\left\{\frac{\partial L}{\partial x}-\frac{\mathrm{d}}{\mathrm{d}t}\frac{\partial L}{\partial \dot{x}}\right\}\right]\mathrm{d}t=0 \tag{6.36}$$

因为 $\eta(t)$ 为任意，所以推得泛函取极值的必要条件为

$$\frac{\partial L}{\partial x}-\frac{\mathrm{d}}{\mathrm{d}t}\frac{\partial L}{\partial \dot{x}}=0$$

将 $\frac{\mathrm{d}}{\mathrm{d}t}\frac{\partial L}{\partial \dot{x}}$ 展开为

$$\begin{aligned}\frac{\mathrm{d}}{\mathrm{d}t}\frac{\partial L(x,\dot{x},t)}{\partial \dot{x}}&=\frac{\partial}{\partial \dot{x}}\frac{\partial L}{\partial \dot{x}}\frac{\mathrm{d}\dot{x}}{\mathrm{d}t}+\frac{\partial}{\partial x}\frac{\partial L}{\partial \dot{x}}\frac{\mathrm{d}x}{\mathrm{d}t}+\frac{\partial}{\partial t}\frac{\partial L}{\partial \dot{x}}\frac{\mathrm{d}t}{\mathrm{d}t}\\&=\frac{\partial^2 L}{\partial \dot{x}^2}\ddot{x}+\frac{\partial^2 L}{\partial x\partial \dot{x}}\dot{x}+\frac{\partial^2 L}{\partial t\partial \dot{x}}\end{aligned} \tag{6.37}$$

则欧拉公式可写为

$$\frac{\partial L}{\partial x}-\frac{\partial^2 L}{\partial \dot{x}^2}\ddot{x}-\frac{\partial^2 L}{\partial x\partial \dot{x}}\dot{x}-\frac{\partial^2 L}{\partial t\partial \dot{x}}=0 \tag{6.38}$$

欧拉方程是一个二阶微分方程，求解时有两个积分常数待定，对于固定端点问题，因为给定的 $x(t_0)=x_0$ 和 $x(t_f)=x_f$ 就是两个边界条件，所以求解欧拉方程就是求解两点边值问题。对于自由端点问题，因其端点 $x(t_0)$ 或 $x(t_f)$ 是自由的，所以这时所欠缺的一个或两个边界条件应由横截条件来补充：

$$\left.\frac{\partial L}{\partial \dot{x}}\right|_{t_0}=0\text{（始端自由）}\qquad \left.\frac{\partial L}{\partial \dot{x}}\right|_{t_f}=0\text{（终端自由）}$$

应当指出，上述欧拉方程和横截条件只是泛函极值存在的必要条件，至于所解得的极值曲线是极大值曲线还是极小值曲线，还需要由充分条件来判定。但对于许多工程问题，往往可以根据物理含义直接判断。

例 6.9　求泛函 $J=\int_1^2(\dot{x}+\dot{x}^2t^2)\mathrm{d}t$ 满足边界条件 $\begin{cases}x(1)=1\\x(2)=2\end{cases}$ 的极值曲线。

解： 由

$$L=\dot{x}+\dot{x}^2t^2$$

则

$$\frac{\partial L}{\partial x}=0$$

$$\frac{\mathrm{d}}{\mathrm{d}t}\frac{\partial L}{\partial \dot{x}}=\frac{\mathrm{d}}{\mathrm{d}t}(1+2\dot{x}t^2)$$

取极值的必要条件为

$$\frac{\partial L}{\partial x}-\frac{\mathrm{d}}{\mathrm{d}t}\frac{\partial L}{\partial \dot{x}}=\frac{\mathrm{d}}{\mathrm{d}t}(1+2\dot{x}t^2)=0$$

所以有

$$1+2\dot{x}t^2=c$$

从而

$$\dot{x}=\frac{c-1}{2t^2}$$

令
$$x(t)=c_1\frac{1}{t}+c_2$$
因为 $x(1)=1,x(2)=2$,有 $c_1=-2,c_2=3$。

因此泛函极值只能在曲线 $x(t)=3-\frac{\alpha}{t}$ 上实现。

6.2.5 可变端点的变分问题

在工程实际问题中,经常会遇到曲线的始端或终端是变动的,即可变端点问题,端点固定情况是一种最简单的情况。

可假设始端时刻 t_0 固定,即 $x(t_0)=x_0$,终端时间 t_f 可变,终端边界条件为 $\varphi(t_f)$,即 $x(t_f)=\varphi(t_f)$,如图 6.3 所示,当 t_f 可变时,$\delta(t_f)\neq 0$ 。

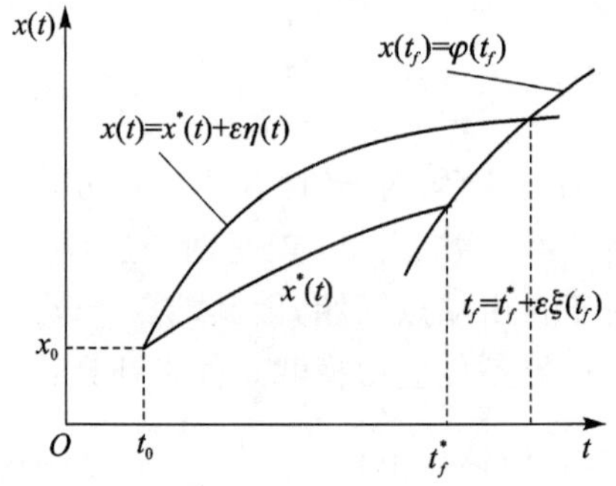

图 6.3 可变端点问题描述

可变端点的变分问题可以理解为寻找一连续可微的极值曲线 $x^*(t)$,当它从给定初始端 $x(t_0)$ 到达给定终端约束曲线 $x(t_f)=\varphi(t_f)$ 上时,使性能泛函 $J=\int_{t_0}^{t_f}L(x,\dot{x},t)\mathrm{d}t$ 达到极值。

定理: 设容许曲线 $x(t)$ 从给定始端 $x(t_0)$ 到达给定终端 $x(t_f)=\varphi(t_f)$ 且使 $J=\int_{t_0}^{t_f}L(x,\dot{x},t)\mathrm{d}t$ 取极值的必要条件是极值曲线 $x^*(t)$ 满足欧拉方程:
$$\frac{\partial L}{\partial x}-\frac{\mathrm{d}}{\mathrm{d}t}\frac{\partial L}{\partial \dot{x}}=0 \tag{6.39}$$
设始端边界条件为
$$x(t_0)=x_0$$
终端横截条件为
$$\left\{L(x,\dot{x},t)+(\dot{\varphi}-\dot{x})^{\mathrm{T}}\frac{\partial L}{\partial \dot{x}}\right\}\Bigg|_{t=t_f}=0 \tag{6.40}$$

证明: 设 $x(t)$ 为 $x^*(t)$ 邻域内任一条容许曲线,其终端为 $[t_f^*,x^*(t_f^*)]$。$x(t)=x^*(t)+\varepsilon\eta(t)$ 表示包含 $x^*(t)$ 在内的一束邻近曲线,其终端为 $[t_f,x(t_f)]$。

定义一个与 $x(t)$ 对应的终端时刻集合：

$$t_f = t_f^* + \varepsilon\xi(t_f)$$

不难理解：如果某一容许极值曲线 $x^*(t)$ 能使 J 在端点变动的情况下取极值，那么对于和容许极值函数有同样边界点的更窄的函数类来说，其极值曲线 $x^*(t)$ 自然也能使 J 达到极值。也就是说，终端受约束的函数类中的极值曲线也必定是端点固定的函数类中的极值曲线。因此 $x^*(t)$ 必能满足端点固定时泛函极值必要条件：$\dfrac{\partial L}{\partial x} - \dfrac{\mathrm{d}}{\mathrm{d}t}\dfrac{\partial L}{\partial \dot{x}} = 0$。但终端可变时，其边界条件发生了变化，即

$$\begin{aligned}
J(x) &= \int_{t_0}^{t_f^* + \varepsilon\xi(t_f)} L[x^*(t) + \varepsilon\eta(t), \dot{x}^*(t) + \varepsilon\dot{\eta}(t), t]\mathrm{d}t \\
&= \int_{t_0}^{t_f^*} L[x^*(t) + \varepsilon\eta(t), \dot{x}^*(t) + \varepsilon\dot{\eta}(t), t]\mathrm{d}t + \\
&\quad \int_{t_f^*}^{\varepsilon\xi(t_f)} L[x^*(t) + \varepsilon\eta(t), \dot{x}^*(t) + \varepsilon\dot{\eta}(t), t]\mathrm{d}t \\
&\approx \int_{t_0}^{t_f^*} L[x^*(t) + \varepsilon\eta(t), \dot{x}^*(t) + \varepsilon\dot{\eta}(t), t]\mathrm{d}t + \\
&\quad \varepsilon\xi(t_f) L[x^*(t_f^*), \dot{x}^*(t_f^*), t_f^*]
\end{aligned} \tag{6.41}$$

根据极值条件

$$\left.\frac{\partial J}{\partial \varepsilon}\right|_{\varepsilon=0} = 0$$

可得

$$\int_{t_0}^{t_f} \left[\eta(t)\frac{\partial L}{\partial x} + \dot{\eta}(t)\frac{\partial L}{\partial \dot{x}}\right]\mathrm{d}t + \xi(t_f) L[x^*(t_f^*), \dot{x}^*(t_f^*), t_f^*] = 0 \tag{6.42}$$

由于 $\eta(t_0) = 0$，式(6.42)变换后有

$$\int_{t_0}^{t_f} \left[\eta(t)\frac{\partial L}{\partial x} + \dot{\eta}(t)\frac{\partial L}{\partial \dot{x}}\right]\mathrm{d}t = \int_{t_0}^{t_f} \eta(t)\left[\frac{\partial L}{\partial x} + \frac{\mathrm{d}}{\mathrm{d}t}\frac{\partial L}{\partial \dot{x}}\right]\mathrm{d}t + \eta(t_f^*)\left.\frac{\partial L}{\partial \dot{x}}\right|_{t_f^*} \tag{6.43}$$

又因为 $\eta(t_f^*)$ 和 $\xi(t_f)$ 不是互相独立的，所以它们受终端条件 $x(t)\big|_{t=t_f} = \varphi(t_f)$ 约束，即

$$x^*[t_f^* + \varepsilon\xi(t_f)] + \varepsilon\eta[t_f^* + \varepsilon\xi(t_f)] = \varphi[t_f^* + \varepsilon\xi(t_f)] \tag{6.44}$$

对 ε 求导，并令 $\varepsilon = 0$，得

$$\xi(t_f)\dot{x}^*(t_f^*) + \eta(t_f^*) = \xi(t_f)\dot{\varphi}(t_f^*) \tag{6.45}$$

$$\eta(t_f^*) = \xi(t_f)[\dot{\varphi}(t_f^*) - \dot{x}^*(t_f^*)] \tag{6.46}$$

综合式(6.44)、式(6.45)、式(6.46)，则有

$$\int_{t_0}^{t_f^*} \eta(t)\left[\frac{\partial L}{\partial x} - \frac{\mathrm{d}}{\mathrm{d}t}\frac{\partial L}{\partial \dot{x}}\right]\mathrm{d}t +$$

$$\xi(t_f)\left\{[\dot{\varphi}(t_f^*) - \dot{x}^*(t_f^*)]\frac{\partial L[x^*(t_f^*), \dot{x}^*(t_f^*), t_f^*]}{\partial \dot{x}} + L[x^*(t_f^*), \dot{x}^*(t_f^*), t_f^*]\right\} = 0$$

由于 $\eta(t)$ 和 $\xi(t_f)$ 的任意性，则可得到

$$\left(L-\dot{x}(t)\frac{\partial L}{\partial \dot{x}}\right)_{t=t_f}=0$$

$$\left(L(x,\dot{x},t)+(\dot{\varphi}-\dot{x})^{\mathrm{T}}\frac{\partial L}{\partial \dot{x}}\right)\Bigg|_{t=t_f}=0$$

定理证明完成。

例 6.10 求从 $x(0)=1$ 到直线 $x(t)=2-t$ 间距离最短的曲线。

解：问题可转化为求 $J(x)=\int_0^{t_f}\sqrt{1+\dot{x}^2}\,\mathrm{d}t$ 的极小值曲线 $x^*(t)$，此时

$$L=(1+\dot{x}^2)^{\frac{1}{2}}$$

由欧拉方程得

$$\frac{\mathrm{d}}{\mathrm{d}t}\frac{\dot{x}}{\sqrt{1+\dot{x}^2}}=0$$

即

$$\frac{\dot{x}}{\sqrt{1+\dot{x}^2}}=C$$

整理后可得

$$\dot{x}=\pm\frac{C}{\sqrt{1-C^2}}=a$$

因此有

$$x=at+b$$

横截条件为

$$\left\{L+[\dot{C}(t)-\dot{x}(t)]\frac{\partial L}{\partial \dot{x}}\right\}\Bigg|_{t=t_f^*}=0$$

$$-(1+\dot{x})\frac{\dot{x}}{\sqrt{1+\dot{x}^2}}+\sqrt{1+\dot{x}^2}=0$$

$$\dot{x}=1$$

化简得 $t=0$ 时，$x=1$，有 $b=1$；$t=t_f$ 时，$\dot{x}=1$，有 $a=1$，所以最优轨线为

$$x^*(t)=t+1$$

由终端约束条件 $x(t_f)=t_f+1=2-t_f$ 可得 $t_f^*=0.5$，此时

$$J^*=\int_0^{t_f}\sqrt{1+\dot{x}^2}\,\mathrm{d}t=\int_0^{\frac{1}{2}}\sqrt{1+1}\,\mathrm{d}t=0.707$$

6.2.6 应用变分法求解最优控制问题

在前面讨论的泛函极值问题中，没有对容许曲线 $x(t)$ 附加任何条件，属于无约束条件的变分问题，但在最优控制问题中，泛函 $J[x(t)]$ 所依赖的函数往往受到一定约束条件的限制——状态方程，可以把它看成是一种等式约束条件，可采用拉格朗日乘子法，将具有等式约束条件的变分问题转化为等价的无约束变分问题，从而将在等式约束条件下对泛函 J 求极值的最优控制问题转换为在无约束的条件下求哈密顿函数 H 的极值问题（哈密顿方法）。

1. 固定端点的最优控制问题

设系统的状态方程为

$$\dot{x}=f(x(t),u(t),t)$$

系统始端和终端满足：

$$x(t_0)=x_0,\quad x(t_f)=x_f$$

系统的性能泛函为

$$J=\int_{t_0}^{t_f}L(x(t),u(t),t)\mathrm{d}t$$

试确定最优控制 $u^*(t)$和最优曲线 $x^*(t)$，使系统由初始状态 $x(t_0)$转移到终端状态 $x(t_f)$，并使 J 达到极值。

将状态方程改写为约束方程形式，即

$$f(x(t),u(t),t)-\dot{x}(t)=0 \tag{6.47}$$

引入拉格朗日乘子向量 $\boldsymbol{\lambda}(t)=[\lambda_1(t),\lambda_2(t),\cdots,\lambda_n(t)]^{\mathrm{T}}$，构造下列泛函：

$$J=\int_{t_0}^{t_f}\{L(x,u,t)+\boldsymbol{\lambda}^{\mathrm{T}}[f(x,u,t)-\dot{x}]\}\mathrm{d}t \tag{6.48}$$

现引入一个标量函数：

$$H(x(t),u(t),\boldsymbol{\lambda}(t),t)=L(x(t),u(t),t)+\boldsymbol{\lambda}^{\mathrm{T}}(t)[f[x(t),u(t),t] \tag{6.49}$$

此标量函数称为哈密顿函数，则

$$\begin{aligned}J&=\int_{t_0}^{t_f}H(x(t),u(t),\boldsymbol{\lambda}(t),t)-\boldsymbol{\lambda}^{\mathrm{T}}\dot{x}(t)\}\mathrm{d}t\\&=\int_{t_0}^{t_f}H(x(t),u(t),\boldsymbol{\lambda}(t),t)+\boldsymbol{\lambda}^{\mathrm{T}}x(t)\}\mathrm{d}t-\boldsymbol{\lambda}^{\mathrm{T}}x(t)\Big|_{t=t_0}^{t=t_f}\end{aligned} \tag{6.50}$$

泛函极值的必要条件为 $\delta J=0$，δx、δu 任意，有

$$\delta J=\int_{t_0}^{t_f}\left[\left(\frac{\partial H}{\partial u}\right)^{\mathrm{T}}\delta u+\left(\frac{\partial H}{\partial x}\right)^{\mathrm{T}}\delta x+\boldsymbol{\lambda}^{\mathrm{T}}(t)\delta x\right]\mathrm{d}t-\lambda^{\mathrm{T}}(t)\delta x\Big|_{t=t_0}^{t=t_f}=0 \tag{6.51}$$

因此得伴随方程为

$$\boldsymbol{\lambda}=-\frac{\partial H}{\partial x}$$

控制方程为

$$\frac{\partial H}{\partial u}=0$$

横截条件为

$$\boldsymbol{\lambda}^{\mathrm{T}}(t)\delta x\Big|_{t=t_0}^{t=t_f}=0$$

状态方程为

$$\dot{x}=\frac{\partial H}{\partial\boldsymbol{\lambda}}=f(x(t),u(t),t)$$

以上等式亦可由欧拉方程求出，令

$$G(x(t),u(t),\boldsymbol{\lambda}(t),t)=H(x(t),u(t),\boldsymbol{\lambda}(t),t)-\boldsymbol{\lambda}^{\mathrm{T}}(t)x(t) \tag{6.52}$$

则有

$$J=\int_{t_0}^{t_f}G(x(t),u(t),\boldsymbol{\lambda}(t),t)\mathrm{d}t \tag{6.53}$$

由

$$\frac{\partial G}{\partial x}-\frac{\mathrm{d}}{\mathrm{d}t}\frac{\partial G}{\partial \dot{x}}=0$$

可得

$$\frac{\partial H}{\partial x}-\dot{\lambda}(t)=0$$

从而

$$\dot{\lambda}(t)=-\frac{\partial H}{\partial x}$$

由

$$\frac{\partial G}{\partial \lambda}-\frac{\mathrm{d}}{\mathrm{d}t}\frac{\partial G}{\partial \dot{x}}=0$$

可得

$$\frac{\partial H}{\partial \lambda}=f[x(t),u(t),t]=\dot{x}$$

由

$$\frac{\partial G}{\partial u}-\frac{\mathrm{d}}{\mathrm{d}t}\frac{\partial G}{\partial \dot{u}}=0$$

可得

$$\frac{\partial H}{\partial u}=0$$

状态方程与伴随方程通常合称为正则方程，其标量形式为

$$\dot{x}_i=\frac{\mathrm{d}x_i}{\mathrm{d}t}=\frac{\partial H}{\partial \lambda_i}=f_i(x,u,t),\qquad i=1,2,\cdots,n$$

$$\dot{\lambda}_i=\frac{\mathrm{d}\lambda_i}{\mathrm{d}t}-\frac{\partial H}{\partial x_i},\qquad i=1,2,\cdots,n$$

其中 $x_i(t_0)=x_{i0},x_i(t_f)=x_{if}$。

定理：设系统的状态方程为 $\dot{x}(t)=[f[x(t),u(t),t]$，则把 $x(t)$ 自始端 $x(t_0)$ 转移到终端 $x(t_f)$，并使性能泛函 $J=\int_{t_0}^{t_f}L(x(t),u(t),t)\mathrm{d}t$ 取极值以实现最优控制的必要条件是：

(1) 最优曲线 $x^*(t)$ 和最优伴随向量 $\boldsymbol{\lambda}^*(t)$ 满足正则方程：

$$\dot{x}(t)=\frac{\partial H}{\partial \boldsymbol{\lambda}},\quad \dot{\lambda}(t)=-\frac{\partial H}{\partial x},\quad H=L(x,u,t)+\boldsymbol{\lambda}^{\mathrm{T}}f(x,u,t)$$

(2) 最优控制 $u^*(t)$ 满足正则方程：$\dfrac{\partial H}{\partial u}=0$；

(3) 边界条件：$x(t_0)=x_0,x(t_f)=x_f$。

最优控制计算步骤如下：

第 1 步：构造

$$H[x(t),u(t),\boldsymbol{\lambda}(t),t]=L[x,u,t]+\boldsymbol{\lambda}^{\mathrm{T}}f[x,u,t] \tag{6.54}$$

根据
$$\frac{\partial H}{\partial u}=0$$

求出
$$u^{*}=u(x,\boldsymbol{\lambda})$$

第 2 步：将 $u^{*}=u(x,\boldsymbol{\lambda})$ 代入正则方程中，消去 u 的两点边值问题，即

$$\begin{cases} x=f(x,u(x,\boldsymbol{\lambda}),t), & x(t_0)=x_0 \\ \boldsymbol{\lambda}=-\dfrac{\partial H}{\partial x}, & x(t_f)=x_f \end{cases} \tag{6.55}$$

求出
$$x=x^{*}(t),\qquad \boldsymbol{\lambda}=\boldsymbol{\lambda}^{*}(t)$$

第 3 步：将 $x=x^{*}(t)$，$\boldsymbol{\lambda}=\boldsymbol{\lambda}^{*}(t)$ 代入 $u^{*}=u(x,\boldsymbol{\lambda})$，得

$$u^{*}(t)=u(x^{*}(t),\boldsymbol{\lambda}^{*}(t))=u(t) \tag{6.56}$$

例 6.11　设人造卫星姿态控制系统的状态方程为

$$\dot{\boldsymbol{x}}=\begin{bmatrix}0 & 1\\ 0 & 0\end{bmatrix}\boldsymbol{x}+\begin{bmatrix}0\\ 1\end{bmatrix}\boldsymbol{u}$$

性能指标为

$$J=\frac{1}{2}\int_0^2 \boldsymbol{u}^2(t)\mathrm{d}t$$

边界条件为
$$\boldsymbol{x}(0)=\begin{bmatrix}1\\ 1\end{bmatrix},\quad \boldsymbol{x}(2)=\begin{bmatrix}0\\ 0\end{bmatrix}$$

求使 J 取极值的最优曲线 $x^{*}(t)$ 和最优控制 $u^{*}(t)$。

解：由题目可知 $L=\dfrac{1}{2}u^2$，令 $\boldsymbol{\lambda}=\begin{bmatrix}\lambda_1\\ \lambda_2\end{bmatrix}$，构造

$$H=L+\boldsymbol{\lambda}^{\mathrm{T}}f=\frac{1}{2}u^2+\lambda_1x_2+\lambda_2u$$

伴随方程为
$$\dot{\lambda}_i=-\frac{\partial H}{\partial x_i}$$

可得
$$\begin{cases}\dot{\lambda}_1=0\\ \dot{\lambda}_2=-\lambda_1\end{cases}$$

从而
$$\begin{cases}\lambda_1=a\\ \lambda_2=-at+b\end{cases}$$

由控制方程 $\dfrac{\partial H}{\partial u}=0$，可得 $u+\lambda_2=0$，从而得 $u=at-b$。

由状态方程 $\dot{x}=\dfrac{\partial H}{\partial \lambda}$ 得

$$\begin{cases}\dot{x}_1=x_2\\ \dot{x}_2=u\end{cases}$$

从而有
$$\begin{cases} x_1 = \frac{1}{6}at^3 - \frac{1}{2}bt^2 + ct + d \\ x_2 = \frac{1}{2}at^2 - bt + c \end{cases}$$

又由边界条件：

$$x(0) = \begin{bmatrix} 1 \\ 1 \end{bmatrix}, \qquad x(2) = \begin{bmatrix} 0 \\ 0 \end{bmatrix}$$

可得 $a=3, b=3.5, c=d=1$，因此

$$x_1^*(t) = \frac{1}{2}t^3 - 1.75t^2 + t + 1$$

所以，最优曲线为
$$x_2^*(t) = \frac{3}{2}t^2 - 3.5t + 1$$

最优控制为
$$u^*(t) = 3t - 3.5$$

2. 可变端点的最优控制问题

设状态方程为

$$\dot{x} = f(x(t), u(t), t), \quad x(t_0) = x_0$$

性能指标为

$$J = \int_{t_0}^{t_f} L(x(t), u(t), t)\mathrm{d}t + \phi(x(t_f), t_f) \tag{6.57}$$

试确定最优控制 $u^*(t)$ 和最优曲线 $x^*(t)$，使系统由已知初始状态 $x(t_0)$ 转移到可变终端状态，并使 J 达到极值。

由终端时刻 t_f 固定，终端状态 $x(t_f)$ 自由，引入拉格朗日乘子向量 $\boldsymbol{\lambda}$，定义

$$H(x(t), u(t), \boldsymbol{\lambda}(t), t) = L(x(t), u(t), t) + \boldsymbol{\lambda}^{\mathrm{T}}(t) f(x(t), u(t), t) \tag{6.58}$$

于是

$$\begin{aligned} J &= \Phi(x(t_f), t_f) + \int_{t_0}^{t_f} \{L(x(t), u(t), t) + \boldsymbol{\lambda}^{\mathrm{T}}[f(x(t), u(t), t) - \dot{x}(t)]\}\mathrm{d}t \\ &= \Phi(x(t_f), t_f) + \int_{t_0}^{t_f} \{H(x(t), u(t), \boldsymbol{\lambda}(t), t) - \boldsymbol{\lambda}^{\mathrm{T}}(t)\dot{x}(t)\}\mathrm{d}t \\ &= \Phi(x(t_f), t_f) + \int_{t_0}^{t_f} \{H(x(t), u(t), \boldsymbol{\lambda}(t), t) + \boldsymbol{\lambda}^{\mathrm{T}}(t)\dot{x}(t)\}\mathrm{d}t - \boldsymbol{\lambda}^{\mathrm{T}}(t)x(t)\Big|_{t_0}^{t_f} \end{aligned} \tag{6.59}$$

则

$$\delta J = \left(\frac{\partial \Phi}{\partial x}\right)^{\mathrm{T}} \delta x \Big|_{t=t_f} + \int_{t_0}^{t_f} \left[\left(\frac{\partial H}{\partial u}\right)^{\mathrm{T}} \delta u + \left(\frac{\partial H}{\partial x}\right)^{\mathrm{T}} \delta x + \dot{\boldsymbol{\lambda}}^{\mathrm{T}} \delta x\right] \mathrm{d}t - \boldsymbol{\lambda}^{\mathrm{T}} \delta x \Big|_{t=t_0}^{t=t_f} \tag{6.60}$$

泛函极值存在的必要条件为

$$\delta J=0,\quad \delta x(t_0)=0$$

因此

$$\delta J=\left[\left(\frac{\partial \Phi}{\partial x}\right)^{\mathrm{T}}-\boldsymbol{\lambda}^{\mathrm{T}}\right]\delta x\bigg|_{t=t_f}+\int_{t_0}^{t_f}\left(\frac{\partial H}{\partial u}\right)^{\mathrm{T}}\delta u\,\mathrm{d}t+\int_{t_0}^{t_f}\left[\left(\frac{\partial H}{\partial x}\right)^{\mathrm{T}}+\dot{\boldsymbol{\lambda}}^{\mathrm{T}}\right]\delta x\,\mathrm{d}t=0 \tag{6.61}$$

所以系统状态方程为 $\dot{x}=\dfrac{\partial H}{\partial \lambda}=f(x,u,t)$

伴随方程为 $\dot{\boldsymbol{\lambda}}=-\dfrac{\partial H}{\partial x}$

控制方程为 $\dfrac{\partial H}{\partial u}=0$

横截条件为 $\boldsymbol{\lambda}(t_f)=\dfrac{\partial \Phi}{\partial x}\bigg|_{t=t_f},\quad x(t_0)=x_0$

例 6.12　例 6.11 中，若终端状态设为 $x_1(1)=0$，$x_2(1)$自由，即部分约束，部分自由，求使 J 取极值的最优曲线 $x^*(t)$和最优控制 $u^*(t)$。

解： 由题目可知 $L=\dfrac{1}{2}u^2$，令 $\boldsymbol{\lambda}=\begin{bmatrix}\lambda_1\\ \lambda_2\end{bmatrix}$，构造 $H=L+\boldsymbol{\lambda}^{\mathrm{T}}f=\dfrac{1}{2}u^2+\lambda_1x_2+\lambda_2u$。

伴随方程为 $\dot{\lambda}_i=-\dfrac{\partial H}{\partial x_i}$

可得 $\begin{cases}\dot{\lambda}_1=0\\ \dot{\lambda}_2=-\lambda_1\end{cases}$

从而 $\begin{cases}\lambda_1=a\\ \lambda_2=-at+b\end{cases}$

控制方程为 $\dfrac{\partial H}{\partial u}=0$

可得 $u+\lambda_2=0$

从而 $u=at-b$

横截条件为 $\lambda[t_f]=\dfrac{\partial \Phi(x,t)}{\partial x}\bigg|_{t=t_f}=0\Rightarrow\lambda_2[t_f]=\dfrac{\partial \Phi}{\partial x_2}\bigg|_{t_f}=0$

由状态方程 $\dot{x}=\dfrac{\partial H}{\partial \lambda}$，可得

$$\begin{cases}\dot{x}_1=x_2\\ \dot{x}_2=u\end{cases}$$

从而有 $\begin{cases}x_1=\dfrac{1}{6}at^3-\dfrac{1}{2}bt^2+ct+d\\ x_2=\dfrac{1}{2}at^2-bt+c\end{cases}$

由边界条件与横截条件可得

$$a=b=6,\quad c=d=1$$

故最优控制为 $u^*(t)=6(t-1)$

最优曲线为 $x_1^*(t)=1+t-3t^2+t^3,\quad x_2^*(t)=1-6t+3t^2$

6.3 极小值原理

极小值原理是苏联学者庞特里亚金于1956年提出的,它从变分法引伸而来,与变分法极为相似,因为极大与极小只相差一个符号,所以,若把性能指标的符号反过来,极大值原理就成为了极小值原理。极小值原理是解决最优控制问题,特别是容许控制问题的得力工具,被誉为现代变分法。

在实际控制系统中,由于许多问题要求控制变量或状态变量在某一范围内,例如 $\alpha\leqslant u(t)\leqslant\beta$,此时,连续系统最优控制问题可描述如下:

设 n 维系统状态方程为 $\dot{x}(t)=f(x(t),u(t),t)$;始端时间和始端状态为 $x(t_0)=x_0$;终端时间和终端状态满足约束方程 $N_1(x(t_f),t_f)=0$;控制向量取值为 $\boldsymbol{g}(x(t),u(t),t)\geqslant 0$;性能泛函 J 取极小值为

$$\min J=\Phi(x(t_f),t_f)+\int_{t_0}^{t_f}L(x(t),u(t),t)\mathrm{d}t \tag{6.62}$$

与前面讨论过的等式约束条件最优控制问题相比较,此时,$u(t)$被限制在某一闭集内,即受到 $\boldsymbol{g}(x(t),u(t),t)\geqslant 0$ 不等式约束,因此可采用以下方法:

(1) 引入一个新的 r 维控制变量 $u(t)$,令 $\dot{w}(t)=u(t)$,$w(t_0)=0$。显然 $u(t)$不连续,但 $w(t)$是连续的,若 $u(t)$分段连续,则 $w(t)$为分段光滑连续。

(2) 引入另一个新的 L 维变量 $z(t)$,令 $\dot{z}^2(t)=\boldsymbol{g}(x(t),u(t),t)$,$z(t_0)=0$。无论 $\dot{z}(t)$是正还是负,$\dot{z}^2(t)$都为非负,满足 $\boldsymbol{g}(x(t),u(t),t)\geqslant 0$ 的要求。

通过以上变换,将上述具有不等式约束的最优控制问题转化为具有等式约束的波尔扎问题。再应用拉格朗日乘子法引入乘子 $\boldsymbol{\lambda}$ 和 $\boldsymbol{\gamma}$,将问题转化为求广义性能指标 J 的极值问题。

$$J=\Phi(x(t_f),t_f)+\boldsymbol{v}^{\mathrm{T}}N(x(t_f),t_f)+\int_{t_0}^{t_f}\Big\{L(x,\dot{w},t)+\boldsymbol{\lambda}^{\mathrm{T}}(x,\dot{w},t)-x+\boldsymbol{\gamma}^{\mathrm{T}}(\boldsymbol{g}(x,\dot{w},t)-\dot{z}^2(t))\Big\}\mathrm{d}t \tag{6.63}$$

广义性能指标的一阶变分为

$$\delta J=\delta J_{t_f}+\delta J_x+\delta J_w+\delta J_z=\delta t_f\left(\frac{\partial\Phi}{\partial t_f}+\frac{\partial N_1^{\mathrm{T}}}{\partial t_f}v+\phi-\dot{x}^{\mathrm{T}}(t)\frac{\partial\phi}{\partial\dot{x}}\right)\bigg|_{t=t_f}+$$

$$\delta x_f^{\mathrm{T}}\left(\frac{\partial\Phi}{\partial x}+\frac{\partial N_1^{\mathrm{T}}}{\partial x}v+\frac{\partial\phi}{\partial\dot{x}}\right)\bigg|_{t=t_f}+\int_{t_0}^{t_f}\delta x^{\mathrm{T}}\left(\frac{\partial\phi}{\partial x}-\frac{\mathrm{d}}{\mathrm{d}t}\frac{\partial\phi}{\partial\dot{x}}\right)\mathrm{d}t+\delta w^{\mathrm{T}}\frac{\partial\phi}{\partial\dot{w}}\bigg|_{t=t_f}+$$

$$\int_{t_0}^{t_f}\delta w^{\mathrm{T}}\left(\frac{\partial \phi}{\partial w}-\frac{\mathrm{d}}{\mathrm{d}t}\frac{\partial \phi}{\partial \dot{w}}\right)\mathrm{d}t+\delta z^{\mathrm{T}}\frac{\partial \phi}{\partial \dot{z}}\bigg|_{t=t_f}+\int_{t_0}^{t_f}\delta z^{\mathrm{T}}\left(\frac{\partial \phi}{\partial z}-\frac{\mathrm{d}}{\mathrm{d}z}\frac{\partial \phi}{\partial \dot{z}}\right)\mathrm{d}t \tag{6.64}$$

由于 $\delta t_f, \delta x_f, \delta w, \delta z$ 是任意的，由 $\delta J=0$ 可推出广义性能泛函取极值的必要条件如下：

欧拉方程为

$$\frac{\partial \phi}{\partial x}-\frac{\mathrm{d}}{\mathrm{d}t}\frac{\partial \phi}{\partial \dot{x}}=0$$

$$\frac{\partial \phi}{\partial w}-\frac{\mathrm{d}}{\mathrm{d}t}\frac{\partial \phi}{\partial \dot{w}}=0\ ,\qquad 即\frac{\mathrm{d}}{\mathrm{d}t}\frac{\partial \phi}{\partial \dot{w}}=0$$

$$\frac{\partial \phi}{\partial z}-\frac{\mathrm{d}}{\mathrm{d}t}\frac{\partial \phi}{\partial \dot{z}}=0,\qquad 即\frac{\mathrm{d}}{\mathrm{d}t}\frac{\partial \phi}{\partial \dot{z}}=0$$

横截条件为

$$\begin{cases}\left(\dfrac{\partial \Phi}{\partial t_f}+\dfrac{\partial N_1^{\mathrm{T}}}{\partial t_f}v+\phi-\dot{x}^{\mathrm{T}}(t)\dfrac{\partial \phi}{\partial \dot{x}}\right)\bigg|_{t=t_f}=0\\ \left(\dfrac{\partial \Phi}{\partial t_f}+\dfrac{\partial N_1^{\mathrm{T}}}{\partial t_f}v+\dfrac{\partial \phi}{\partial \dot{x}}\right)\bigg|_{t=t_f}=0\\ \dfrac{\partial \phi}{\partial \dot{w}}\bigg|_{t=t_f}=0,\quad \dfrac{\partial \phi}{\partial \dot{z}}\bigg|_{t=t_f}=0\end{cases} \tag{6.65}$$

由于

$$\frac{\partial \phi}{\partial \dot{x}}=-\lambda \tag{6.66}$$

所以欧拉方程转换为

$$\begin{cases}\dot{\lambda}=-\dfrac{\partial H}{\partial x}-\dfrac{\partial g^{\mathrm{T}}}{\partial x}\Gamma\\ \dfrac{\mathrm{d}}{\mathrm{d}t}\left(\dfrac{\partial H}{\partial \dot{w}}+\dfrac{\partial g^{\mathrm{T}}}{\partial \dot{w}}\Gamma\right)=0\\ \dfrac{\mathrm{d}}{\mathrm{d}t}(\Gamma^{\mathrm{T}}\dot{z})=0\end{cases} \tag{6.67}$$

横截条件为

$$\begin{cases}\left(\dfrac{\partial \Phi}{\partial t_f}+\dfrac{\partial N_1^{\mathrm{T}}}{\partial t_f}v+H\right)\bigg|_{t=t_f}=0\\ \left(\dfrac{\partial \Phi}{\partial x}+\dfrac{\partial N_1^{\mathrm{T}}}{\partial x}v-\lambda\right)\bigg|_{t=t_f}=0\\ \left(\dfrac{\partial H}{\partial \dot{z}}+\dfrac{\partial g^{\mathrm{T}}}{\partial \dot{w}}\Gamma\right)\bigg|_{t=t_f}=0\\ \Gamma^{\mathrm{T}}\dot{z}\,\big|_{t=t_f}=0\end{cases} \tag{6.68}$$

需要指出的是，以上条件是最优解的必要条件，使最优解极小还必须满足维尔斯

勒拉 E 函数沿最优曲线成非负的条件，即

$$E=\phi(x^*,w^*,z^*,\dot{x},\dot{w},\dot{z})-\phi(x^*,w^*,z^*,\dot{x}^*,\dot{w}^*,\dot{z}^*)$$
$$-(\dot{x}-\dot{x}^*)^{\mathrm{T}}\frac{\partial\varphi}{\partial\dot{x}^*}+(\dot{w}-\dot{w}^*)^{\mathrm{T}}\frac{\partial\phi}{\partial\dot{w}^*}-(\dot{z}-\dot{z}^*)^{\mathrm{T}}\frac{\partial\phi}{\partial\dot{z}^*}\geqslant 0 \tag{6.69}$$

由于沿最优曲线$\frac{\partial\phi}{\partial\dot{x}}=-\lambda,\frac{\partial\phi}{\partial\dot{w}}\equiv 0,\frac{\partial\phi}{\partial\dot{z}}\equiv 0$，且 $\dot{z}^2=g(x,\dot{w},t)$，所以

$$E=H(x^*,\lambda^*,\dot{w},t)-H(x^*,\lambda^*,w^*,t)\geqslant 0 \tag{6.70}$$

即

$$H(x^*,\lambda^*,u^*,t)\leqslant H(x^*,\lambda^*,u,t) \tag{6.71}$$

式(6.71)表明，如果把哈密顿函数 H 看成 $u(t)\in U$ 的函数，那么最优轨线上与最优控制 $u^*(t)$ 相对应的 H 将取绝对极小值(最小值)。

在极大值原理中，容许条件放宽了，另外，极大值原理不要求 H 对 $u(t)$ 的可微性，因而扩大了应用范围，比经典变分法更具有实用价值。

综合以上分析，最小值原理可归纳成如下定理：

定理： 设系统的状态方程为

$$\dot{x}=f[x,u,t]$$

始端约束为 $x(t_0)=x_0$

终端约束为 $N_1[x(t_f),t_f]=0$，　t_f 待定

控制约束为 $u\in\mathbf{R}_u$，　$g(x,u,t)\geqslant 0$

性能泛函为 $J(u)=\Phi[x(t_f),t_f]+\int_{t_0}^{t_f}L[x,u,t]\mathrm{d}t$

取哈密顿函数 $H=L[x,u,t]+\boldsymbol{\lambda}^{\mathrm{T}}f[x,u,t]\mathrm{d}t$

则实现最优控制的必要条件为 u^*,x^*,λ^* 满足下列关系：

(1) 沿最优轨线满足正则方程：

$$\dot{x}=\frac{\partial H}{\partial\boldsymbol{\lambda}}$$
$$\dot{\boldsymbol{\lambda}}=-\frac{\partial H}{\partial x}-\frac{\partial\boldsymbol{g}^{\mathrm{T}}}{\partial x}\Gamma \tag{6.72}$$

(2) 在最优轨线上，与最优控制 u^* 相对应的 H 函数取绝对极小值，即

$$\min_{u\in\mathbf{R}_u}H[x^*,\lambda^*,u,t]=H[[x^*,\lambda^*,u^*,t] \tag{6.73}$$

(3) H 函数在最优轨线终点处的值决定于

$$\left(H+\frac{\partial\Phi}{\partial t_f}+\frac{\partial\mathbf{N}_1^{\mathrm{T}}}{\partial t_f}v\right)\bigg|_{t=t_f}=0 \tag{6.74}$$

(4) 协态终值满足横截条件：

$$\boldsymbol{\lambda}(t_f)=\left(\frac{\partial\Phi}{\partial x(t_f)}+\frac{\partial\mathbf{N}_1^{\mathrm{T}}}{\partial x(t_f)}v\right)\bigg|_{t=t_f}=0 \tag{6.75}$$

(5) 满足边界条件：

$$x(t_0)=x_0 \tag{6.76}$$

$$\boldsymbol{N}_1[x(t_f),t_f]=0 \tag{6.77}$$

例 6.13　设系统方程及初始条件为

$$\dot{x}_1=-x_1+u,\quad x_1(0)=1$$

$$\dot{x}_2=x_1,\quad x_2(0)=0$$

其中，$|u(t)|\leqslant 1$ ，$x(t_f)$自由，试求 $u^*(t)$，使性能指标 $J=x_2(1)=\min$。

解： 本例为线性定常系统，终端型性能指标 $x(t_f)$自由，$t_f=1$ 固定。控制受约束的最优控制问题为

$$\Phi(x(t_f),t_f)=x_2(1),\quad t_f=1,\quad L=0,\quad N_1=0$$

因此

$$H(x,u,t)=L+\boldsymbol{\lambda}^{\mathrm{T}}f=[\lambda_1,\lambda_2]\begin{bmatrix}x_1\\x_2\end{bmatrix}=\lambda_1(-x_1+u)+\lambda_2(x_1)$$

$$=(\lambda_2-\lambda_1)x_1+\lambda_1 u \tag{6.78}$$

由伴随方程有

$$\dot{\lambda}=-\frac{\partial H}{\partial x}-\frac{\partial \boldsymbol{g}^{\mathrm{T}}}{\partial x}\Gamma \tag{6.79}$$

即

$$\dot{\lambda}_1=-(\lambda_2-\lambda_1)$$

$$\dot{\lambda}_2=0$$

从而有

$$\lambda_1(t)=C_1\mathrm{e}^t+C_2$$

$$\lambda_2(t)=C_2$$

由横截条件有

$$\boldsymbol{\lambda}(t_f)=\frac{\partial \Phi}{\partial x(t_f)}\bigg|_{t=t_f}$$

即

$$\boldsymbol{\lambda}(t_f)=\frac{\partial \Phi}{\partial x(t_f)}\bigg|_{t=t_f}$$

$$\lambda_2(t_f)=1,\quad \lambda_1(t_f)=\frac{\partial \Phi}{\partial x(t_f)}=0$$

从而可得　$C_1=-\mathrm{e}^{-1},\qquad C_2=1$

所以　$\lambda(t)=1-\mathrm{e}^{t-1},\quad \lambda_2(t)=1$

根据极大值原理，最优控制函数应使 H 取极小值。因此，为使 $u(t)$的函数 H 在约束$|u(t)|\leqslant 1$ 条件下达到极小值，显然应取

$$u^*(t)=-\mathrm{sgn}(\lambda_1)=\begin{cases}-1, & \lambda_1(t)>0\\ 1, & \lambda_1(t)<0\end{cases} \tag{6.80}$$

易知 $\lambda_1(t)=1-e^{t-1}>0$,对于 $\forall t\in[0,1]$,当 $\lambda_1(t)=0$ 时 $t=1$,故

$$u^*=\begin{cases}-1, & \forall t\in[0,1)\\ 0, & t=1\end{cases}$$

将 u^* 代入状态方程中有

$$\dot{x}_1=-x_1+u=-x_1-1,\qquad x_1(0)=1$$

$$\dot{x}_2=x_1,\qquad x_2(0)=0$$

即

$$\begin{cases}x_1^*(t)=C_1e^{-t}-1, & x_1(0)=1\\ x_2^*(t)=-2e^{-t}-t+C_2, & x_2(0)=0\end{cases}$$

从而解得 $$C_1=2,\qquad C_2=2$$

所以 $$\begin{cases}x_1^*(t)=2e^{-t}-1\\ x_2^*(t)=-2e^{-t}-t+2\end{cases}$$

由此得 $J=x_2(1)=-2e^{-t}+1=0.264\ 2$。

例 6.14 设一阶系统方程为 $\dot{x}=x-u$,$x(0)=5$,其中 $0.5\leqslant u(t)\leqslant 1$,试求性能指标 $J=\int_0^1[x(t)+u(t)]\mathrm{d}t$ 取极小的 $u^*(t)$,$x^*(t)$。

解:控制问题为 $\Phi[x(t_f),t_f]=0$,$N_1[x(t_f),t_f]=0$,t_f 固定,$x(t_f)$ 自由。

因此 $$H=x+u+\lambda(x-u)=x(1+\lambda)+u(1-\lambda)$$

由于 H 是 u 的线性函数,根据极大值原理 $H^*=\min\limits_{u\in\mathbf{R}_u}H$,使 H 绝对值极小相当于使 J 极小,因此要求 $u(1-\lambda)$ 极小。

当 u 与 $(1-\lambda)$ 异号且 u 取其边界值时,即 $u_{\max}=1$,$u_{\min}=0.5$,故

$$u^*(t)=\begin{cases}1, & (1-\lambda)<0\Rightarrow\lambda>1\\ 0.5, & (1-\lambda)>0\Rightarrow\lambda<1\end{cases}$$

由伴随方程 $$\dot{\lambda}=-\frac{\partial H}{\partial x}=-(1+\lambda)$$

可得 $$\lambda(t)=Ce^{-t}-1$$

由横截条件有 $$\lambda(1)=Ce^{-1}-1=0$$

可得 $C=e$,所以 $\lambda(t)=e^{1-t}-1$。显然,$\lambda=1$ 即为切换点。令此时 $t=t_s$,即

$$\lambda(t_s)=e^{1-t_s}-1=1$$

可得 $$t_s=1-\ln 2=0.307$$

故最优控制为 $$u^*(t)=\begin{cases}1, & 0\leqslant t\leqslant 0.307\\ 0.5, & 0.307\leqslant t\leqslant 1\end{cases}$$

将 $u^*(t)$ 代入状态方程中,可求最优曲线 $x^*(t)$:

当 $0\leqslant t\leqslant 0.307$ 时,有

$$\begin{cases}u^*(t)=1\\ \dot{x}=x-1\end{cases}$$

可得最优曲线为

$$x^*(t)=C_1e^t+1$$

又因为 $x(0)=5$，故可得 $C_1=4$。

当 $0.307\leqslant t\leqslant 1$ 时，有

$$\begin{cases}u^*(t)=0.5\\ \dot{x}=x-0.5\end{cases}$$

可得最优曲线为

$$x^*(t)=C_2e^t+0.5$$

又因为 $x^*(t=0.307)=6.44=C_2e^{0.307}+0.5$，故可得 $C_2=4.37$。

最优曲线可写为

$$x^*(t)=\begin{cases}4e^t+1, & 0\leqslant t\leqslant 0.307\\ 4.37e^t+0.5, & 0.307\leqslant t\leqslant 1\end{cases}$$

性能指标可写为

$$\begin{aligned}J&=\int_0^{0.307}(x+1)dt+\int_{0.307}^1(x+0.5)dt\\&=\int_0^{0.307}(4e^{-t}+2)dt+\int_{0.307}^1(4.37e^t+1)dt\\&=8.684\end{aligned}$$

6.4　线性二次型最优控制

线性二次型问题是指线性系统具有二次型性能指标的最优控制问题。线性二次型问题所得到的最优控制规律是状态变量的反馈形式，便于计算和工程实现。它能兼顾系统性能指标的多方面因素，例如快速性、能量消耗、终端准确性、灵敏度和稳定性等。线性二次型最优控制的目标是使性能指标 J 取得极小值，其实质是用不大的控制来保持比较小的误差，从而达到所用能量和误差综合最优的目的。

6.4.1　线性二次型最优控制定义

给定线性时变系统的状态方程和输出方程如下：

$$\begin{cases}\dot{\boldsymbol{x}}(t)=\boldsymbol{A}(t)\boldsymbol{x}(t)+\boldsymbol{B}(t)\boldsymbol{u}(t)\\ \boldsymbol{y}(t)=\boldsymbol{C}(t)\boldsymbol{x}(t)\end{cases}\tag{6.81}$$

$\boldsymbol{x}(t)$是 n 维状态变量，$\boldsymbol{u}(t)m$ 维控制变量，$\boldsymbol{y}(t)$是 1 维输出变量，$\boldsymbol{A}(t)$是 $n\times n$ 时变矩阵，$\boldsymbol{B}(t)$是 $n\times m$ 时变矩阵。假设 $1\leqslant m\leqslant n$，$\boldsymbol{u}(t)$不受约束。若 $\boldsymbol{y}_r(t)$表示预期输出变量，它是 1 维向量，则 $\boldsymbol{e}(t)=\boldsymbol{y}_r(t)-\boldsymbol{y}(t)$表示误差向量。选择最优控制 $u^*(t)$使下列二次型性能指标

$$J=\frac{1}{2}\boldsymbol{e}^{\mathrm{T}}(t_f)\boldsymbol{S}\boldsymbol{e}(t_f)+\frac{1}{2}\int_{t_0}^{t_f}(\boldsymbol{e}^{\mathrm{T}}(t)\boldsymbol{Q}(t)\boldsymbol{e}(t)+\boldsymbol{u}^{\mathrm{T}}(t)\boldsymbol{R}(t)\boldsymbol{u}(t))\mathrm{d}t \quad (6.82)$$

为最小，这就是线性二次型最优控制问题。其中，$\boldsymbol{S}$ 是 1×1 半正定对称常数矩阵，$\boldsymbol{Q}(t)$是 1×1 半正定对称时变矩阵，$\boldsymbol{R}(t)$是 $m\times m$ 正定对称时变矩阵，终端时间 t_f 是固定的，终端状态 $x(t_f)$自由。

6.4.2 线性二次型性能指标及其含义

线性二次型性能泛函的一般形式如下：

$$J=\frac{1}{2}\boldsymbol{e}^{\mathrm{T}}(t_f)\boldsymbol{S}\boldsymbol{e}(t_f)+\frac{1}{2}\int_{t_0}^{t_f}(\boldsymbol{e}^{\mathrm{T}}(t)\boldsymbol{Q}(t)\boldsymbol{e}(t)+\boldsymbol{u}^{\mathrm{T}}(t)\boldsymbol{R}(t)\boldsymbol{u}(t))\mathrm{d}t \quad (6.83)$$

(1) 终端代价(限制终端误差)为

$$\frac{1}{2}\boldsymbol{e}^{\mathrm{T}}(t_f)\boldsymbol{S}\boldsymbol{e}(t_f)$$

表示在控制过程结束后，对系统终端状态跟踪误差的要求。

(2) 过程代价(限制控制过程误差)为

$$L_e=\frac{1}{2}\int_{t_0}^{t_f}\boldsymbol{e}^{\mathrm{T}}(t)\boldsymbol{Q}(t)\boldsymbol{e}(t)\mathrm{d}t$$

表示在系统控制过程中，对系统动态跟踪误差加权平方的积分要求，是系统在跟踪过程中，对系统动态跟踪误差的总度量，几何上以面积大小表示。

(3) 控制代价(限制控制 $\boldsymbol{U}(t)$的幅值及平滑性)为

$$L_u=\frac{1}{2}\int_{t_0}^{t_f}\boldsymbol{U}^{\mathrm{T}}(t)\boldsymbol{R}(t)\boldsymbol{U}(t)\mathrm{d}t$$

表示系统在整个控制过程中消耗的能量。

6.4.3 线性二次型最优控制问题的几种特殊情况

(1) 状态调节器问题

若 $\boldsymbol{C}(t)=\boldsymbol{I}$(单位矩阵)，$y_r(t)=0$，则 $\boldsymbol{y}(t)=\boldsymbol{x}(t)=-\boldsymbol{e}(t)$。于是性能指标变为

$$J=\frac{1}{2}\boldsymbol{x}^{\mathrm{T}}(t_f)\boldsymbol{S}\boldsymbol{x}(t_f)+\frac{1}{2}\int_{t_0}^{t_f}(\boldsymbol{x}^{\mathrm{T}}(t)\boldsymbol{Q}(t)\boldsymbol{x}(t)+\boldsymbol{u}^{\mathrm{T}}(t)\boldsymbol{R}(t)\boldsymbol{u}(t))\mathrm{d}t \quad (6.84)$$

则问题可归结为用不大的控制能量使系统状态 $\boldsymbol{x}(t)$保持在零值附近，因此称其为状态调节器问题。

(2) 有限时间状态调节器问题

t_f 是给定的终端时刻，$\boldsymbol{x}(t_f)$是自由的终端状态，控制函数 $\boldsymbol{u}(t)$不受约束。要求确定最优控制函数 $\boldsymbol{u}^*(t)$，使性能指标达到最小值。

系统状态方程为

$$\dot{\boldsymbol{x}}(t)=\boldsymbol{A}\boldsymbol{x}(t)+\boldsymbol{B}\boldsymbol{u}(t)$$

性能指标为

$$J=\int_{t_0}^{t_f}(\boldsymbol{x}^{\mathrm{T}}(t)\boldsymbol{Q}\boldsymbol{x}(t)+\boldsymbol{u}^{\mathrm{T}}(t)\boldsymbol{R}\boldsymbol{u}(t))\mathrm{d}t$$

则最优控制存在且唯一，最优控制的充要条件是

$$\boldsymbol{u}^{*}(t)=-\boldsymbol{R}^{-1}\boldsymbol{B}^{\mathrm{T}}\boldsymbol{P}(t)\boldsymbol{x}(t)$$

其中，$\boldsymbol{P}(t)$是矩阵黎卡提微分方程

$$\dot{\boldsymbol{P}}(t)=-\boldsymbol{P}(t)\boldsymbol{A}-\boldsymbol{A}^{\mathrm{T}}\boldsymbol{P}(t)+\boldsymbol{P}(t)\boldsymbol{B}\boldsymbol{R}^{-1}\boldsymbol{B}^{\mathrm{T}}\boldsymbol{P}(t)-\boldsymbol{Q} \tag{6.85}$$

满足边界条件 $P(t_f)=0$ 的唯一对称解。并且，当 $\boldsymbol{Q}$ 为半正定对称矩阵时，$\boldsymbol{P}(t)$ $(t_0\leqslant t\leqslant t_f)$是半正定对称矩阵；而当 $\boldsymbol{Q}$ 为正定对称矩阵时，$\boldsymbol{P}(t)$是正定对称矩阵。状态最优轨线是状态方程 $\dot{\boldsymbol{x}}(t)=[\boldsymbol{A}-\boldsymbol{B}\boldsymbol{R}^{-1}\boldsymbol{B}^{\mathrm{T}}\boldsymbol{P}(t)]\boldsymbol{x}(t)$满足初始条件 $x(t_0)=x_0$ 的解。

所以性能指标的最小值为

$$J^{*}(x(t_0),t_0)=\frac{1}{2}x^{\mathrm{T}}(t_0)P(t_0)x(t_0) \tag{6.86}$$

例 6.15　设系统状态方程为

$$\begin{cases}\dot{x}_1(t)=x_2(t)\\ \dot{x}_2(t)=u(t)\end{cases}$$

初始条件为 $x_1(0)=1,x_2(0)=0$，性能指标为

$$J=\frac{1}{2}\int_{0}^{t_f}(x_1^2(t)+u^2(t))\mathrm{d}t$$

式中，t_f 为某一给定值，试求最优控制 $u^{*}(t)$使得 J 最小。

解： 由题意可知

$$t\in[0,t_f],\quad P(t_f)=0,\quad \boldsymbol{Q}=\begin{bmatrix}1 & 0\\ 0 & 0\end{bmatrix},\quad R=1$$

由黎卡提方程

$$\dot{\boldsymbol{P}}(t)=-\boldsymbol{P}(t)\boldsymbol{A}-\boldsymbol{A}^{\mathrm{T}}\boldsymbol{P}(t)+\boldsymbol{P}(t)\boldsymbol{B}R^{-1}\boldsymbol{B}^{\mathrm{T}}\boldsymbol{P}(t)-\boldsymbol{Q},\quad P(t_f)=S$$

代入相应的 $\boldsymbol{A},\boldsymbol{B},\boldsymbol{Q},S,R$，并令矩阵

$$\boldsymbol{P}(t)=\begin{bmatrix}P_{11} & P_{12}\\ P_{21} & P_{22}\end{bmatrix}$$

可得下列微分方程及相应的边界条件：

$$\begin{aligned}&\dot{P}_{11}(t)=-1+P_{12}^2(t), && P_{11}(t_f)=0\\ &\dot{P}_{12}(t)=-P_{11}(t)+P_{12}(t)P_{22}(t), && P_{12}(t_f)=0\\ &\dot{P}_{22}(t)=-2P_{12}(t)+P_{22}^2(t), && P_{22}(t_f)=0\end{aligned}$$

利用计算机逆时间方向联合求解上述微分方程组，可得到 $\boldsymbol{P}(t),t\in[0,t_f]$。则最优

控制为

$$\boldsymbol{u}^*(t)=-R^{-1}\boldsymbol{B}^{\mathrm{T}}\boldsymbol{P}(t)\boldsymbol{x}(t)=-P_{12}x_1(t)-P_{22}x_2(t)$$

(3) 无限时间状态调节器问题

终端时刻 t_f 为无限值，终端状态 $x(\infty)=0$，$u(t)$不受约束，要求确定最优调节作用 $u^*(t)$，使性能指标达到最小值。

线性定常系统的状态方程和初始条件为

$$\dot{x}(t)=\boldsymbol{A}x(t)+\boldsymbol{B}u(t),\qquad x(t)=x_0$$

其中，$\boldsymbol{A}$，$\boldsymbol{B}$ 为定常矩阵，系统($\boldsymbol{A}$，$\boldsymbol{B}$)完全可控。性能指标为

$$J=\frac{1}{2}\int_0^{t_f}(x_1^2(t)+u^2(t))\mathrm{d}t$$

使性能指标 J 达到最小值的最优调节作用为

$$u^*(t)=-\boldsymbol{R}^{-1}\boldsymbol{B}^{\mathrm{T}}\bar{P}x(t)$$

其中 $\boldsymbol{Q}$，$\boldsymbol{R}$ 是定常对称正定矩阵，$\bar{\boldsymbol{P}}$ 是矩阵黎卡提代数方程 $\bar{\boldsymbol{P}}\boldsymbol{A}+\boldsymbol{A}^{\mathrm{T}}\bar{\boldsymbol{P}}-\bar{\boldsymbol{P}}\boldsymbol{B}\boldsymbol{R}^{-1}\boldsymbol{B}^{\mathrm{T}}\bar{\boldsymbol{P}}+\boldsymbol{Q}=0$ 的唯一正定对称解。所以性能指标的最小值为

$$J^*(x(t_0),t_0)=\frac{1}{2}x^{\mathrm{T}}(t_0)\bar{\boldsymbol{P}}x(t_0)$$

(4) 输出调节器问题

t_f 是有限的终端时刻，控制函数 $\boldsymbol{u}(t)$不受约束，系统是完全可观测的。要求确定最优调节作用 $u^*(t)$，使性能指标达到最小值。其实质是用不大的控制能量，使输出变量 $\boldsymbol{y}(t)$保持在零值附近。

完全可观测的线性定常系统的状态方程和输出方程为

$$\begin{cases}\dot{\boldsymbol{x}}(t)=\boldsymbol{A}\boldsymbol{x}(t)+\boldsymbol{B}\boldsymbol{u}(t), & x(t_0)=x_0\\ \boldsymbol{y}(t)=\boldsymbol{C}\boldsymbol{x}(t)\end{cases}$$

性能指标为

$$\begin{aligned}J&=\frac{1}{2}\int_{t_0}^{t_f}(\boldsymbol{y}^{\mathrm{T}}(t)\boldsymbol{Q}\boldsymbol{y}(t)+\boldsymbol{u}^{\mathrm{T}}(t)\boldsymbol{R}\boldsymbol{u}(t))\mathrm{d}t\\&=\frac{1}{2}\int_{t_0}^{t_f}(\boldsymbol{x}^{\mathrm{T}}(t)\boldsymbol{Q}'\boldsymbol{x}(t)+\boldsymbol{u}^{\mathrm{T}}(t)\boldsymbol{R}\boldsymbol{u}(t))\mathrm{d}t\end{aligned}$$

其中，$\boldsymbol{Q}$ 是定常半正定对称矩阵，$\boldsymbol{Q}'=\boldsymbol{C}^{\mathrm{T}}\boldsymbol{Q}\boldsymbol{C}$，$\boldsymbol{R}$ 是定常正定对称矩阵，当 t_f 趋近无穷时，变成无限时间输出调节器。

(5) 跟踪问题

$\boldsymbol{u}(t)$不受约束，要求确定最优控制 $u^*(t)$，使性能指标达到最小值。这个问题的实质是，用不大的控制能量使系统输出变量 $y(t)$跟踪 $y_r(t)$的变化。

完全可观测的线性定常系统的状态方程和输出方程为

$$\begin{cases}\dot{\boldsymbol{x}}(t)=\boldsymbol{Ax}(t)+\boldsymbol{Bu}(t)\\ \boldsymbol{y}(t)=\boldsymbol{Cx}(t)\end{cases}$$

控制向量 $\boldsymbol{u}(t)$ 不受约束，用 y_r（常数）表示期望输出，则误差向量为 $\boldsymbol{e}(t)=y_r-\boldsymbol{y}(t)$。

求最优控制 $u^*(t)$，使下列二次型性能指标：

$$J=\frac{1}{2}\int_{t_0}^{t_f}(\boldsymbol{e}^{\mathrm{T}}(t)\boldsymbol{Qe}(t)+\boldsymbol{u}^{\mathrm{T}}(t)\boldsymbol{Ru}(t))\mathrm{d}t \tag{6.87}$$

最小。这时与无限时间的状态调节问题完全类似（当 t_f 趋近于无穷时，变成无限时间跟踪器），有

$$\dot{P}(t)=0,\qquad \dot{\xi}(t)=0$$

$$\bar{\boldsymbol{P}}\boldsymbol{A}+\boldsymbol{A}^{\mathrm{T}}\bar{\boldsymbol{P}}-\bar{\boldsymbol{P}}\boldsymbol{BR}^{-1}\boldsymbol{B}^{\mathrm{T}}\bar{\boldsymbol{P}}+\boldsymbol{C}^{\mathrm{T}}\boldsymbol{QC}=0$$

$$(\bar{\boldsymbol{P}}\boldsymbol{BR}^{-1}\boldsymbol{B}^{\mathrm{T}}-\boldsymbol{A}^{\mathrm{T}})\bar{\boldsymbol{\xi}}(t)-\boldsymbol{C}^{\mathrm{T}}\boldsymbol{Q}y_r(t)=0$$

若系统 $(\boldsymbol{A},\boldsymbol{B},\boldsymbol{C})$ 是完全可控和可观测的，则最优控制为

$$U^*(t)=-\boldsymbol{R}^{-1}\boldsymbol{B}^{\mathrm{T}}\bar{\boldsymbol{P}}\boldsymbol{x}(t)+\boldsymbol{R}^{-1}\boldsymbol{B}^{\mathrm{T}}\bar{\boldsymbol{\xi}}(t) \tag{6.88}$$

6.5　基于 MATLAB 的线性二次型最优控制设计

在 MATLAB 工具箱中，提供了求解连续系统线性二次型最优控制的函数 lqr()、lqr2()、lqry()。其调用格式为

```
[K,S,E] = lqr(A,B,Q,R,N)
[K,S] = lqr2(A,B,Q,R,N)
[K,S,E] = lqy(sys,Q,R,N)
```

其中，A 为系统的状态矩阵；B 为系统的输出矩阵；Q 为给定的半正定实对称常数矩阵；R 为给定的正定对称常数矩阵；N 代表更一般化性能指标中交叉先进乘积项的加权项矩阵；K 为最优反馈增益矩阵；S 为对应黎卡提方程的唯一正定解 $\boldsymbol{P}$；E 为矩阵 A－BK 的特征值。其中，lqry()函数用于求解线性二次型状态调节器的特例是用输出反馈代替状态反馈，即其性能指标为

$$J=\int_0^{\infty}(\boldsymbol{y}^{\mathrm{T}}\boldsymbol{Qy}+\boldsymbol{u}^{\mathrm{T}}\boldsymbol{Ru})\mathrm{d}t$$

这种线性二次型输出控制叫作次优控制。此外，上述问题要求有解，必须满足三个条件：

① $(\boldsymbol{A},\boldsymbol{B})$ 是稳定的；

② $\boldsymbol{R}>0$ 且 $\boldsymbol{Q}-\boldsymbol{NR}^{-1}\boldsymbol{N}^{\mathrm{T}}\geqslant 0$；

③ $(\boldsymbol{Q}-\boldsymbol{NR}^{-1}\boldsymbol{N}^{\mathrm{T}},\boldsymbol{A}-\boldsymbol{BR}^{-1}\boldsymbol{N}^{\mathrm{T}})$ 在虚轴上不是非能观模式。

当上述条件不满足时，则线性二次型最优控制无解，函数会显示警告信号。

例 6.16　设系统状态空间表达式为

$$\dot{\boldsymbol{x}}=\begin{pmatrix}0 & 1 & 0\\0 & 0 & 1\\-1 & -4 & -6\end{pmatrix}\boldsymbol{x}+\begin{pmatrix}0\\0\\1\end{pmatrix}\boldsymbol{u}$$

$$\boldsymbol{y}=[1\quad 0\quad 0]\,\boldsymbol{x}$$

① 采用输入反馈,系统的性能指标为

$$J=\frac{1}{2}\int_0^{\infty}(\boldsymbol{x}^{\mathrm{T}}\boldsymbol{Q}\boldsymbol{x}+\boldsymbol{u}^{\mathrm{T}}R\boldsymbol{u})\mathrm{d}t$$

取

$$\boldsymbol{Q}=\begin{pmatrix}1 & 0 & 0\\0 & 1 & 0\\0 & 0 & 1\end{pmatrix},\qquad R=1$$

② 采用输出反馈,系统的性能指标为

$$J=\frac{1}{2}\int_0^{\infty}(\boldsymbol{y}^{\mathrm{T}}Q\boldsymbol{y}+\boldsymbol{u}^{\mathrm{T}}R\boldsymbol{u})\mathrm{d}t$$

取

$$\boldsymbol{Q}=1,\qquad R=1$$

试设计 LQ 最优控制器,计算最优状态反馈矩阵 $\boldsymbol{K}=[k_1\quad k_2\quad k_3]$,并对闭环系统进行单位阶跃的仿真。

解: ① 用 MATLAB 函数 lqr()来求解 LQ 最优控制器,程序清单如下:

```
A = [0,1,0;0,0,1; - 1, - 4, - 6];
B = [0,0,1]';C = [1,0,0];D = 0;
Q = diag([1,1,1]);
R = 1;
K = lqr(A,B,Q,R)
k1 = K(1);
Ac = A - B * K;Bc = B * k1;Cc = C;Dc = D;
Step(Ac,Bc,Cc,Dc)
```

程序运行结果如下:

```
K = 0.414 2      0.748 6      0.204 6
```

同时得到闭环阶跃响应曲线,如图 6.4 所示。

由图 6.4 可知,闭环系统单位阶跃响应曲线略微超调后立即单调衰减,仿真曲线是很理想的,反映了最优控制的结果。

② 用 MATLAB 函数 lqry()来求解 LQ 最优控制器,程序清单如下:

```
A = [0,1,0;0,0,1; - 1, - 4, - 6];
B = [0,0,1]';C = [1,0,0];D = 0;
Q = 1;
R = 1;
K = lqry(A,B,C,D,Q,R)
```

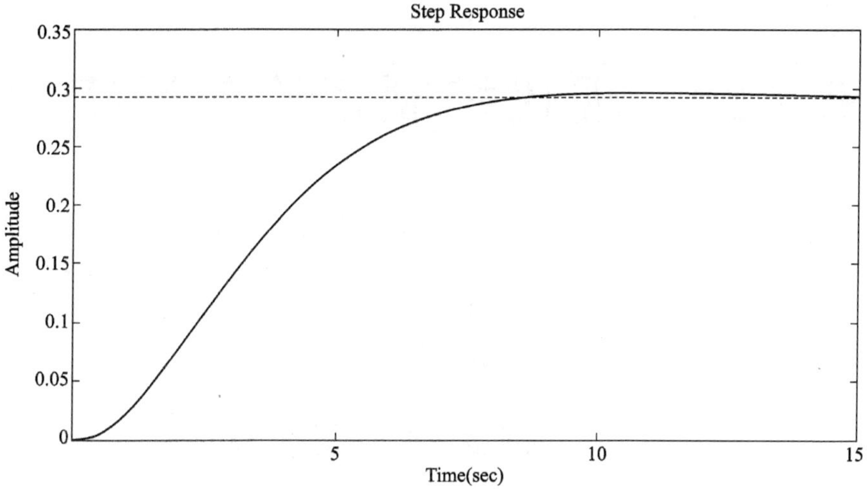

图 6.4　lqr 闭环阶跃响应曲线

```
k1 = K(1);
Ac = A - B * K;Bc = B * k1;Cc = C;Dc = D;
Step(Ac,Bc,Cc,Dc)
```

程序运行结果如下：

```
K = 0.414 2     0.610 4     0.100 9
```

同时得到闭环阶跃响应曲线，如图 6.5 所示。

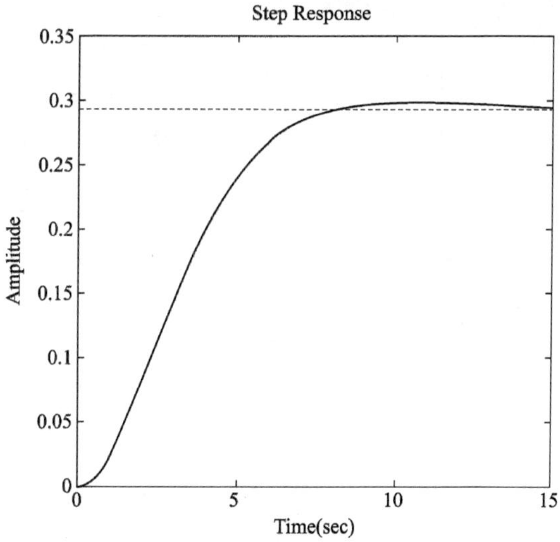

图 6.5　lqry 闭环阶跃响应曲线

由图 6.4 和图 6.5 可知，经最优输出反馈后，闭环系统阶跃响应曲线与经最优状态反馈后的阶跃响应曲线很接近。

第 7 章　现代控制理论应用实例

在以往的教学过程中，学生普遍反映现代控制理论课程比较抽象，难以理解，好像是纯数学理论。虽然在教学过程中已经把现代控制理论的实际物理含义介绍清楚了，但学生还是不清楚如何应用。本章通过一个倒立摆系统实例，把现代控制理论的理论知识应用在倒立摆系统的分析和控制中。

7.1　倒立摆控制系统

倒立摆系统是一个典型的非线性、强耦合、多变量和不稳定系统，作为控制系统的被控对象，它是一个理想的教学实验设备，许多抽象的控制概念都可以通过倒立摆直观地表现出来。一阶倒立摆系统的实物和结构示意图如图 7.1 和图 7.2 所示。

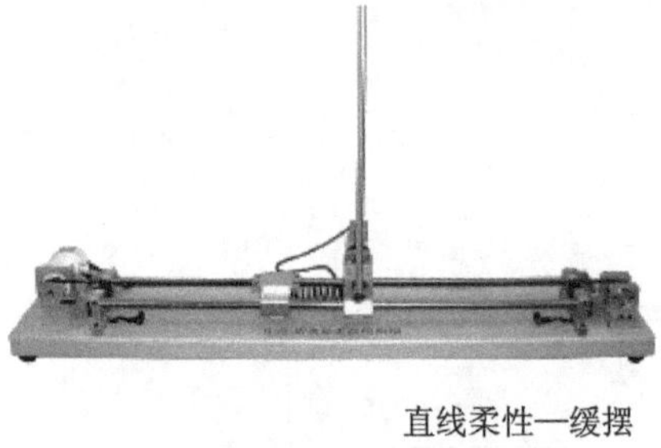

图 7.1　一阶倒立摆实物图

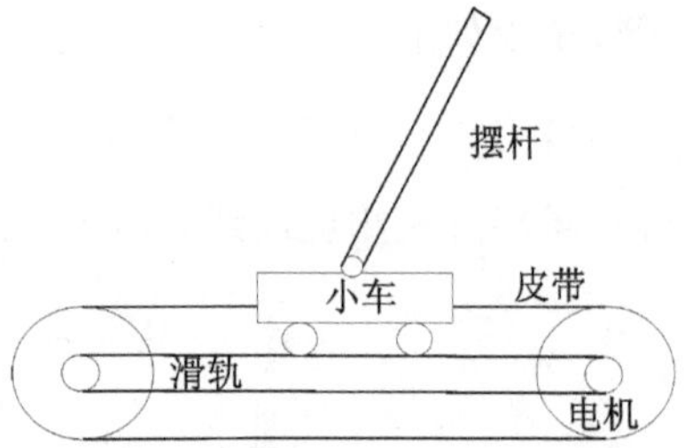

图 7.2　一阶倒立摆结构图

系统组成框图如图 7.3 所示。系统是由计算机、运动控制卡、伺服机构、倒立摆本体和光电码盘几大部分组成的闭环系统。光电码盘 1 将小车的位移、速度信号反馈给伺服驱动器和运动控制卡，摆杆的角度、角速度信号由光电码盘 2 反馈给运动控制卡。计算机从运动控制卡中读取实时数据，确定控制决策（小车运动方向、移动速度、加速度等），并由运动控制卡来实现该控制决策，产生相应的控制量，使电机转动，通过皮带带动小车运动，保持摆杆平衡。

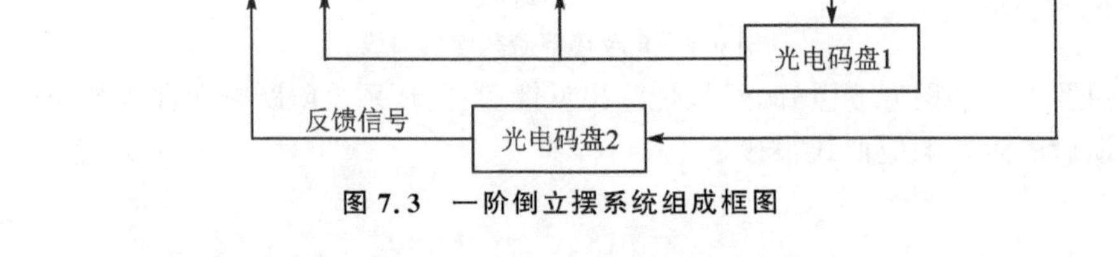

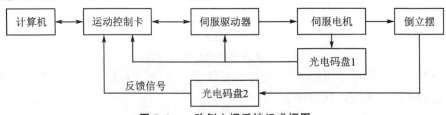

图 7.3　一阶倒立摆系统组成框图

7.2　一阶倒立摆数学模型

以一阶倒立摆为对象建立数学模型，并在摆角 $\phi=0$ 附近将其非线性数学模型线性化。

对系统建立数学模型是系统分析、设计的前提，而一个准确又简练的数学模型将大大简化后期的工作。为了简化系统分析，在实际的模型建立过程中要忽略空气流动阻力以及各种次要的摩擦阻力。这样，可将倒立摆系统抽象为小车和匀质刚性杆组成的系统，如图 7.4 所示。

本系统内部各相关参数定义如下：M 为小车质量，m 为摆杆质量，b 为小车摩擦系数，l 为摆杆转动轴心到杆质心的长度，I 为摆杆惯量，F 为加在小车上的力，x 为小车位置，ϕ 为摆杆与垂直向上方向的夹角，θ 为摆杆与垂直向下方向的夹角（考虑到摆杆初始位置为竖直向下）。

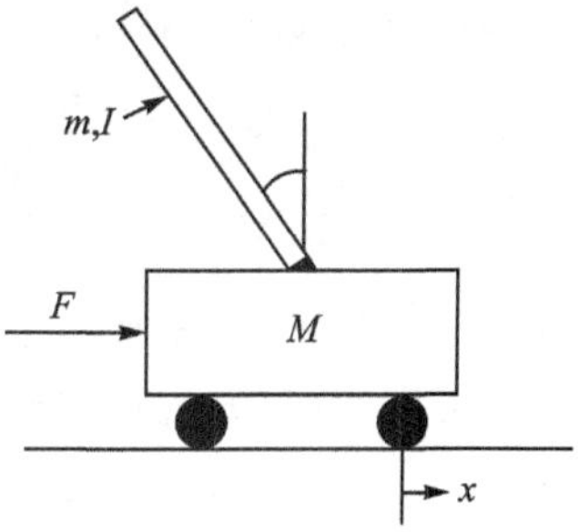

图 7.4　一级倒立摆模型图

图 7.5 所示为系统中小车和摆杆的受力分析图。其中，N 和 P 为小车与摆杆相互作用力的水平和垂直方向的分量。

应用 Newton 方法建立系统的动力学方程过程如下：

分析小车水平方向所受的合力可得

$$M\ddot{x}=F-b\dot{x}-N \tag{7.1}$$

由摆杆水平方向的受力进行分析可得

$$N=m\frac{\mathrm{d}^2}{\mathrm{d}t^2}(x+l\sin\theta) \tag{7.2}$$

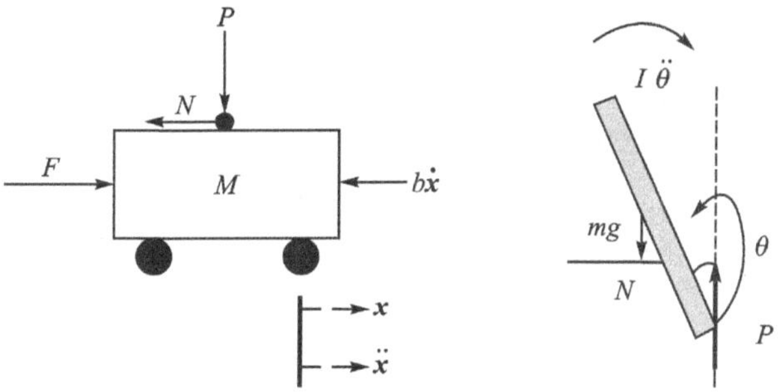

图 7.5　小车及摆杆受力分析

即

$$N=m\ddot{x}+ml\ddot{\theta}\cos\theta-ml\dot{\theta}^2\sin\theta \tag{7.3}$$

把式(7.3)代入式(7.1)中，就得到系统的第一个运动方程，即

$$(M+m)\ddot{x}+b\dot{x}+ml\ddot{\theta}\cos\theta-ml\dot{\theta}^2\sin\theta=F \tag{7.4}$$

为了推出系统的第二个运动方程，可对摆杆垂直方向上的合力进行分析，得

$$P - mg = -m\ \frac{\mathrm{d}^2}{\mathrm{d}t^2}(l\cos\theta) \tag{7.5}$$

即
$$P - mg = ml\ddot{\theta}\sin\theta + ml\dot{\theta}^2\cos\theta \tag{7.6}$$

力矩平衡方程如下：

$$-Pl\sin\theta - Nl\cos\theta = I\ddot{\theta} \tag{7.7}$$

注意：此方程中力矩的方向，由于 $\theta=\pi+\phi$，$\cos\phi=-\cos\theta$，$\sin\phi=-\sin\theta$，故等式前面有负号。

合并式(7.6)与式(7.7)，约去 P 和 N，得到第二个运动方程，即

$$(I+ml^2)\ddot{\theta} + mgl\sin\theta = -ml\ddot{x}\cos\theta \tag{7.8}$$

1. 微分方程模型

设 $\theta=\pi+\phi$，当摆杆与垂直向上方向之间的夹角 ϕ 与 1(单位是弧度)相比很小，即 $\phi\ll 1$ 时，则可以进行近似处理：$\cos\theta=-1$，$\sin\theta=-\phi$，$(\mathrm{d}\theta/\mathrm{d}t)^2=0$。为了与控制理论的表达习惯相统一，即 u 一般表示控制量，用 u 来代表被控对象的输入力 F，线性化后得到该系统数学模型的微分方程表达式，即

$$\begin{cases}(I+ml^2)\ddot{\phi} - mgl\phi = ml\ddot{x}\\ (M+m)\ddot{x} + b\dot{x} - ml\ddot{\phi} = u\end{cases} \tag{7.9}$$

2. 传递函数模型

对方程组(7.9)进行拉普拉斯变换，得

$$\begin{cases}(I+ml^2)\Phi(s)s^2 - mgl\Phi(s) = mlX(s)s^2\\ (M+m)X(s)s^2 + bX(s)s - ml\Phi(s)s^2 = U(s)\end{cases} \tag{7.10}$$

注意：推导传递函数时假设初始条件为 0。

由于输出为角度 ϕ，求解方程组(7.10)的第一个方程，可得

$$X(s) = \left[\frac{(I+ml^2)}{ml} - \frac{g}{s^2}\right]\Phi(s) \tag{7.11}$$

把式(7.11)代入方程组(7.10)的第二个方程，得

$$(M+m)\left[\frac{(I+ml^2)}{ml} - \frac{g}{s}\right]\Phi(s)s^2 + b\left[\frac{(I+ml^2)}{ml} + \frac{g}{s^2}\right]\Phi(s)s - ml\Phi(s)s^2 = U(s) \tag{7.12}$$

整理后得到以输入力 u 为输入量，以摆杆摆角 ϕ 为输出量的传递函数，即

$$G_1(s) = \frac{\Phi(s)}{U(s)} = \frac{\frac{ml}{q}s^2}{s^4 + \frac{b(I+ml^2)}{q}s^3 - \frac{(M+m)mgl}{q}s^2 - \frac{bmgl}{q}s} \tag{7.13}$$

其中
$$q = [(M+m)(I+ml^2) - (ml)^2]$$

若取小车位移为输出量，可得传递函数

$$G_2(s)=\frac{X(s)}{U(s)}=\frac{\frac{(I+ml^2)}{q}s^2-\frac{mgl}{q}}{s^4+\frac{b(I+ml^2)}{q}s^3-\frac{(M+m)mgl}{q}s^2-\frac{bmgl}{q}s} \tag{7.14}$$

3. 状态空间数学模型

由现代控制理论原理可知，控制系统的状态空间方程可写为如下形式：

$$\dot{\boldsymbol{x}}=\boldsymbol{A}\boldsymbol{x}+\boldsymbol{B}u$$
$$y=\boldsymbol{C}\boldsymbol{x}+\boldsymbol{D}u$$

方程组(7.9)对 $\ddot{x}$，$\ddot{\phi}$ 解代数方程，得

$$\begin{cases}\dot{x}=\dot{x}\\ \ddot{x}=\frac{-(I+ml^2)b}{I(M+m)+Mml^2}\dot{x}+\frac{m^2gl^2}{I(M+m)+Mml^2}\varphi+\frac{(I+ml^2)}{I(M+m)+Mml^2}u\\ \dot{\phi}=\dot{\phi}\\ \ddot{\phi}=\frac{-mlb}{I(M+m)+Mml^2}\dot{x}+\frac{mgl(M+m)}{I(M+m)+Mml^2}\phi+\frac{ml}{I(M+m)+Mml^2}u\end{cases}$$

整理后得到系统状态空间方程：

$$\begin{bmatrix}\dot{x}\\ \ddot{x}\\ \dot{\phi}\\ \ddot{\phi}\end{bmatrix}=\begin{bmatrix}0 & 1 & 0 & 0\\ 0 & \frac{-(I+ml^2)b}{I(M+m)+Mml^2} & \frac{m^2gl^2}{I(M+m)+Mml^2} & 0\\ 0 & 0 & 0 & 1\\ 0 & \frac{-mlb}{I(M+m)+Mml^2} & \frac{mgl(M+m)}{I(M+m)+Mml^2} & 0\end{bmatrix}\begin{bmatrix}x\\ \dot{x}\\ \phi\\ \dot{\phi}\end{bmatrix}+\begin{bmatrix}0\\ \frac{I+ml^2}{I(M+m)+Mml^2}\\ 0\\ \frac{ml}{I(M+m)+Mml^2}\end{bmatrix}u$$

$$y=\begin{bmatrix}x\\ \phi\end{bmatrix}=\begin{bmatrix}1 & 0 & 0 & 0\\ 0 & 0 & 1 & 0\end{bmatrix}\begin{bmatrix}x\\ \dot{x}\\ \phi\\ \dot{\phi}\end{bmatrix}+\begin{bmatrix}0\\ 0\end{bmatrix}u$$

对于质量均匀分布的摆杆有

$$I=\frac{1}{3}ml^2$$

代入式(7.9)的第一个方程

$$(I+ml^2)\ddot{\phi}-mgl\phi=ml\ddot{x} \tag{7.15}$$

于是可得

$$\left(\frac{1}{3}ml^2+ml^2\right)\ddot{\phi}-mgl\phi=ml\ddot{x}$$

化简得

$$\ddot{\phi}=\frac{3g}{4l}\phi+\frac{3}{4l}\ddot{x} \tag{7.16}$$

设 $\boldsymbol{x}=[x,\dot{x},\phi,\dot{\phi}]$，$u'=\ddot{x}$，则有

$$\begin{bmatrix}\dot{x}\\ \ddot{x}\\ \dot{\phi}\\ \ddot{\phi}\end{bmatrix}=\begin{bmatrix}0&1&0&0\\0&0&0&0\\0&0&0&1\\0&0&\frac{3g}{4l}&0\end{bmatrix}\begin{bmatrix}x\\ \dot{x}\\ \phi\\ \dot{\phi}\end{bmatrix}+\begin{bmatrix}0\\1\\0\\\frac{3}{4l}\end{bmatrix}u'$$

$$y=\begin{bmatrix}x\\ \phi\end{bmatrix}=\begin{bmatrix}1&0&0&0\\0&0&1&0\end{bmatrix}\begin{bmatrix}x\\ \dot{x}\\ \phi\\ \dot{\phi}\end{bmatrix}+\begin{bmatrix}0\\0\end{bmatrix}u'$$

以上就是一阶倒立摆小车系统的状态空间表达式。

7.3 系统的可控性分析

对系统设计控制器，首先应考虑其可控性，只有当系统完全能控时，才有必要设计控制器进行控制从而改变系统的动态特性。

系统内部各相关参数的含义及假设值如表 7.1 所列。

表 7.1 系统内部各相关参数的含义及假设值

参　数	含　义	假设值
M	小车质量	0.5 kg
m	摆杆质量	0.2 kg
b	小车摩擦系数	0.1 N/(m·s)
l	摆杆转动轴心到杆质心的长度	0.3 m
I	摆杆惯量	0.006 kg * m^2
T	采样时间	0.005 s

系统状态完全可控的条件为：当且仅当向量组 $\boldsymbol{B},\boldsymbol{AB},\cdots,\boldsymbol{A}^{n-1}\boldsymbol{B}$ 是线性无关的，或系统的能控性判别矩阵 $\boldsymbol{M}=[\boldsymbol{B},\boldsymbol{AB},\cdots,\boldsymbol{A}^{n-1}\boldsymbol{B}]$满秩。MATLAB 程序如下：

```
clear;
A = [ 0 1 0 0;
    0 0 0 0;
    0 0 0 1;
    0 0 29.4 0];
B = [ 0 1 0 3]';
```

```
C=[ 1 0 0 0;
   0 1 0 0];
D=[ 0 0 ]';
cona=[B A*B A^2*B A^3*B];
cona2=[C  C*A  C*A^2  C*A^3];
rank(cona)
rank(cona2)
ans =
   4
ans =
   2
```

或直接利用计算可控性矩阵的 ctrb 命令和计算可观性的矩阵 obsv 命令来计算，程序如下：

```
Uc=ctrb(A,B);
Vo=obsv(A,C);
rank(Uc)
rank(Vo)
ans =
   4
ans =
   2
```

可以看出，系统的状态完全可控性矩阵的秩等于系统的状态变量维数，系统的输出完全可控性矩阵的秩等于系统输出向量 $\boldsymbol{y}$ 的维数，所以系统可控，因此可以对系统进行控制器的设计，使系统稳定。

7.4 系统稳定性分析

分析一个线性定常系统的稳定性方法很多，在经典控制理论中经常用劳斯-赫尔维茨(Routh - Hurwitz)判据和奈奎斯特判据来判断，其他的方法还有根轨迹法、伯德图法、系统响应曲线法等。在现代控制理论中，最通常的方法就是应用李雅普诺夫稳定性定理。

上面已经得到系统的状态方程，先对其进行阶跃响应分析，在 MATLAB 中键入以下命令：

```
clear;
A=[ 0 1 0 0;
   0 0 0 0;
   0 0 0 1;
   0 0 29.4 0];
```

```
B=[ 0 1 0 3]';
C=[ 1 0 0 0;
   0 1 0 0];
D=[ 0 0 ]';
   step(A, B ,C ,D)
```

得到如下计算结果,如图 7.6 所示。

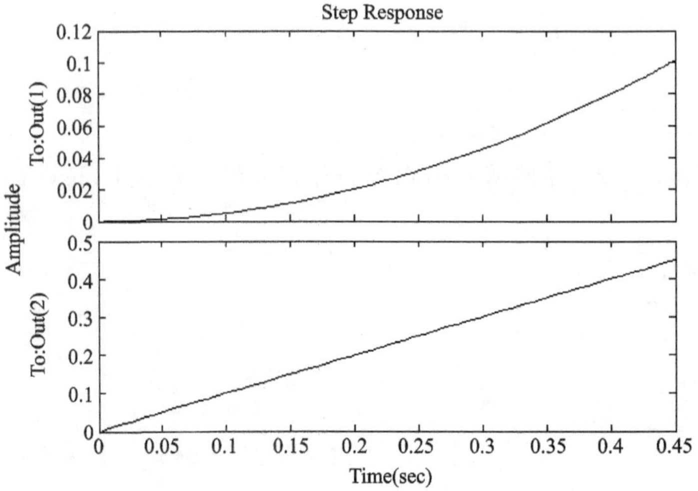

图 7.6 系统阶跃响应结果图

可以看出,在单位阶跃响应作用下,小车位置和摆杆角度都是发散的,系统不稳定。

系统的稳定性也可以利用李雅普诺夫方法进行判断,选择正定实对称矩阵 $\boldsymbol{Q}$,若存在唯一的满足 Lyaponov 方程

$$\boldsymbol{A}^{\mathrm{T}}\boldsymbol{P}+\boldsymbol{P}\boldsymbol{A}=-\boldsymbol{Q} \tag{7.17}$$

的正定实对称矩阵 $\boldsymbol{P}$,则系统($\boldsymbol{A}$,$\boldsymbol{B}$,$\boldsymbol{C}$)是大范围内渐进稳定的。

7.5 极点配置法设计控制器

在倒立摆系统中,能应用到的控制器很多,比如 PID 控制器、LQR 控制器、模糊控制器等,本章中只给出极点配置方法设计控制器,这是为了把前面所介绍到的控制器设计方法应用在倒立摆的控制当中。

极点配置法通过设计状态反馈控制器将多变量系统的闭环系统极点配置在期望的位置上,从而使系统满足瞬态和稳态性能指标。前面已经得到了倒立摆系统的比较精确的动力学模型,下面针对直线型一级倒立摆系统应用极点配置法设计控制器。对于控制系统

$$\dot{\boldsymbol{x}} = \boldsymbol{A}\boldsymbol{x} + \boldsymbol{B}u \tag{7.18}$$

选择控制信号为

$$u = -K\boldsymbol{x} \tag{7.19}$$

求解式(7.19),得

$$\dot{\boldsymbol{x}}(t) = (\boldsymbol{A} - \boldsymbol{BK})\boldsymbol{x}(t)$$

方程的解为

$$\boldsymbol{x}(t) = \mathrm{e}^{(\boldsymbol{A}-\boldsymbol{BK})t}\boldsymbol{x}(0)$$

可以看出,如果系统状态完全可控,K 选择适当,对于任意的初始状态,当 t 趋于无穷时,都可以使 $\boldsymbol{x}(t)$ 趋于 0。

前面已经得到了直线一级倒立摆的状态空间模型,以小车加速度作为输入的系统状态方程为

$$\begin{bmatrix} \dot{x} \\ \ddot{x} \\ \dot{\phi} \\ \ddot{\phi} \end{bmatrix} = \begin{bmatrix} 0 & 1 & 0 & 0 \\ 0 & 0 & 0 & 0 \\ 0 & 0 & 0 & 1 \\ 0 & 0 & 29.4 & 0 \end{bmatrix} \begin{bmatrix} x \\ \ddot{x} \\ \phi \\ \ddot{\phi} \end{bmatrix} + \begin{bmatrix} 0 \\ 1 \\ 0 \\ 3 \end{bmatrix} u'$$

$$y = \begin{bmatrix} x \\ \phi \end{bmatrix} = \begin{bmatrix} 1 & 0 & 0 & 0 \\ 0 & 0 & 1 & 0 \end{bmatrix} \begin{bmatrix} x \\ \dot{x} \\ \phi \\ \dot{\phi} \end{bmatrix} + \begin{bmatrix} 0 \\ 0 \end{bmatrix} u$$

(1) 检验系统可控性。前面已经分析了系统为完全能控,可以进行极点配置。

(2) 期望特征多项式。假设根据要求,并留有一定的裕量(设调整时间为 2 s),选择期望的闭环极点

$$\mu_1 = -10,\quad \mu_2 = -10,\quad \mu_3 = -2 + \mathrm{j}2\sqrt{3},\quad \mu_4 = -2 - \mathrm{j}2\sqrt{3}$$

因此期望的特征方程为

$$\begin{gathered} f(\lambda^*) = (\lambda - \mu_1)(\lambda - \mu_2)(\lambda - \mu_3)(\lambda - \mu_4) = \\ (\lambda + 10)(\lambda + 10)(\lambda + 2 - 2\sqrt{3}\mathrm{j})(\lambda + 2 + 2\sqrt{3}\mathrm{j}) = \\ \lambda^4 + 24\lambda^3 + 196\lambda^2 + 720\lambda + 1\ 600 \end{gathered}$$

(3) 设 $\boldsymbol{K} = [k_1, k_2, k_3, k_4]$,极点配置后系统的特征多项式。矩阵$(\boldsymbol{A} - \boldsymbol{BK})$的特征值是方程式$|\lambda\boldsymbol{I} - (\boldsymbol{A} - \boldsymbol{BK})| = 0$ 的根,特征多项式为

$$\begin{gathered} f(\lambda) = |\lambda\boldsymbol{I} - (A - BK)| = \lambda^4 + (k_2 + 3k_4)s^3 + \\ (-29.4 + k_1 + bk_3)\lambda^2 - ak_2\lambda - ak_1 \end{gathered}$$

(4) 比较 $f(\lambda)$和 $f(\lambda^*)$,则有

$$k_1 = -54.421\ 8,\quad k_2 = -24.489\ 8,\quad k_3 = 93.273\ 9,\quad k_4 = 16.163\ 3$$

即施加在小车水平方向的控制力

$$u = -Kx = 54.4218x + 24.4898\dot{x} - 93.2739\phi - 16.1633\dot{\phi}$$

MATLAB 程序如下：

```
clear;
A=[ 0 1 0 0;
    0 0 0 0;
    0 0 0 1;
    0 0 29.4 0];
B=[ 0 1 0 3]';
C=[1 0 0 0;0 0 1 0];
P=[-10-0.0001*j,-10+0.0001*j,-2-2*sqrt(3)*j,-2+2*sqrt(3)*j];
K=place(A,B,P);
```

7.6 控制效果仿真

进行了控制器的设计之后，为了得到系统的直观响应曲线，可以利用 MATLAB 做如下程序以得到系统的零状态响应曲线。同样也可以通过编程来仿真系统的零输入响应和全响应。

```
clear;
A=[ 0 1 0 0;
    0 0 0 0;
    0 0 0 1;
    0 0 29.4 0];
B=[ 0 1 0 3]';
C=[1 0 0 0;0 0 1 0];
D=0
P=[-10-0.0001*j,-10+0.0001*j,-2-2*sqrt(3)*j,-2+2*sqrt(3)*j];
K=place(A,B,P);
Ac=[(A-B*K)];
Bc=[B]; Cc=[C]; Dc=[D];
T=0: 0.005: 5;
U=0.2*ones(size(T));
Cn=[1 0 0 0];
Nbar=rscale(A,B,Cn,0,K);
Bcn=[Nbar*B];
[Y,X]=lsim(Ac,Bcn,Cc,Dc,U,T);
plot(T,X(:,1),'-'); hold on;
plot(T,X(:,2),'-.'); hold on;
plot(T,X(:,3),'.'); hold on;
plot(T,X(:,4),'-')
```

```
legend('CartPos','CartSpd','PendAng','PendSpd')
```

运行后即可得到系统零状态响应曲线,如图 7.7 所示。

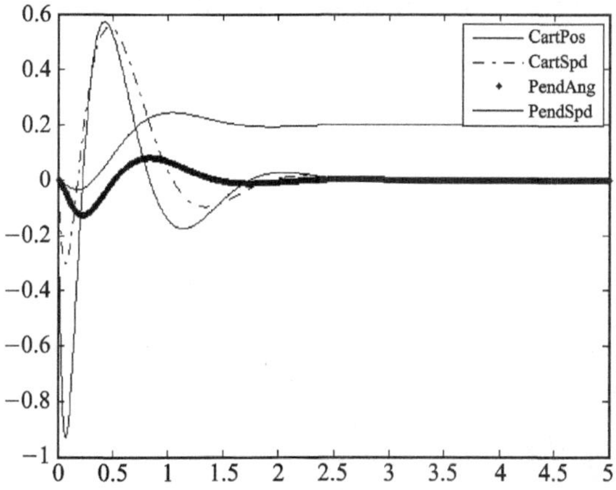

图 7.7　系统零状态响应曲线图

可以看出,在给定系统干扰后,倒立摆可以在 2 s 内很好地回到平衡位置,满足设计要求。上述程序中,rscale 函数如下:

```
function[Nbar] = rscale(A,B,C,D,K)
s = size(A,1);
Z = [zeros([1,s]) 1];
N = inv([A,B;C,D]) * Z';
Nx = N(1: s);
Nu = N(1 + s);
Nbar = Nu + K * Nx;
```

7.7　线性二次型最优控制在倒立摆系统中的应用

线性二次型最优控制(Linear Quadratic Regulator,LQR) 问题在现代控制理论中占有非常重要的地位。由于线性二次型(LQ) 性能指标易于分析、处理和计算,且通过线性二次型最优设计方法得到的控制系统具有较好的鲁棒性与动态特性等优点,故二次型在控制界得到了普遍重视。通过倒立摆 LQR 最优控制系统设计与研究,从实时控制效果出发,考察系统的动态响应与加权阵 $\boldsymbol{Q}$ 和 $\boldsymbol{R}$ 之间的变化规律,用于指导实践。

7.2、7.3 节已经对一阶倒立摆进行了建模,以小车加速度作为输入的系统状态方程为

$$\begin{bmatrix}\dot{x}\\ \ddot{x}\\ \dot{\phi}\\ \ddot{\phi}\end{bmatrix}=\begin{bmatrix}0&1&0&0\\0&0&0&0\\0&0&0&1\\0&0&29.4&0\end{bmatrix}\begin{bmatrix}x\\ \dot{x}\\ \phi\\ \dot{\phi}\end{bmatrix}+\begin{bmatrix}0\\1\\0\\3\end{bmatrix}u'$$

$$y=\begin{bmatrix}x\\ \phi\end{bmatrix}=\begin{bmatrix}1&0&0&0\\0&0&1&0\end{bmatrix}\begin{bmatrix}x\\ \dot{x}\\ \phi\\ \dot{\phi}\end{bmatrix}+\begin{bmatrix}0\\0\end{bmatrix}u$$

4 个状态量 $x,\dot{x},\phi,\dot{\phi}$ 分别代表小车位移、小车速度、摆杆角度和摆杆角速度，输出包括小车位置和摆杆角度。

7.3 节对系统的能控性进行了分析，得出了系统完全能控的结论，因此可以进行控制器的设计以改变系统的动态性能来满足需要。7.4 节也对系统的稳定性进行了分析，结果表明小车位移和摆杆角度都是发散的，倒立摆系统不稳定。

根据 6.4 节 LQR 控制器的设计原理，设给定线性定常系统的状态方程为

$$\begin{cases}\dot{\boldsymbol{x}}=\boldsymbol{A}\boldsymbol{x}+\boldsymbol{B}u\\ y=\boldsymbol{C}\boldsymbol{x}+\boldsymbol{D}u\end{cases}$$

LQR 控制器就是要寻找一状态反馈控制律 $u(t)=-Kx(t)$ 使得二次型性能指标最小化。性能指标函数为

$$J=\frac{1}{2}\int_{t_0}^{t_f}(\boldsymbol{x}^{\mathrm{T}}(t)\boldsymbol{Q}(t)\boldsymbol{x}(t)+\boldsymbol{u}^{\mathrm{T}}\boldsymbol{R}(t)\boldsymbol{u}(t))\mathrm{d}t$$

其中，$\boldsymbol{x}(t)$为系统的状态变量；t_f、t_0为起始时间与终止时间；$\boldsymbol{Q}(t)$为运动约束矩阵；$\boldsymbol{R}(t)$为约束控制矩阵。$\boldsymbol{Q}(t)$、$\boldsymbol{R}(t)$决定了系统误差与控制能量消耗之间的相对重要性。为使 J 最小，由最小值原理得到最优控制为

$$\boldsymbol{K}(t)=\boldsymbol{R}^{-1}\boldsymbol{B}^{\mathrm{T}}\boldsymbol{P}(t)$$

则最优控制规律为

$$u^{*}(t)=-\boldsymbol{R}^{-1}\boldsymbol{B}^{\mathrm{T}}\boldsymbol{P}(t)\boldsymbol{x}(t)$$

式中，$\boldsymbol{P}(t)$为黎卡提微分方程：

$$-\boldsymbol{P}(t)\boldsymbol{A}-\boldsymbol{A}^{\mathrm{T}}\boldsymbol{P}(t)+\boldsymbol{P}(t)\boldsymbol{B}\boldsymbol{R}^{-1}\boldsymbol{B}^{\mathrm{T}}\boldsymbol{P}(t)-\boldsymbol{Q}=0$$

的解。

(1) LQR 参数

由 MATLAB 语句 K = lqr (A , B , Q , R) ，取 Q =diag (1 000 ,0 ,70 ,0) ，求得 K=[−31.623,20.151,72.718,13.155]，即为 LQR 控制器控制器参数。

(2) 系统仿真

编写 MATLAB 程序如下：

```
clear;
A=[ 0 1 0 0;
0 0 0 0;
0 0 0 1;
0 0 29.4 0];
B=[ 0 1 0 3]';
C=[1 0 0 0;0 0 1 0];
D=0;
Q11=4000;Q33=100;  % 参数可调
Q=[Q11 0 0 0;
    0   0   0   0;
      0   0   Q33 0;
        0   0   0   0];
R=1;
K=lqr(A,B,Q,R)
      Ac = [(A-B*K)];
Bc = [B]; Cc = [C]; Dc = [D];
T=0:0.005:5;
U=0.2*ones(size(T));
[Y,X]=lsim(Ac,Bc,Cc,Dc,U,T);
plot(T,X(:,1),'-'); hold on;
plot(T,X(:,2),'-.'); hold on;
plot(T,X(:,3),'.'); hold on;
plot(T,X(:,4),'-')
legend('CartPos','CartSpd','PendAng','PendSpd')
```

仿真后得出相应曲线如图 7.8 所示。

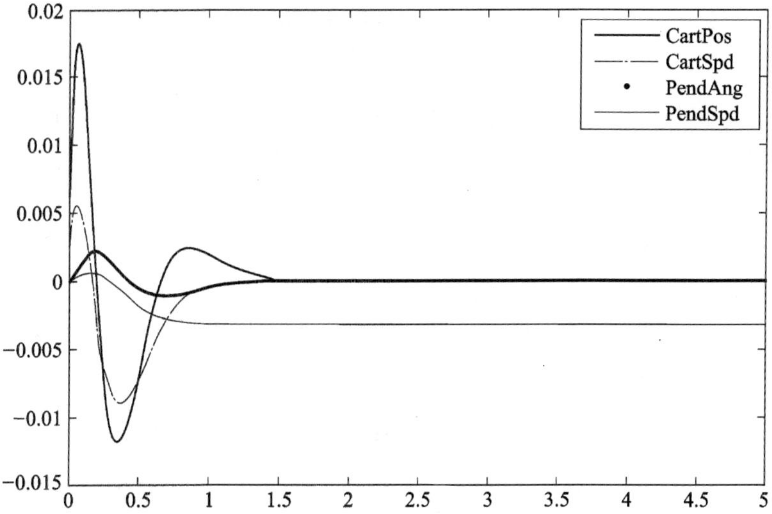

图 7.8 LQR 控制响应曲线图

(3) 仿真结果分析

通过增大 $\boldsymbol{Q}$ 矩阵中的 $\boldsymbol{Q}11$ 和 $\boldsymbol{Q}33$，系统抵抗干扰的能力增强，系统的稳定时间变短，超调量和摆杆的角度变化也同时减小。

(4) 加权矩阵对系统动态性能的影响

不同加权矩阵，都可以使性能指标达到最优，但是，选取不同的加权矩阵，将使最优控制系统具有不同的动态性能。

① 加权矩阵 $\boldsymbol{Q}$ 的研究

理论上，$\boldsymbol{Q}$ 矩阵元素取值范围是 $(0,+\infty)$，但受计算位长和计算时间的限制，取值不可能到无穷大。$\boldsymbol{Q}$ 通常是对角线常数矩阵，对角阵上的元素分别表示对相应误差分量的重视程度，越是被重视的，希望它的值越小，相应的加权系数就越大。在设计过程中始终保持 $\boldsymbol{R}$ 矩阵不变，取 $R=1$。随着小车位置权重的增加，小车位移系统阶跃响应超调不断减小，上升时间和调整时间也逐渐加快。与此同时，也引进了一些振荡。

② 加权矩阵 $\boldsymbol{Q}$ 和 $\boldsymbol{R}$ 关系的研究

从降低控制系统能量的角度出发，让 $\boldsymbol{Q}$ 不变，$\boldsymbol{R}$ 减小，这时由黎卡提方程求得的系统反馈增益矩阵 $\boldsymbol{K}$ 增大，调整时间与超调量减小，上升时间与稳态误差减小，但是伴随着 $\boldsymbol{R}$ 的减小，系统将逐渐丧失原先一些较好的性能指标。若 $\boldsymbol{R}$ 太小，例如 $R=0.01$ 时，相应的 $\boldsymbol{K}=[-316.227,-146.926,344.302,61.595]$，这时系统稳定性很差，时控过程噪声很大。

7.8 控制器应用

进行完仿真分析后，就可以把设计好的控制器应用到实际的系统控制中去。一般来说，需要利用如 MATLAB、C、VC 等编程语言自主编写应用程序以实现实际的系统控制。

本章所介绍的倒立摆系统是深圳固高公司生产的，经过以上的分析和控制器设计后，就可以编写软件实现人机交互，把设计的控制器真正用到系统的控制中。图 7.9 所示为倒立摆系统的控制界面，该软件是用 C 语言编写的。该控制软件中，可以利用菜单项选择控制算法，如 PID、LQR、极点配置等；可以对控制参数进行设置和取得系统反馈过来的实时参数，如摆杆偏角等；还可以在线模拟摆杆的实时状态。使用了控制器对倒立摆系统进行调节后，倒立摆就能够不需要人的参与实现真正的自动控制，使得摆杆始终保持在垂直的位置。

在系统的实际控制中，系统需要在没有人直接参与的情况下，利用外加的设备或装置(称控制装置或控制器)，使机器、设备或生产过程(统称被控对象)的某个工作状

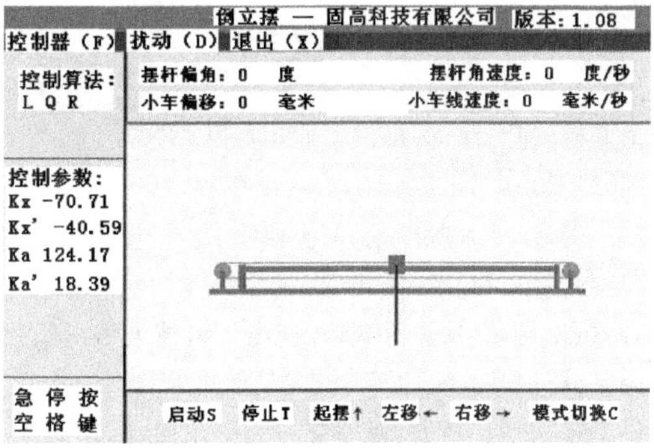

图7.9 倒立摆系统的控制界面

态或参数(即被控制量)自动地按照预定的规律运行。不同的控制过程需要选择不同的控制规律,只有合理地设计控制器并应用到被控系统中,才能使被控系统满足所期望的动态性能和参数指标。

参考文献

[1] 李先允. 现代控制理论基础[M]. 北京:机械工业出版社,2007.

[2] 胡寿松. 自动控制原理[M]. 3 版. 北京:国防工业出版社,2001.

[3] 周武能,童东兵,代安定,等. 线性系统理论[M]. 西安:西安电子科技大学出版社,2014.

[4] 张嗣瀛,高立群. 现代控制理论[M]. 2 版. 北京:清华大学出版社,2017.

[5] 舒欣梅,龙驹. 现代控制理论基础[M]. 西安:西安电子科技大学出版社,2008.

[6] 孙炳达. 现代控制理论基础[M]. 2 版. 北京:机械工业出版社,2018.

[7] 杨清宇. 现代控制理论 [M]. 2 版. 西安:西安交通大学出版社,2020.

[8] 刘豹,唐万生. 现代控制理论[M]. 3 版. 北京:机械工业出版社. 2011.

[9] 王海英,袁丽英,吴勃. 控制系统的 MATLAB 仿真与设计[M]. 北京:高等教育出版社,2009.

[10] 程鹏,王艳东. 现代控制理论基础[M]. 2 版. 北京:北京航空航天大学出版社,2010.

[11] 杨成慧. MATLAB 语言与控制系统仿真[M]. 北京:科学出版社,2018.

[12] 郑大钟. 线性系统理论[M]. 2 版. 北京:清华大学出版社,2005.

[13] 薛定宇. 控制系统计算机辅助设计——MATLAB 语言与应用[M]. 3 版. 北京:清华大学出版社,2012.

[14] Katsuhiko Ogata. 现代控制工程[M]. 卢伯英,佟明安,译. 北京:电子工业出版社,2017.